特色肉制品加工实用技术

刘慧燕　方海田　辛世华　编著

南开大学出版社

天　津

图书在版编目（CIP）数据

特色肉制品加工实用技术 / 刘慧燕，方海田，辛世
华编著 . — 天津：南开大学出版社，2018.11
ISBN 978-7-310-05679-8

Ⅰ.①特… Ⅱ.①刘… ②方… ③辛… Ⅲ.①肉制品
－食品加工 Ⅳ.①TS251.5

中国版本图书馆 CIP 数据核字 (2018) 第 243889 号

南开大学出版社出版发行
出版人：刘运峰
地址：天津市南开区卫津路 94 号　　邮政编码：300071
营销部电话：(022)23508339　23500755
营销部传真：(022)23508542　　邮购部电话：(022)23502200

*

天津泰宇印务有限公司印刷
全国各地新华书店经销

*

2018 年 11 月第 1 版　　2018 年 11 月第 1 次印刷
185×260 毫米　16 开本　18 印张　377 千字
定价：49.00 元

如遇图书印装质量问题，请与本社营销部联系调换，电话：(022)23507125

内容简介

　　随着肉制品加工业的发展，迫切需要有关肉制品加工方面的实用新技术，生产出符合人类营养、现代食品安全要求、食用方便的肉制品，以满足消费者的需求。本书主要阐述了肉制品加工的基本知识、基本技能和先进肉制品加工技术，收集了国内外肉制品加工生产的最新应用技术及研究成果，增加了地方特色肉用畜种资源和地区特色肉制品及肉品菜肴加工方面的内容，充实了我国肉制品加工发展实际的新内容。而且随着肉制品加工业的快速发展，新技术、新产品的不断涌现，新标准、新规范的更新制定，特别是在食品行业迅猛发展的同时，食品安全问题也越来越为人们所关注，因此，在本书中增加了相关内容。全书主要介绍了肉的基础知识、肉用畜禽品种及屠宰分割分级、宰后肉的变化和食用品质、肉的贮藏保鲜、肉制品辅料及添加剂、肉制品加工技术、地区特色肉制品及菜肴的加工、肉品的质量控制及安全生产等。

目　录

绪　论

一、肉制品的概念及分类

(一)肉制品的概念

肉制品是以肉类为原料加工而成,制作过程中加入调味料、香辛料、糖及蛋白、食品添加剂等。

肉制品加工学属于应用型技术学科,它是以屠宰动物为对象,以肉类科学为基础,综合相关学科知识,研究肉与肉制品及其他副产品加工技术和产品质量变化规律的科学。肉制品工艺学将对发展肉食品工业生产、促进肉制品加工科技进步及发展国民经济、推动农业的发展、改善人民生活等许多方面发挥极其重要的作用。

(二)肉制品的分类

我国传统肉制品已有三千多年的历史。自古以来,人们为贮藏保存、改善风味、提高适口性、增加品种等目的而世代相传逐步发展肉制品加工技术及其产品,它们因颜色、香气、味道、造型独特而著称于世,是几千年来制作经验与智慧的结晶。由于不同国家和地区的地理环境、气候条件、物产、经济、民族、宗教、饮食习惯和嗜好等因素千差万别,导致肉制品种类五花八门。在我国,仅名、特、优肉制品就有 500 多种,而且新产品还在不断涌现;在德国,香肠类产品就有 1 550 种;在瑞士,有的肉类企业就可以生产 500 多种色拉米香肠。尽管国际上没有统一的分类标准,但还是可以根据肉类制品的产品特征和加工工艺,可以将肉制品分为 10 大类。

1. 香肠制品

香肠制品是指切碎或斩碎的肉与辅料混合,并灌入肠衣内加工制成的肉制品。其主要包括中式香肠、发酵香肠、熏煮香肠和生鲜肠等。

中式香肠是按照我们民族的工艺加工制成的香肠制品。其主要以猪肉为原料,切碎或绞碎成丁,添加食盐、硝酸钠等辅料腌制后,冲入可食性肠衣中,经晾晒、风干或烘烤等工艺制成。

发酵香肠以猪、牛为主要原料,绞碎或粗斩成颗粒,并添加食盐、发酵剂等辅助材料,灌入肠衣中,经发酵、干燥、成熟等工艺制成的具有稳定的微生物特性和典型的发酵香味的肉制品。典型产品如色拉米肠。

熏煮香肠是以肉为原料,经腌制、绞碎、斩拌处理后,灌入肠衣内,再经蒸煮、烟熏等工艺制成的肉制品。

生鲜肠是未腌制的原料肉,经绞碎并添加辅料混匀后,灌入肠衣内而制成的生肉制品。生鲜肠未经熟制,多在冷却条件下贮存,食用前需熟制处理。

2. 火腿制品

火腿制品是指用大块肉为原料加工而成的肉制品。其包括下述几类产品。

干腌火腿是以猪后腿为原料，经腌制、干燥和成熟发酵等工艺加工而成的生腿制品。著名产品有金华火腿、宣威火腿、如皋火腿、帕尔玛火腿、伊比利亚火腿、美国的乡村火腿等。

熏煮火腿是大块肉经盐水注射腌制、嫩化滚揉、充填入模具或肠衣中，再经熟制、烟熏等工艺制成的熟肉制品。

压缩火腿是用小块肉为原料，并加入芡肉，经滚揉腌制、充填入模具或肠衣中，再经熟制、烟熏等工艺制成的熟肉制品。

3. 腌腊制品

腌腊制品是肉经腌制、酱渍、晾晒或烘烤等工艺制成的生肉制品，食用前须经熟制加工。腌腊制品包括咸肉、腊肉、酱封肉和风干肉等。

咸肉是预处理的原料肉经腌制加工而成的肉制品，如咸猪肉和盐水鸭。

腊肉是原料肉经腌制、烘烤或晾晒干燥成熟而成的肉制品，如腊猪肉。

酱封肉是用甜酱或酱油腌制后加工而成的肉制品，如酱封猪肉等。

风干肉是原料肉经预处理后，晾挂干燥而成的肉制品，如风鹅和风鸡。

4. 酱卤制品

酱卤制品是指原料肉加调味料和香辛料，水煮而成熟肉类制品。其主要产品包括白煮肉、酱卤肉、糟肉等。

白煮肉是预处理的原料肉在水（盐水）中煮制而成的肉制品，一般食用时调味，如白斩鸡。

酱卤肉是原料肉预处理后，添加香辛料和调味料煮制而成的肉制品，如烧鸡和酱汁肉。

糟肉是煮制后的肉用酒糟等煨制而成的肉制品，如糟鸡和糟鱼。

5. 熏烧烤制品

熏烧烤制品是指经腌制或熟制后的肉，以熏烟、高温气体或固体、明火等为介质热加工制成的一类熟肉制品。其包括熏烤类和烧烤类产品。

熏烤类是指原料熟制后经烟熏工艺加工而成的肉制品，如熏鸡和熏口条。

烧烤类是指原料预处理后，经高温气体或固体、明火等煨烤而成的肉制品，如烤鸭、烤乳猪、烤鸡等。

6. 干制品

干制品是指瘦肉经熟制、干燥工艺或调味后直接干燥热加工而制成的熟肉制品。其主要产品包括肉干、肉松和肉脯等。

肉干是原料肉调味煮制后脱水干燥而成的块（条）状干肉制品。

肉松是原料肉调味煮制后，经炒松干燥制成的絮状或团粒状产品。

肉脯是原料肉预处理后，烘干烤制而成薄片状干肉制品。

7. 油炸制品

油炸制品是指调味或挂糊后的肉（生品、熟制品），经高温油炸（或浇淋）而制成的熟肉制品。根据制品油炸时的状态分为挂糊炸肉、清炸肉制品两类。典型产品如炸肉丸、炸鸡腿、麦乐鸡。

8. 调理肉制品

调理肉制品是以畜禽肉为主要原料加工配制而成的、经简便处理即可食用的肉制品。调理肉制品按其加工方式和运销贮存特性,分为低温调理类和常温调理类。低温调理类又包括冻藏和冷藏制品。

9. 罐藏制品

罐藏制品包括硬罐头和软罐头两类。软罐头加工原理及工艺方法类似硬罐头,但用的软质包装材料,故得此名。

10. 其他制品

其他制品包括肉糕类产品和肉冻类产品。

肉糕类产品是以肉为主要原料,添加辅料和配料(大多添加各种蔬菜)后加工制成的肉制品,如肝泥糕、舌肉糕等。

肉冻类产品是以肉为主要原料,以食用明胶为黏结剂加工制成的凝冻状的肉制品,如肉皮冻、水晶肠等。

另外,根据历史渊源可将肉制品分为中式肉制品和西式肉制品,根据热加工温度可分为高温肉制品和低温肉制品。中式肉制品包括腌腊制品、酱卤制品、熏烧烤制品、干制品、其他肉制品五大类。西式肉制品是指由国外传入的工艺加工生产的肉制品,主要包括培根、香肠制品和火腿制品三大类。高温肉制品是指经 100 ℃以上高温加工的肉制品,低温肉制品是指在 75 ℃左右温和温度条件下加工的肉制品。

二、肉制品加工的简史

肉类食品加工在我国已有悠久的历史,从原始加工到手工作坊,随后发展成大工业、生产经历了漫长的历程。

早在旧石器时代,人类就以牛、马、猪等野生动物为食物。由于火的发现,先民们用火烧兽肉比茹毛饮血吃生肉的味道好得多,肉类加工就是从把生肉熟食逐步发展起来的。出现最原始的肉制品如"肉干""肉脯"和"灌肠"等。周朝的《周礼》《周易》中就有"肉脯"和腊味的记载。战国时庄周描述畜屠宰加工剥皮技术时说"砉然向然,奏刀騞然"。《庄子•养生主》关于牛肉尸的分割技术,庄周也描写说:"彼节者间,而刀刃无厚,以无厚入其间,恢恢乎其于游刃,必有余地矣"。可见当时屠宰加工技术已达到相当熟练的程度。西汉《盐铁论》中,"熟食遍地,淆旅城市"的记载,说明当时熟肉食品已广泛销售。连希腊诗人荷马(Homer)所著的《漫游》一书中已提到中国在公元 9 世纪已普遍制造"肉干""灌肠"之类的肉制品。到北魏贾思勰著的《齐民要术》一书,对肉制品加工技术有较详细的记载,尤其是肉干、肉脯等制造方法颇为详细。还有棒炙牛肉、脯炙羊肉、糟肉、苞肉等的加工方法的记载。相传腊肉(包括腊羊肉、腊牛肉)始于唐朝。宋朝的《东京梦华录》中记载了 200 多种熟肉制品,使用原料广泛而且讲究,鸡鸭鱼肉,样样俱全。茶腿(火腿)始于宋末,其制法至元初,意大利人马可·波罗传至欧洲,意大利式火腿至今仍保留我国火腿的形式。随着历代封建王朝兴起和发达,统治阶级、王公贵族生活日趋奢侈,肉类制品的生产技术也迅速发展起来。元朝《饮膳正要》重点阐述了牛、羊加工技术。到了清朝乾隆年间,袁牧所著《随园食单》中记载肉制品品种就有四五十种之多。

我国劳动人民在长期实践中积累了生产肉制品的丰富经验,创造了腌腊、熏制、干制、烧制、烘烤、炸制、酱卤、灌肠等加工方法,生产出许多风味别致、独具一格、深受广大人民喜爱的社会名特产品。如广东烤乳猪,这种肉原是当地群众祭神用的肉品,现已成为民间食品;浙江金华火腿,已有900年历史;云南宣威火腿历史也很悠久;江苏镇江脊肉已有300多年历史;苏州酱汁肉,北京月盛斋的酱牛肉、烧羊肉,北京天福号酱肘子都有200多年历史;南京香肚、西安老童家腊牛羊肉都有较长的生产历史。至于咸肉、腊肉、风肉、肉松等产品在民间流传广泛,有的还传到国外。近百年来从西方传入我国的罐头、西式灌肠、西式火腿也成为人民喜爱的食品。

我国肉制品加工工业真正的发展还是在中华人民共和国成立以后。从1953年第一个五年计划开始,全国各地建立了一些大中型肉类联合加工厂,从而使肉制品的加工从手工作坊形式逐渐走向工业化生产方式,成为食品工业中一个独立的工业部门。20世纪初,我国建立了中国肉类食品综合研究中心,与此同时,国家有关轻工业、农业、商业部门及其所属高等院校或研究机构,制定了肉制品加工工艺标准和开展了肉制品的开发研究工作。从此,我国肉制品加工在追赶世界先进水平的道路上不断前进。

从世界范围来看,现代肉制品加工的起源可以追溯到1809年。1809年法国政府拨款悬赏征求保藏食品的加工方法,尼古拉·阿佩尔发明了罐头,从此世界上出现了罐头食品厂。第二次世界大战前后,欧美各地普遍建成了规模化加工食品的工厂,随着后来生物化学、食品化学、微生物学、酶学、营养学、卫生学、医学、食品分析等众多学科的进步,出现了性能优越的塑料包装材料,从而产生了食品包装的第二次革命,也带动了肉制品工业的发展。

随着肉制品工业的兴起,对肉类加工的科学研究开发不断加强和深入,许多发达国家在20世纪四五十年代相应建立了肉类研究中心或研究所,有力地推动了肉制品加工和工业生产的发展。目前肉品加工业已发展成为食品工业的支柱产业之一。

第一章 肉的结构及性质

第一节 肉的形态结构

一、肉的概念

肉是指各种动物宰杀后所得可食部分的总称,包括肉尸、头、血、蹄和内脏部分。在肉制品工业中,按其加工利用价值,把肉理解为胴体,即畜禽经屠宰后除去毛(皮)、头、蹄、尾、血液、内脏后的肉尸,俗称白条肉,它包括肌肉组织、脂肪组织、结缔组织和骨组织。肌肉组织是指骨骼肌而言,俗称"瘦肉"或"精肉"。胴体因带骨又称为带骨肉,肉剔骨以后又称其为净肉。胴体以外的部分统称为副产品,如胃、肠、心、肝等称作脏器,俗称下水。脂肪组织中的皮下脂肪称作肥肉,俗称肥膘。

在肉制品工业生产中,把刚屠宰后不久体温还没有完全散失的肉称为热鲜肉。经这一段时间的冷处理,使肉保持低温(0~4 ℃)而不冻结的状态称为冷却肉(chilled meat);而经低温冻结后(-23~-15 ℃)称为冷冻肉(frozen meat)。肉按不同部位分割包装称为分割肉(cut meat),如经剔骨处理则称剔骨肉(boneless meat)。

通常我们所说的肉一般是指畜禽经放血屠宰后,除去皮、毛、头、蹄、骨及内脏后剩下的可食部分叫作肉。肉经过进一步的加工处理生产出来的产品称为肉制品。

二、肉的形态结构

肉(胴体)是由肌肉组织、脂肪组织、结缔组织和骨组织四大部分构成,各组织的比例大致为:肌肉组织 50%~60%;脂肪组织 20%~30%;结缔组织 9%~11%;骨组织 15%~20%,这些组织的结构、性质直接影响肉制品的质量、加工用途及其商品价值。

(一)肌肉组织

肌肉组织,又称骨骼肌,是构成肉的主要组成部分,可分为横纹肌、心肌、平滑肌三种,占胴体 50%~60%,具有较高的食用价值和商品价值。骨骼肌的结构如图 1-1 所示。

1.肌肉组织的宏观结构

构成肌肉组织结构的基本单位是肌纤维(muscle fiber),肌纤维与肌纤维之间被一层很薄的结缔组织膜围绕隔开,此膜叫肌内膜。每 50~150 根肌纤维聚集成肌束(muscle bundle),这时的肌束称为初级肌束。初级肌束被一层结缔组织膜所包裹,此膜叫肌束膜。由数十条初级肌束集结在一起并由较厚的结缔组织膜包围就形成次级肌束(又叫二级肌束)。由许多二级肌束集结在一起即形成肌肉块。肌肉块外面包围着一层强韧很厚的结缔组织膜叫肌外膜。肌内、外膜和肌束膜在肌肉两端汇集成束,称为腱,牢固地附着在骨骼上。这些分布在肌肉中的结缔组织膜既起着支架作用,又起着保护作用,血管、淋巴管及神经通过三层膜穿行其中,伸入到肌纤维表面,以提供营养和传导神经冲动。此外,还有脂肪沉积其中,使肌肉断面呈现大理石样纹理,如图 1-2、1-3 所示。

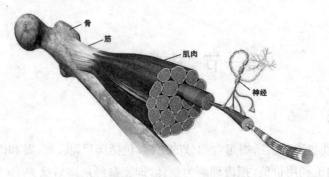

图 1-1　骨骼肌的结构及与血管、神经、筋腱之间的关系

图 1-2　骨骼肌的结构及横断面

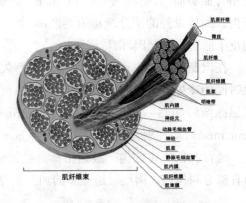

图 1-3　骨骼肌的结构及横断面

2. 肌肉组织的微观结构

构成肌肉的基本单位是肌纤维,也叫肌纤维细胞。它是属于细长的多核的纤维细胞,长度由数毫米到 20 cm,直径只有 10~100 μm。在显微镜下可以看到肌纤维细胞沿细胞纵轴平行的、有规则排列的明暗条纹,所以称横纹肌,其肌纤维是由肌原纤维、肌浆、细胞核和肌鞘构成肌肉组织的构造,如图 1-4 所示。

(1)肌纤维

和其他组织一样,肌肉组织也是由细胞构成的,但肌细胞是一种相当特殊的细胞,呈长线状、不分支、两端逐渐细,因此也称肌纤维。肌纤维直径 10~100 μm,长度 1~40 μm,最长可达 100 mm。

(2)肌膜

肌纤维本身具有的膜称为肌膜,它是由蛋白质和脂质组成的,具有很好的韧性,因而可承受肌纤维的伸长和收缩。肌膜的构造、组成和性质相当体内其他细胞膜。肌膜向内凹陷形成一网状的管,称作横小管,通常称为 T- 系统或 T 小管。

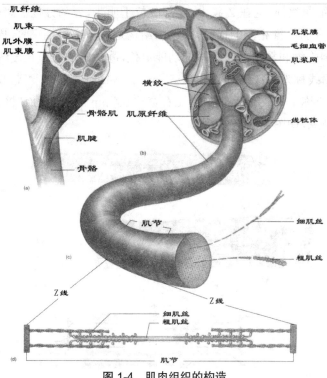

图 1-4 肌肉组织的构造

（3）肌原纤维

肌原纤维是构成肌纤维的主要组成部分，直径为 0.5~3.0 μm。肌原纤维是横纹肌中长的、直径约 1 μm 的圆柱形结构，是骨骼细胞的收缩单位。肌原纤维由粗肌丝和细肌丝组装而成，粗肌丝的成分是肌球蛋白，细肌丝的主要成分是肌动蛋白，辅以原肌球蛋白和肌钙蛋白。肌肉的收缩和伸长就是由肌原纤维的收缩和伸长所致。肌原纤维的微观结构如图 1-5 所示。

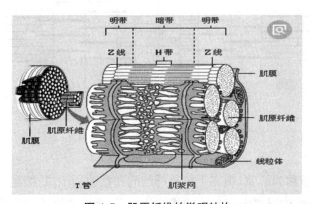

图 1-5 肌原纤维的微观结构

在电子显微镜下，每一条肌原纤维的全长都呈现规则的明带和暗带。明带和暗带包含有更细的、平行的丝状结构，称为肌丝。明带是向同性（isotrope），故称为 I 带，肌丝较细，直径约 50 μm，称为细肌丝，固定在 Z 膜上，一部分位于明带，一部分位于暗带，插在粗肌丝之间；肌原纤维具有和肌纤维相同的横纹，横纹的结构是按一定周期重复，周期的一个单位叫肌节。肌节是肌肉收缩和舒张的最基本的功能单位，静止时的肌节长度约为 2.3 μm。肌节两端是细线状的暗线称为 Z 线，中间宽约 1.5 μm 的暗带或称 A 带，A 带和 Z 线之间是宽约为 0.4 μm 的明带或称 I 带。在 A 带中央还有宽约 0.4 μm 的稍明的 H 区，形成了肌原纤维上的明暗相间的现象，如图 1-6、1-7 所示。

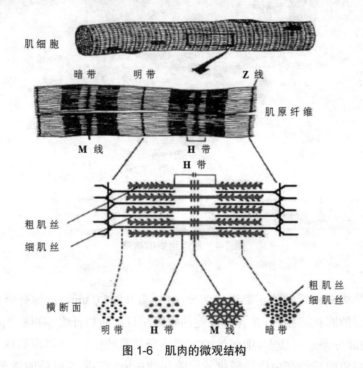

图 1-6　肌肉的微观结构

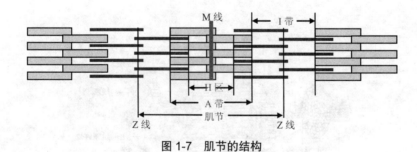

图 1-7　肌节的结构

（4）肌浆

　　肌纤维的细胞质称为肌浆，填充于肌原纤维间和核的周围，是细胞内的胶体物质，含水分 75%~80%。骨骼肌的肌浆内有发达的线粒体分布，所以骨骼肌的代谢十分旺盛，人们习惯把肌纤维内的线粒体称为"肌粒"。肌浆是充满于肌原纤维之间的胶体溶液，呈红色，含有大量的肌溶蛋白质和参与糖代谢的多种酶类。此外，尚含有肌红蛋白。由于肌肉的功能不同，在肌浆中肌红蛋白的数量不同，这就使不同部位的肌肉颜色深浅不一。

肌浆中另外一种重要的器官称为溶酶体,它是一种小胞体,内含多种能消化细胞和细胞内容物的酶。在这种酶系中,能分解蛋白质的酶称为组织蛋白酶。

肌浆中还有一些特殊结构,如 T 管,它是由肌纤维膜上内陷的漏斗状结构延续而成,横管的主要作用是将神经末梢的冲动传导到肌原纤维。肌质网相当于普通细胞中的滑面内质网,呈管状和囊状,交于肌原纤维之间。肌浆中还有三联管和肌小管。

（5）肌细胞核

骨骼肌纤维为多核,但因其长度变化大,所以每条肌纤维所含核的数目不定。一条几厘米长的肌纤维可能有数百个核。核呈椭圆形,位于肌纤维的边缘,紧贴在肌纤维膜下,呈有规则的分布,核长约 5 μm。

（二）脂肪组织

脂肪组织是仅次于肌肉组织的第二个重要组成部分,具有较高的食用价值。对于改善肉质、提高风味均有影响。脂肪在肉中的含量变动较大,取决于动物种类、品种、年龄、性别及肥育程度。

脂肪的构造单位是脂肪细胞,脂肪细胞或单个或成群地借助于疏松结缔组织连在一起。细胞中心充满脂肪滴,细胞核被挤到周遍。脂肪细胞外层有一层膜,膜为胶状的原生质构成,细胞核即位于原生质中。脂肪细胞是动物体内最大的细胞,直径为 30~120 μm,最大可达 250 μm,脂肪细胞愈大,里面的脂肪滴愈多,因而出油率也愈高。脂肪细胞的大小与畜禽的肥育程度及不同部位有关。如牛肾周围的脂肪直径肥育牛为 90 μm,瘦牛为 50 μm;猪脂肪细胞的直径皮下脂肪为 152 μm,而腹腔脂肪为 100 μm。脂肪在体内的蓄积,依动物种类、品种、年龄、肥育程度不同而异。猪多蓄积在皮下、肾周围及大网膜;羊多蓄积在尾根、肋间;牛主要蓄积在肌肉内;鸡蓄积在皮下、腹腔及肠胃周围。脂肪蓄积在肌束内最为理想,这样的肉呈大理石样,肉质较好。脂肪在活体组织内起着保护组织器官和提供能量的作用,在肉中脂肪是风味的前提物质之一。脂肪组织的成分,脂肪占绝大部分,其次为水分、蛋白质以及少量的酶、色素和维生素等。

（三）结缔组织

结缔组织是肉的次要成分,在动物体内对各器官组织起到支持和连接作用,使肌肉保持一定弹性和硬度。结缔组织有细胞、纤维和无定形的基质组成。细胞为成纤维细胞,存在于纤维中间;纤维由蛋白质分子聚合而成,可分胶原纤维、弹性纤维和网状纤维三种。

1. 胶原纤维

胶原纤维呈白色,故称白纤维。纤维呈波纹状,分散存在于基质内。纤维长度不定,粗细不等;直径 1~12 μm,有韧性及弹性,每条纤维由更细的胶原纤维组成。胶原纤维主要由胶原蛋白组成,是肌腱、皮肤、软骨等组织的主要成分,在沸水或弱酸中变成明胶;易被酸性胃液消化,而不被碱性胰液消化。

2. 弹性纤维

弹性纤维色黄,故又称黄纤维。有弹性,纤维粗细不同而有分支,直径 0.2~12 μm。在沸水、弱酸或弱碱中不溶解,但可被胃液和胰液消化。弹性纤维的主要化学成分为弹性蛋白,在血管壁、项韧带等组织中含量较高。

3. 网状纤维

网状纤维主要分布于输送结缔组织于其他组织的交界处,如在上皮组织的膜中、脂肪组织、毛细血管周围,均可见到极细致的网状纤维,在基质中很容易附着较多的黏多糖蛋白,可被硝酸银染成黑色,其主要成分是网状蛋白。

结缔组织的含量取决于年龄、性别、营养状况及运动等因素。老龄、公畜、消瘦及使役的动物,其结缔组织含量高;同一动物不同部位也不同,一般来讲,前躯由于支持沉重的头部而结缔组织较后躯发达,下躯较上躯发达。羊肉各部的结缔组织见表 1-1。

表 1-1　羊胴体各部位结缔组织含量

部位	结缔组织含量(%)	部位	结缔组织含量(%)
前肢	12.7	后肢	9.5
颈部	13.8	腰部	11.9
胸部	12.7	背部	7.0

结缔组织为非全价蛋白,不易被消化吸收,能增加肉的硬度,降低肉的食用价值,可以用来加工胶冻类食品。牛肉结缔组织的吸收率为 25%,而肌肉的吸收率为 69%。由于各部的肌肉结缔组织含量不同,其硬度不同,剪切力值也不同。

肌肉中的肌外膜是由含胶原纤维的致密结缔组织和疏松结缔组织组成,还含有一定量的弹性纤维。背最长肌、腰大肌、腰小肌中胶原纤维、弹性纤维都不发达,肉质较嫩;半腱肌中致密结缔组织和疏松结缔组织都较发达,肉质较硬;股二头肌外侧弹性纤维发达而内侧不发达;颈部肌肉胶原纤维多而弹性纤维少。肉质的软硬不仅取决于结缔组织的含量,而且还与结缔组织的性质有关。老龄家畜的胶原蛋白分子交联程度高,肉质硬。此外,弹性纤维含量高,肉质就硬。由于各部位肌肉结缔组织含量不同,其硬度也不同,见表 1-2。

表 1-2　牛肉 105 ℃煮制 60 min 的硬度

肌肉	胶原蛋白含量(%)	剪切力值(kPa)	肌肉	胶原蛋白含量(%)	剪切力值(kPa)
背最长肌	12.64	220	前臂肌	14.46	260
半膜肌	11.22	230	胸肌	20.26	260

(四)骨组织

骨组织是肉的次要部分,食用价值和商品价值较低,在运输和贮藏时要消耗一定能源。成年动物骨骼的含量比较恒定,变动幅度较小。猪骨占胴体的 5%~9%,牛占 15%~20%,羊占 8%~17%,兔占 12%~15%,鸡占 8%~17%。

骨由骨膜、骨质和骨髓构成,骨膜是由结缔组织包围在骨骼表面的一层硬膜,里面有神经、血管。骨骼根据构造的致密程度分为密致骨和松质骨,骨的外层比较致密坚硬,内层较为疏松多孔,如图 1-8 所示。骨骼按形状又分为管状骨和扁平骨,管状骨密致层厚,扁平骨密致层薄。在管状骨的管骨腔及其他骨的松质层空隙内充满有骨髓。骨髓分红骨髓和黄骨髓。红骨髓含的化学成分,水分占 40%~50%,胶原蛋白占 20%~30%,无机质约占 20%。无机质的成分主要是钙和磷。

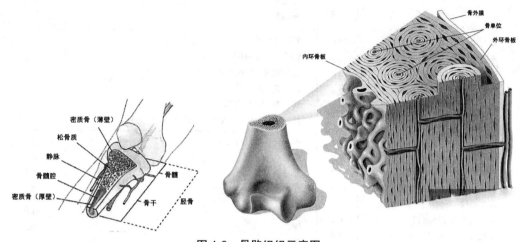

图 1-8　骨骼组织示意图

将骨骼粉碎可以制成骨粉,作为饲料添加剂,此外还可熬出骨油和骨胶。利用超微粒粉碎机制成骨泥,是肉制品的良好添加剂,也可用作其他食品以强化钙和磷。

第二节　肉的化学组成

肉的化学组成主要是指肌肉组织中的各种化学物质,包括水分、蛋白质、脂类、碳水化合物、含氮浸出物及少量的矿物质和维生素等(见表 1-3),哺乳动物骨骼肌的化学组成如表 1-4 所示。

表 1-3　畜禽肉的化学组成

名称	含量(%)					热量
	水分	蛋白质	脂肪	碳水化合物	灰分	(J/kg)
牛肉	72.91	20.07	6.48	0.25	0.92	6 186.4
羊肉	75.17	16.35	7.98	0.31	1.92	5 893.8
肥猪肉	47.40	14.54	37.34	—	0.72	13 731.3
瘦猪肉	72.55	20.08	6.63	—	1.10	4 869.7
马肉	75.90	20.10	2.20	1.33	0.95	4 305.4
鹿肉	78.00	19.50	2.25	—	1.20	5 358.8
兔肉	73.47	24.25	1.91	0.16	1.52	4 890.6
鸡肉	71.80	19.50	7.80	0.42	0.96	6 353.6
鸭肉	71.24	23.73	2.65	2.33	1.19	5 099.6
骆驼肉	76.14	20.75	2.21	—	0.90	3 093.2

表 1-4　哺乳动物骨骼肌的化学组成　　　　　单位:%

化学物质	含量	化学物质	含量
水分(65~80)	75.0	脂类(1.5~13.0)	3.0
		中性脂类(0.5~1.5)	1.5
		磷脂	1.0
		脑苷酯类	0.5
蛋白质(16~20)	18.5	胆固醇	0.5
肌原纤维蛋白	9.5		
肌球蛋白	5.0	非蛋白含氮物	1.5
肌动蛋白	2.0	肌酸与磷酸肌酸	0.5
原肌球蛋白	0.8	核苷酸类(ATP、ADP等)	0.3
肌原蛋白	0.8	游离氨基酸	
M-蛋白	0.4	肽(鹅肌肽、肌肽等)	0.3
C-蛋白	0.2	其他物质(IMP、NAD、NADP、尿素等)	0.1
α-肌动蛋白素	0.2		
β-肌动蛋白素	0.1	碳水化合物(0.5~1.5)	1.0
肌浆蛋白	6.0	糖原(0.5~1.3)	0.8
可溶性肌浆蛋白和酶类	5.5	葡萄糖	0.1
肌红蛋白	0.3	代谢中间产物(乳酸等)	0.1
血红蛋白	0.1		
细胞色素和呈味蛋白	0.1	无机成分	1.0
基质蛋白	3.0	钾	0.3
胶原蛋白网状蛋白	1.5	总磷	0.2
弹性蛋白	0.1	硫	0.2
其他不可溶蛋白	1.4	氯	0.1
		钠	0.1
		其他(包括镁、钙、铁、铜、锌、锰等)	0.1

一、水分

水是肉中含量最多的成分,不同组织水分含量差异很大,其中肌肉含水量为 70%~80%,皮肤为 60%~70%,骨骼为 12%~15%。畜禽愈肥,水分的含量愈少,老年动物比幼年动物含量少。肉中水分含量多少及存在状态影响肉的加工质量及贮藏性。肉中水分存在形式大致可分为结合水、不易流动水和自由水三种。

(一)结合水

肉中结合水的含量大约占水分总量的 5%,通常在蛋白质等分子周围,借助分子表面分布的极性基团与水分子之间的静电引力而形成的一薄层水分。结合水与自由水的性质不同,它的蒸气压极度低,冰点约为 -40 ℃,不能作为其他物质的溶剂,不易受肌肉蛋白质结构或电荷的影响,甚至在施加外力条件下,也不能改变其与蛋白质分子紧密结合的状态。通常这部分水分分布在肌肉的细胞内部。

(二)不易流动水

不易流动水约占总水分的 80%,是指存在于纤丝、肌原纤维及膜之间的一部分水分。这些水分能溶解盐及溶质,并可在 -1.5~0℃以下结冰。不易流动水易受蛋白质结构和电荷变化的影响,肉的保水性能主要取决于此类水的保持能力。

（三）自由水

自由水是指能自由流动的水,存在于细胞外间隙中能够自由流动的水,约占水分总量的15%。

二、蛋白质

肌肉中除水分外主要成分是蛋白质,占 18%~20%,占肉中固形物的 80%,依其构成位置和在盐溶液中溶解度可分成以下四种,即:肌原纤维蛋白质、肌浆蛋白质、基质蛋白质、颗粒蛋白质。

（一）肌原纤维蛋白质——与收缩有关的蛋白质

肌原纤维是骨骼肌的收缩单位,由细丝状的蛋白质凝胶组成。这些细丝平行排列成束,直接参与收缩过程。肌原纤维蛋白质的含量随肌肉活动而增加,并因静止或萎缩而减少。而且肌原纤维中的物质与肉的某些重要品质特性(如嫩度)密切相关。肌原纤维蛋白质占肌肉蛋白质总量的 40%~60%,它主要包括肌球蛋白、肌动蛋白、肌动球蛋白和 2~3 种调节性结构蛋白质等,如表 1-5 所示。

表 1-5　肌原纤维蛋白质的种类和含量

名称	含量(%)	名称	含量(%)	名称	含量(%)
肌球蛋白	45	C- 蛋白	2	55 000 u 蛋白	<1
肌动蛋白	20	M- 蛋白	2	F- 蛋白	<1
原肌球蛋白	5	α- 肌动蛋白素	2	I- 蛋白	<1
肌原蛋白	5	β- 肌动蛋白素	<1	filament	<1
联结蛋白(titan)	6	γ- 肌动蛋白素	<1	肌间蛋白	<1
N-line	3	肌酸激酶	<1	vimentin	<1
				synemin	<1

1. 肌球蛋白

肌球蛋白在离子强度 0.2 以上的盐溶液中溶解,在 0.2 以下呈不稳定的悬浮状态,等电点为 pH5.4,具有流动双折射现象;具有 ATP 酶的活性,Mg^{2+} 对此酶起抑制作用,Ca^{2+} 可以将其激活。肌球蛋白的另一个特征是能与肌动蛋白结合,生成肌动球蛋白。肌动球蛋白是关系到肉在加工中的嫩度变化和某些其他性质的重要成分。肌球蛋白对热很不稳定,受热发生变性。变性的肌球蛋白失去了 ATP 酶的活性,溶解性降低。肌球蛋白是构成粗丝的主要蛋白质,粗丝由 350~400 个肌球蛋白组成,尾部重叠,头部伸向外头。由两条很长的肽链相互盘旋构成,两条肽链各形成一盘旋的头部。在尾部有数条轻链。肌球蛋白的形状很像"豆芽",全长为 140 nm,其中头部 20 nm,尾部 120 nm;头部的直径为 5 nm,尾部直径 2 mm。

2. 肌动蛋白

肌动蛋白约占肌原纤维蛋白的 20%,肌动蛋白以球状肌动蛋白(G- 肌动蛋白)和纤维状的肌动蛋白(F- 肌动蛋白)的形式存在,是构成细丝的主要成分,肌动蛋白对热较肌球蛋白稳定。肌动蛋白只有一条多肽链构成,其分子量为 41 800~61 000。肌动蛋白单独存在时，为一球形的蛋白质分子结构，称 G- 肌动蛋白，当 G- 肌动蛋白在有磷酸盐和少量 ATP 存在的时候，即可形成相互连接的纤维状结构，需 300~400 个 G- 肌动蛋白形成一个纤维状结构；两条纤维状结构的肌动蛋白相互扭合成的聚合物称为 F- 肌动蛋白。肌动蛋白的性质属于白蛋白类，它还能溶于水及稀的盐溶液中，在半饱和的（NH_4）$_2SO_4$ 溶液中可盐析沉淀，等电点为 pH4.7。F- 肌动蛋白在有 KI 和 ATP 存在时又会解离成 G- 肌动蛋白，肌动蛋白的作用是与原肌球蛋白及肌原蛋白结合成细丝，在肌肉收缩过程中与肌球蛋白的横突形成交联（横桥），共同参与肌肉的收缩过程。

3. 肌动球蛋白

肌动球蛋白是由肌球蛋白与肌动蛋白结合构成的蛋白质，具有双折射性；具 ATP 酶的活性，但与肌球蛋白 ATP 酶有所不同，Ca^{2+}、Mg^{2+} 离子均能使其活化。肌动球蛋白在离子强度为 0.4 以上的盐溶液中处于溶解状态。浓度高的肌动球蛋白溶液易发生胶凝。将接近中性的肌动球蛋白溶液稀释到较低的离子强度，如 0.1 mol/L KCl 以下，则肌动球蛋白成絮状物，此时添加少量 ATP，则絮状物收缩而形成凝胶沉淀，这样的沉淀现象称为超沉淀，此时添加 KCl 则沉淀再次溶解，或添加大量 ATP，絮状肌动球蛋白发生溶解，此反应称为清除反应。

4. 原肌球蛋白

原肌球蛋白占肌原纤维蛋白的 4%~5%，形为杆状分子，长 45 nm，直径 2 nm。其位于 F-actin 双股螺旋结构的每一沟槽内，构成细丝的支架。每 1 分子的原肌球蛋白结合 7 分子的肌动蛋白和 1 分子的肌原蛋白，分子量 65 000~80 000。

5. 肌钙蛋白

肌钙蛋白又叫肌原蛋白，占肌原纤维蛋白的 5%~6%，肌原蛋白对 Ca^{2+} 有很高的敏感性，并能结合 Ca^{2+}，肌原蛋白有三个亚基，有各自的功能特性：钙结合亚基（Tn-Ca），是 Ca^{2+} 的结合部位；抑制亚基（Tn-I）能高度抑制肌球蛋白中 ATP 酶的活性，从而阻止肌动蛋白与肌球蛋白；原肌球蛋白结合亚基（Tn-T），能结合原肌球蛋白，起连接作用。

6.M- 蛋白

M- 蛋白占肌原纤维蛋白的 2%~3%，存在于 M 线上，其作用是将粗丝连接在一起，以维持粗丝的排列。

7. C- 蛋白

C- 蛋白约占 2%，是粗丝的一个组成部分，结合于轻酶解肌球蛋白（LMM）部分。功能是维持粗丝的稳定，有调节横桥的功能。

8. 肌动素

肌动素也称辅肌动蛋白，目前发现有辅肌动蛋白 -1、2、3 和 4 四种类型，呈细胞或组织特异性分布，这四种蛋白的共同结构特征是在细胞内均为反向平行的二聚体，并具有 N 末端肌动蛋白结合结构域（ABD）、血影蛋白样中央重复结构域和 C 末端 EF 手性结构域，作为细胞骨架中一种重要的肌动蛋白交联蛋白，辅肌动蛋白通过与其相关蛋白包括整合素（integrins）、钙黏素（cadherin）以及细胞信号传导通路中的信号分子等的协同作用，在稳定细胞黏附、调节细胞形状及细胞运动中发挥着重要作用,因此,肿瘤的发生、发展和恶化与辅肌动蛋白的结构、功能密切相关。

9. I-蛋白

I-蛋白存在于 A 带,可以阻止休止状态的肌肉水解 ATP。

(二)肌浆蛋白质

肌浆是浸透于肌原纤维内外的液体,含有机物与无机物,一般占肉中蛋白质含量的20%~30%,见表1-6。通常将磨碎的肌肉压榨便可挤出肌浆。肌浆中的蛋白质为可溶性蛋白质,溶于水溶液中,因此在加工和烹调过程中容易流失。肌浆蛋白质不是肌纤维的结构成分,它包括肌溶蛋白、肌红蛋白、肌球蛋白和肌粒中的蛋白质等。这些蛋白质易溶于水或低离子强度的中性盐溶液,是肉中最易提取的蛋白质,故称为肌肉的可溶性蛋白质。

1. 肌溶蛋白

肌溶蛋白属清蛋白类的单纯蛋白质,存在于肌原纤维间,易溶于水,把肉用水浸透可以溶出。很不稳定,易发生变性沉淀,其沉淀部分叫肌溶蛋白 B(myogenfibrin),约占肌浆蛋白质的 3%,可溶性的不沉淀部分叫肌溶蛋白 A,也叫肌白蛋白(myoalbumin),约占肌浆蛋白的 1%,具有酶的性质。

表 1-6　肌肉中肌浆酶蛋白的含量

肌浆酶	含量(mg/g)	肌浆酶	含量(mg/g)
磷酸化酶	2.0	磷酸甘油激酶	0.8
淀粉 -1,6- 糖苷酶	0.1	磷酸甘油醛脱氢酶	11.0
葡萄糖磷酸变位酶	0.6	磷酸甘油变位酶	0.8
葡萄糖磷酸异构酶	0.8	烯醇化酶	2.4
果糖磷酸激酶	0.35	丙酮酸激酶	3.2
缩醛酶(二磷酸果糖酶)	6.5	乳酸脱氢酶	3.2
磷酸丙糖异构酶	2.0	肌酸激酶	5.0
甘油 -3- 磷酸脱氢酶	0.3	一磷酸腺苷激酶	0.4

2. 肌红蛋白

肌红蛋白是一种复合性的色素蛋白质,由 1 分子的珠蛋白和 1 个亚铁血色素结合而成,为肌肉呈现红色的主要成分,分子量为 34 000,等电点为 pH 6.78,含量占 0.2%~2%。肌红蛋白有多种衍生物,如呈鲜红色的氧合肌红蛋白、呈褐色的高铁肌红蛋白、呈鲜亮红色的NO 肌红蛋白等。肌红蛋白的含量因动物的种类、年龄、肌肉的部位而不同。

3. 肌浆酶

肌浆中除上述可溶性蛋白质及少量球蛋白外,还存在大量可溶性肌浆酶,其中解糖酶占2/3 以上。

(三)基质蛋白质

基质蛋白质也称间质蛋白质,是指肌肉组织磨碎之后在高浓度的中性溶液中充分抽提之后的残渣部分。基质蛋白质是构成肌内膜、肌束膜和腱的主要成分,包括胶原蛋白、弹性蛋白、网状蛋白及黏蛋白等,存在于结缔组织的纤维及基质中,它们均属于硬蛋白类,见表1-7。

表 1-7 结缔组织蛋白质的含量　　　　　单位:%

成分	白色结缔组织	黄色结缔组织
蛋白质	35.0	40.0
其中:		
胶原蛋白	30.0	7.5
弹性蛋白	2.5	32.0
黏蛋白	1.5	0.5
可溶性蛋白	0.2	0.6
脂类	1.0	1.1

1. 胶原蛋白

胶原蛋白在结缔组织中含量特别丰富,是食品等行业明胶的来源,在肉嫩度上扮演重要角色,在皮、腱、肌膜等中广泛存在,也是矿物化组成的主要基质,胶原蛋白是机体中最丰富的简单蛋白质,相当于机体总蛋白质的 20%~25%。胶原蛋白中含有大量的甘氨酸,约占总氨基酸残基量的 1/3,脯氨酸和羟脯氨酸也较多。但色氨酸、酪氨酸及蛋氨酸等营养上必需的氨基酸含量甚少,故此种蛋白质是不完全蛋白质。

胶原蛋白性质:

①胶原蛋白质地坚韧,不溶于一般溶剂,但在酸或碱的环境中可膨胀。

②胶原纤维不具弹性。

③胶原蛋白仅被胶原蛋白酶、胃蛋白酶分解,但变性后对酶抗性降低。

④胶原蛋白与水共热至 62~63 ℃发生不可逆收缩,于 80 ℃中长时加热,形成易于消化的明胶。明胶为动物的皮、骨、腱等含有的胶原蛋白经部分水解后得到的天然多肽的高聚物,干燥状态下很稳定,潮湿状态下易被细菌分解。明胶不溶于冷水,但加水后缓慢吸水膨胀软化;明胶溶于热水,溶液冷却后即凝成胶块,因此,它可以可逆地进行溶胶与凝胶的转化。明胶的等电点为 pH4.7,在等电点时明胶溶液的黏度最小,也最容易硬化。

2. 弹性蛋白

弹性蛋白在很多组织中与胶原蛋白共存,它是构成黄色的弹性纤维的蛋白质,在韧带与血管中占多数。

弹性蛋白的性质:

①弹性较强,但抗断力为胶原纤维蛋白 1/60。

②化学性质稳定,不溶于水,即使在水中煮沸后也不能分解成明胶。

③可被无花果蛋白酶、木瓜蛋白酶、菠萝蛋白酶和胰弹性蛋白酶所水解。

弹性蛋白的氨基酸组成中也含有约 1/3 的甘氨酸,从营养的角度考虑,弹性蛋白也是不完全蛋白质。不同来源的胶原纤维蛋白和弹性蛋白的氨基酸组成成分大致一致,性质类同,当然也有一定的差别。例如,赖氨酸的含量在牛的大动脉中比在韧带中多,而在耳朵的弹性软骨中则含量更高。

(四)细胞骨架蛋白

细胞骨架蛋白是明显区别于肌原纤维蛋白和肌浆蛋白的一类蛋白质,它起到支撑和稳定肌肉网格结构,维持肌细胞收缩装置的一类蛋白质。肉畜宰后肌肉中细胞骨架蛋白的降解对肉的嫩化起决定性作用。

1. 肌联蛋白

肌联蛋白是细胞骨架蛋白中含量最多的蛋白,占肌肉蛋白的 10%,也是肌肉中分子质量最大的蛋白质,富有弹性,贯穿于整个肌节,连接于两个相邻的 Z 线,并将肌球蛋白纤丝连接到 Z 线上。

2. 伴肌动蛋白

伴肌动蛋白占肌肉蛋白的 5%,是 I 带中心 Z 线组成成分。

3. 纽蛋白

纽蛋白含量不到肌肉蛋白的 1%,存在于肌纤维膜下,具有连接肌纤维膜和肌原纤维的作用。

4. 肌间线蛋白

肌间线蛋白分子质量 53 ku,位于 Z 线内和周围,连接邻近的细丝,并维持及借鉴的横向连接。

三、脂肪

脂肪对肉的食用品质影响甚大,肌肉内脂肪的多少直接影响肉的多汁性和嫩度。动物的脂肪可分为蓄积脂肪和组织脂肪两大类。蓄积脂肪包括皮下脂肪、肾周围脂肪、大网膜脂肪及肌间脂肪等;组织脂肪为脏器内的脂肪。动物性脂肪主要成分是三酰甘油(三脂肪酸甘油酯),约占 90%,还有少量的磷脂和固醇脂。肉类脂肪有 20 多种脂肪酸,其中饱和脂肪酸以硬脂酸和软脂酸居多;不饱和脂肪酸以油酸居多,其次是亚油酸。磷脂以及胆固醇所构成的脂肪酸酯类是能量来源之一,也是构成细胞的特殊成分,它对肉类制品质量、颜色、气味具有重要作用。不同动物脂肪的脂肪酸组成不一致,相对来说鸡脂肪和猪脂肪含不饱和脂肪酸较多,牛脂肪和羊脂肪中含不饱和脂肪酸较少,见表 1-8。

表 1-8　不同动物脂肪的脂肪酸组成

脂肪	硬脂酸含量(%)	油酸含量(%)	棕榈酸含量(%)	亚油酸含量(%)	熔点(℃)
牛脂肪	41.7	33.0	18.5	2.0	40~50
羊脂肪	34.7	31.0	23.2	7.3	40~48
猪脂肪	18.4	40.0	26.2	10.3	33~38
鸡脂肪	8.0	52.0	18.0	17.0	28~38

四、浸出物

浸出物是指除蛋白质、盐类、维生素之外能溶于水的浸出性物质,包括含氮浸出物和无氮浸出物。组织中浸出物成分的总含量是2%~5%,以含氮化合物为主,酸类和糖类含量比较少。浸出物的成分与肉的风味、滋味、气味有密切关系。浸出物中的还原糖与氨基酸之间的非酶促褐变反应对肉的风味具有很重要的作用。而某些浸出物本身就是呈味物质,如琥珀酸、谷氨酸、肌苷酸是肉的鲜味成分,肌醇有甜味,以乳酸为主的一些有机酸有酸味等。由于动物的种类、性别、运动量、机能等的不同,浸出物的成分和量有所不同。

(一)含氮浸出物

含氮浸出物为非蛋白质的含氮物质,如游离氨基酸、磷酸肌酸、核苷酸类(ATP、ADP、AMP、IMP)及肌酐、尿素等。这些物质左右肉的风味,为香气的主要来源,如ATP除供给肌肉收缩的能量外,逐级降解为肌苷酸是肉香的主要成分,磷酸肌酸分解成肌酸,肌酸在酸性条件下加热则为肌酐,可增强熟肉的风味。

(二)无氮浸出物

无氮浸出物为不含氮的可浸出的有机化合物,包括有糖类化合物和有机酸。糖类又称碳水化合物。因由C、H、O三个元素组成,氢氧之比恰为2:1,与水相同。但有若干例外,如去氧核糖($C_2H_{10}O_4$)、鼠李糖($C_6H_{12}O_5$),并非按氢2氧1比例组成。又如乳酸按氢2氧1比例组成,但无糖的特性,属于有机酸。

无氮浸出物主要是糖原、葡萄糖、麦芽糖、核糖、糊精,有机酸主要是乳酸及少量的甲酸、乙酸、丁酸、延胡索酸等。

糖原主要存在于肝脏和肌肉中,肌肉中含0.3%~0.8%,肝中含2%~8%,马肉肌糖原含2%以上。宰前动物消瘦、疲劳及病态,肉中糖原贮备少。肌糖原含量多少对肉的pH、保水性、颜色等均有影响,并且影响肉的保藏性。

五、矿物质

矿物质是指一些无机盐类和元素,含量占1.5%左右。这些无机盐在肉中有的以游离状态存在,如镁、钙离子;有的以螯合状态存在,如肌红蛋白中含铁,核蛋白中含磷。肉中尚含有微量的锰、铜、锌、镍等。肉中主要矿物质含量如表1-9所示。

表1-9　肉中主要矿物质含量　　　　　　　　　　　　单位:mg/100g

矿物质	钙	镁	锌	钠	钾	铁	磷	氯
含量	2.6~8.2	14~31.8	1.2~8.3	36~85	297~451	1.5~5.5	10~21.3	34~91
平均	4.0	21.1	4.2	38.5	395	2.7	20.1	51.4

六、维生素

肉中维生素主要有维生素A、维生素B_1、维生素B_2、维生素PP、叶酸、维生素C、维生素D等。其中脂溶性维生素较少,但水溶性B族维生素含量丰富。猪肉中维生素B_1的含量比其他肉类要多得多,而牛肉中叶酸的含量则又比猪肉和羊肉高。此外,动物的肝脏几乎各种维生素含量都很高。肉中主要维生素含量如表 1-10 所示。

表 1-10　肉中主要维生素含量　　　　　　　　　单位：mg/100g

畜肉	维生素 A	维生素 B_1	维生素 B_2	维生素 PP	泛酸	生物素	叶酸	维生素 B_6	维生素 B_{12}	维生素 D
牛　肉	微量	0.07	0.20	5.0	0.4	3.0	10.0	0.3	2.0	微量
小牛肉	微量	0.10	0.25	7.0	0.6	5.0	5.0	0.3		微量
猪　肉	微量	1.0	0.20	5.0	0.6	4.0	3.0	0.5	2.0	微量
羊　肉	微量	0.15	0.25	5.0	0.5	3.0	3.0	0.4	2.0	微量

七、影响肉化学成分的因素

(一)动物的种类

　　动物种类对肉化学组成的影响是显而易见的,但这种影响的程度还受多种内在和外界因素的影响。表 1-11 列出了不同种类的成年动物背最长肌的化学成分。由表可见,这 4 种动物肌肉的水分、总氮含量及可溶性磷比较接近,而其他成分有显著差别。

表 1-11　成年家畜背最长肌的化学成分

项目	动物种类			
	家兔	羊	猪	牛
水分(除去脂肪)(%)	77.0	77.0	76.7	76.8
肌肉间脂肪含量(%)	2.0	7.9	2.9	3.4
肌肉间脂肪碘值	—	54	57	57
总氮含量(除去脂肪)(%)	3.4	3.6	3.7	3.6
总可溶性磷含量(%)	0.2	0.18	0.2	0.18
肌红蛋白含量(%)	0.2	0.25	0.06	0.5
胺类、三甲胺及其他成分含量(%)	—	—	—	—

(二)性别

　　性别的不同主要影响到肉的质地和风味,对肉的化学组成也有影响。未经去势的公畜肉质地粗糙,比较坚硬,具有特殊的性臭味。此外,公畜的肌内脂肪含量低于母畜或去势畜。因此,作为加工用的原料,应选用经过肥育的去势家畜,未经阉割的公畜和老母猪等不宜用作加工的原料。不同性别的牛肉背最长肌的化学成分如表 1-12 所示。

表 1-12　不同性别的牛肉背最长肌的化学成分

化学成分	肌肉组织中的含量(%)		
	不去势公牛	去势公牛	母牛
蛋白质	21.7	22.1	22.2
脂肪	1.1	2.5	3.4
水分	75.9	74.3	73.2

（三）畜龄

肌肉的化学组成随着畜龄的增加会发生变化,一般说来,除水分下降外,其他成分含量均增加。幼年动物肌肉的水分含量高,缺乏风味,除特殊情况(如烤乳猪)外,一般不用作加工原料。为获得优质的原料肉,肉用畜禽都有一个合适的屠宰月龄(或日龄)。不同月龄对牛肉背最长肌化学组成的影响列于表 1-13。

表 1-13　不同畜龄的牛肉背最长肌的化学成分

项目	10 头牛的平均数		
	5 个月	6 个月	7 个月
肌肉脂肪含量(%)	2.85	3.28	3.96
肌肉脂肪碘值	57.4	55.8	55.5
水分(%)	76.7	76.4	75.9
肌红蛋白质(%)	0.03	0.038	0.044
总氮含量(%)	3.71	3.74	3.87

（四）营养状况

动物营养状况会直接影响其生长发育,从而影响到肌肉的化学组成(见表 1-14)。不同肥育程度的肉中其肌肉的化学组成就有较大的差别,营养的好坏对肌肉脂肪的含量影响最为明显,营养状况好的家畜,其肌肉内会沉积大量脂肪,使肉的横切面呈现大理石状,其风味和质地均佳(见表 1-15)。反之,营养贫乏,则肌肉内脂肪含量低,肉质差。

表 1-14　营养状况和畜龄对猪背最长肌成分的影响

项目　　指标	营养状况			
	高		低	
	16 周	26 周	16 周	26 周
肌肉脂肪含量(%)	2.27	4.51	0.68	0.02
肌肉脂肪碘值	62.96	59.20	95.40	66.80
水分(%)	74.37	71.78	78.09	73.74

表 1-15　肥育程度对牛肉化学成分的影响

牛肉	占净肉的比例(%)				占去脂净肉的比例(%)		
	蛋白质	脂肪	水分	灰分	蛋白质	水分	灰分
肥育良好	19.2	18.3	61.6	0.9	23.5	75.5	1.0
肥育一般	20.0	10.7	68.3	1.0	22.4	76.5	1.1
肥育不良	21.1	3.8	74.1	1.1	21.9	76.9	1.2

（五）解剖部位

肉的化学组成除受动物的种类、品种、畜龄、性别、营养状况等因素影响外,同一动物不同部位的肉其组成也有很大差异(见表 1-16)。

表 1-16 不同部位肉的化学组成 单位:%

种类	部位	水分	粗脂肪	粗蛋白	灰分
牛肉	颈部	65	16	18.6	0.9
	软肋	61	18	19.9	0.9
	背部	57	25	16.7	0.8
	肋部	59	23	17.6	0.8
	后腿部	69	11	19.5	1.0
	臀部	55	28	16.2	0.8
小牛肉	背部	70	5	19	1.3
	后腿部	68	12	19.1	1.0
	肩部	70	10	19.4	1.0
猪肉	后腿部	53	31	15.2	0.8
	背部	58	25	16.4	0.9
	臀部	49	37	13.5	0.7
	肋部	53	32	14.6	0.8
羊肉	胸部	48	37	12.8	—
	后腿部	64	18	18.0	0.9
	背部	65	16	18.6	—
	肋部	52	32	14.9	0.8
	肩部	58	25	15.6	0.8

第三节 肉的食用品质及物理性质

肉的食用品质及物理性质主要指肉的色泽、气味、嫩度、肉的保水性、肉的 pH 值、容重、比热、肉的冰点等。这些性质在肉的加工贮藏中直接影响肉品的质量。

一、肉的食用品质

(一)色泽

肉的颜色对肉的营养价值并无多大影响,但在某种程度上影响食欲和商品价值。如果是微生物引起的色泽变化则影响肉的卫生质量。

1. 形成肉色的物质

肉的颜色本质上是由肌红蛋白(Mb)和血红蛋白(Hb)产生的。肌红蛋白为肉自身的色素蛋白,肉色的深浅与其含量多少有关。血红蛋白存在于血液中,对肉颜色的影响视放血是否充分而定。在肉中血液残留多则血红蛋白含量也多,肉色深。放血充分肉色正常,放血不充分或不放血(冷宰)的肉色深且暗。

2. 肌红蛋白的变化

肌红蛋白本身为紫红色,与氧结合可生成氧合肌红蛋白,为鲜红色,是新鲜肉的象征;肌红蛋白和氧合肌红蛋白均可以被氧化生成高铁肌红蛋白,呈褐色,使肉色变暗;肌红蛋白与亚硝酸盐反应可生成亚硝基肌红蛋白,呈亮红色,是腌肉加热后的典型色泽,如图 1-9 所示。

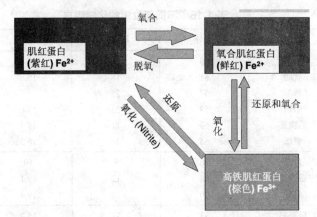

图 1-9　肌红蛋白、氧合肌红蛋白和高铁肌红蛋白之间的转化（来源于豆丁网）

3. 影响肌肉颜色变化的因素

（1）环境中的氧含量

环境中氧的含量决定了肌红蛋白是形成 MbO_2 还是 MMb，从而直接影响肉的颜色。

（2）湿度

环境中湿度大，则氧化得慢，因在肉表面有水汽层，影响氧的扩散。如果湿度低且空气流速快，则加速高铁肌红蛋白的形成，使肉色变褐色。如牛肉在 8℃冷藏时，相对湿度为 70%，2d 变褐色；相对湿度为 100%，4d 变褐色。

（3）温度

环境温度高促进氧化，温度低则氧化得慢。如牛肉 3~5 ℃贮藏 9 d 变褐色，0 ℃时贮藏 18 d 才变褐色。因此为了防止肉变褐色氧化，尽可能在低温下贮藏。

（4）pH

动物在宰前糖原消耗过多，尸僵后肉的极限 pH 高，易出现生理异常肉，牛肉出现 DFD 肉，这种肉颜色较正常肉深暗。而猪则易引 PSE 肉，使肉色变得苍白。

（5）微生物

肉贮藏时污染微生物会使肉表面颜色改变。污染细菌，分解蛋白质使肉色污浊；污染真菌则在肉表面形成白色、红色、绿色、黑色等色斑或发出荧光。

总之，在加工贮藏中影响肉色的因素如表 1-17 所示。

（二）肉的风味

肉的风味又称味质，指的是生鲜肉的气味和加热后肉制品的香气和滋味。它是肉中固有成分经过复杂的生物化学变化，产生各种有机化合物所致。其特点是成分复杂多样，含量甚微，用一般方法很难测定，除少数成分外，多数无营养价值，不稳定，加热易破坏和挥发。呈味性能与其分子结构有关，呈味物质均具有各种发香基团。如羟基 -OH，羧基 -COOH，醛基 -CHO，羰基 -CO，硫氢基 -SH，酯基 -COOR，氨基 $-NH_2$，酰胺基 -CONH，亚硝基 $-NO_2$，苯基 $-C_6H_5$。这些肉的味质是通过人的高度灵敏的嗅觉和味觉器官而反映出来的。

表 1-17　影响肉色的因素

因素	影响
肌红蛋白含量	含量越多,颜色越深
品种、解剖位置	牛、羊肉色颜色较深,猪次之,禽腿肉为红色,而胸肉为浅白色
年龄	年龄愈大,肌肉 Mb 含量愈高,肉色愈深
运动	运动量大的肌肉 Mb 含量高,肉色深
pH	当 pH>6.0,不利于氧合 Mb 形成,肉色黑暗
肌红蛋白的化学状态	氧合 Mb 呈鲜红色,高铁 Mb 呈褐色
细菌繁殖	促进高铁 Mb 形成,肉色变暗
电刺激	有利于改善牛、羊的肉色
宰后处理	迅速冷却有利于肉保持鲜红颜色,放置时间加长、温度升高均促进 Mb 氧化,肉色变深
腌制(亚硝基形成)	生成亮红色的亚硝基肌红蛋白,加热后形成粉红色的亚硝基血色原

1. 气味

气味是肉中具有挥发性的物质,随气流进入鼻腔,刺激嗅觉细胞通过神经传导反映到大脑嗅区而产生的一种刺激感。愉快感为香味,厌恶感为异味、臭味。气味的成分十分复杂,约有 1 000 多种。主要有醇、醛、酮、酸、酯、醚、呋喃、吡咯、内酯、糖类及含氮化合物等。

影响肉气味的因素:动物种类、性别、饲料等对肉的气味有很大影响。生鲜肉散发出一种肉腥味,羊肉有膻味,狗肉有腥味,特别是晚去势或未去势的公猪、公牛及母羊的肉有特殊的性气味,在发情期宰杀的动物肉散发出令人厌恶的气味。

某些特殊气味如羊肉的膻味,来源于挥发性低级脂肪酸,如 4- 甲基辛酸、壬酸、癸酸等,存在于脂肪中。

喂鱼粉、豆粕、蚕饼等影响肉的气味,饲料含有硫丙烯、二硫丙烯、丙烯 - 丙基二硫化物等会移行在肉内,发出特殊的气味。

肉在冷藏时,由于微生物繁殖,在肉表面形成菌落成为黏液,而后产生明显的不良气味。长时间的冷藏,脂肪自动氧化,解冻肉汁流失,肉质变软使肉的风味降低。

肉在不良环境贮藏和在带有挥发性物质如葱、鱼、药物等混合贮藏,会吸收外来异味。

2. 滋味

滋味是由溶于水的可溶性呈味物质,刺激人的舌面味觉细胞——味蕾,通过神经传导到大脑而反映出味感,肉的滋味物质如表 1-18 所示。舌面分布的味蕾可感觉出不同的味道,而肉香味是靠舌的全面感觉。

表 1-18　肉的滋味物质

滋味	化合物
甜	葡萄糖、果糖、核糖、甘氨酸、丝氨酸、脯氨酸、羟脯氨酸
咸	无机盐、谷氨酸钠、天冬氨酸钠
酸	天冬氨酸、谷氨酸、组氨酸、天冬酰胺、琥珀酸、乳酸、二氢吡咯羧酸、磷酸
苦	肌酸、肌酐酸、次黄嘌呤、鹅肌肽、肌肽、其他肽类、组氨酸、精氨酸、蛋氨酸、缬氨酸、亮氨酸、异亮氨酸、苯丙氨酸、色氨酸、酪氨酸
鲜	MSG、5'-IMP、5'-GMP,其他肽类

肉的鲜味成分来源于核苷酸、氨基酸、酰胺、肽、有机酸、糖类、脂肪等前体物质。关于肉前体的分布,近年来研究较多。如把牛肉中风味的前体物质用水提取后,剩下溶于水的肌纤维部分,几乎不存在香味物质。另外在脂肪中人为加入一些物质,如葡萄糖、肌苷酸、含有无机盐的氨基酸(谷氨酸、甘氨酸、丙氨酸、丝氨酸、异亮氨酸),在水中加热后,结果生成和肉一样的风味,从而证明这些物质为肉风味的前体。

肉滋味的产生途径有以下几个方面。

(1)美拉德反应

人们较早就知道将生肉汁加热就可以产生肉香味,通过测定成分的变化发现在加热过程中随着大量的氨基酸和绝大多数还原糖的消失,一些风味物质随之产生,这就是所谓美拉德反应:氨基酸和还原糖反应生成香味物质。此反应较复杂,步骤很多,在大多数生物化学和食品化学书中均有陈述,此处不再一一列出。

(2)脂质氧化

脂质氧化是产生风味物质的主要途径,不同种类风味的差异也主要是由于脂质氧化物不同所致。肉在烹调时的脂肪氧化(加热氧化)原理与常温脂肪氧化相似,但加热氧化由于热能的存在使其产物与常温氧化大不相同。总体来说,常温氧化产生酸败味,而加热氧化产生风味物质。

(3)硫胺素降解

肉在烹调过程中有大量的物质发生降解,其中硫胺素(维生素 B_1)降解所产生的 H_2S(硫化氢)对肉的风味,尤其是牛肉味的生成至关重要。H_2S 本身是一种呈味物质,更重要的是它可以与呋喃酮等杂环化合物反应生成含硫杂环化合物,赋予肉强烈的香味,其中 2- 甲基 -3- 呋喃硫醇被认为是肉中最重要的风味物质。

(4)腌肉风味

亚硝酸盐是腌肉的主要特色成分,它除了有发色作用外,对腌肉的风味也有重要影响。亚硝酸盐(抗氧化剂)抑制了脂肪的氧化,所以腌肉体现了肉的基本滋味和香味,减少了脂肪氧化所产生的具有种类特色的风味以及过热味(WOF)。

综上所示,肉风味的影响因素如表 1-19 所示。

表 1-19　肉风味的影响因素

因素	造成的影响
年龄	年龄愈大,风味愈浓
物种	物种间风味差异很大,主要由脂肪酸组成上的差异造成
	物种间除风味外还有特征性异味,如羊膻味、猪味、鱼腥味等
脂肪	风味的主要来源之一
氧化	氧化加速脂肪产生酸败味,随温度增加而加速
饲料	饲料中鱼粉腥味、牧草味,均可带入肉中
性别	未去势公猪,因性激素缘故,有强烈异味,公羊膻腥味较重,牛肉风味受性别影响较小
腌制	抑制脂肪氧化,有利于保持肉的原味
细菌繁殖	产生腐败味

（三）肉的嫩度

肉的嫩度是消费者最重视的食用品质之一,它决定了肉在食用时口感的老嫩,是反映肉质地的指标。

1. 嫩度的概念

我们通常所谓肉嫩或老实质上是对肌肉各种蛋白质结构特性的总体概括,它直接与肌肉蛋白质的结构及某些因素作用下蛋白质发生变性、凝集或分解有关。肉的嫩度总结起来包括以下四方面的含义。

（1）肉对舌或颊的柔软性

肉对舌或颊的柔软性即当舌头与颊接触肉时产生的触觉反应。肉的柔软性变动很大,从软乎乎的感觉到木质化的结实程度。

（2）肉对牙齿压力的抵抗性

肉对牙齿压力的抵抗性即牙齿插入肉中所需的力。有些肉硬得难以咬动,而有的柔软得几乎对牙齿无抵抗性。

（3）咬断肌纤维的难易程度

咬断肌纤维的难易程度是指牙齿切断肌纤维的能力,首先要咬破肌外膜和肌束,因此这与结缔组织的含量和性质密切有关。

（4）嚼碎程度

嚼碎程度用咀嚼后肉渣剩余的多少以及咀嚼后到下咽时所需的时间来衡量。

2. 影响肉嫩度的因素

影响肉嫩度的实质主要是结缔组织的含量与性质及肌原纤维蛋白的化学结构状态如表1-20所示。它们受一系列的因素影响而变化,从而导致肉嫩度的变化。影响肉嫩度的宰前因素也很多,主要有如下几项。

（1）畜龄

一般说来,幼龄家畜的肉比老龄家畜嫩,但前者的结缔组织含量反而高于后者。其原因在于幼龄家畜肌肉中胶原蛋白的交联程度低,易受加热作用而裂解。而成年动物的胶原蛋白的交联程度高,不易受热和酸、碱等的影响。如肌肉加热时胶原蛋白的溶解度,犊牛为 19%~24%, 2 岁阉公牛为 7%~8%,而老龄牛仅为 2%~3%,并且对酸解的敏感性也降低。

（2）肌肉的解剖学位置

牛的腰大肌最嫩,胸头肌最老,据测定腰大肌中羟脯氨酸含量也比半腱肌少得多。经常使用的肌肉,如半膜肌和股二头股,比不经常使用的肉(腰大肌)的弹性蛋白含量多。同一肌肉的不同部位嫩度也不同,猪背最长肌的外侧比内侧部分要嫩。牛的半膜肌从近端到远端嫩度逐渐下降。

（3）营养状况

凡营养良好的家畜,肌肉脂肪含量高,大理石纹丰富,肉的嫩度好。肌肉脂肪有冲淡结缔组织的作用,而消瘦动物的肌肉脂肪含量低,肉质老。

（4）尸僵和成熟

宰后尸僵发生时，肉的硬度会大大增加。因此肉的硬度又有固有硬度和尸僵硬度之分，前者为刚宰后和成熟时的硬度，而后者为尸僵发生时的硬度。肌肉发生异常尸僵时，如冷收缩和解冻僵直。肌肉发生强烈收缩，从而使硬度达到最大。一般肌肉收缩时短缩度达到40%时，肉的硬度最大，而超过40%反而变为柔软，这是由于肌动蛋白的细丝过度插入而引起Z线断裂所致，这种现象称为"超收缩"。僵直解除后，随着成熟的进行，硬度降低，嫩度随之提高，这是由于成熟期间尸僵硬度逐渐消失，Z线易于断裂之故。

（5）加热处理

加热对肉嫩度有双重效应，它既可以使肉变嫩，又可使其变硬，这取决于加热的温度和时间。加热可引起肌肉蛋白质变性，从而发生凝固、凝集和短缩现象。当温度在65~75 ℃时，肌肉纤维的长度会收缩25%~30%，从而使肉的嫩度降低；但另一方面，肌肉中的结缔组织在60~65 ℃会发生短缩，而超过这一温度会逐渐转变为明胶，从而使肉的嫩度得到改善。结缔组织中的弹性蛋白对热不敏感，所以有些肉虽然经过很长时间的煮制但仍很老，这与肌肉中弹性蛋白的含量高有关。

综上所述，影响肉嫩度的因素如表1-20所示。

表1-20　影响肉嫩度的因素

因素	影响
年龄	年龄愈大，肉也愈老
运动	一般运动多的肉较老
性别	公畜肉一般较母畜和腌畜肉老
大理石纹	与肉的嫩度有一定程度的正相关
成熟（Aging）	改善嫩度
品种	不同品种的畜禽肉在嫩度上有一定差异
电刺激	可改善嫩度
成熟（Conditioning）	尽管和Aging一样均指成熟，但有特指将肉放在10~15℃环境中解僵，这样可以防止冷收缩
肌肉	肌肉不同，嫩度差异很大，源于其中的结缔组织的量和质不同所致
僵直	动物宰后将发生死后僵直，此时肉的嫩度下降，僵直过后，成熟肉的嫩度得到恢复
解冻僵直	导致嫩度下降，损失大量水分

3. 肉的嫩化技术

（1）电刺激

近十几年来对宰后用电直接刺激胴体以改善肉的嫩度进行了广泛的研究，尤其对于羊肉和牛肉，电刺激提高肉嫩度的机制尚未充分明了，主要是加速肌肉的代谢，从而缩短尸僵的持续期并降低尸僵的程度。此外，电刺激可以避免羊胴体和牛胴体产生冷收缩。

（2）酶法

利用蛋白酶类可以嫩化肉，常用的酶为植物蛋白酶，主要有木瓜蛋白酶、菠萝蛋白酶和无花果蛋白酶，商业上使用的嫩肉粉多为木瓜蛋白酶。酶对肉的嫩化作用主要是对蛋白质的裂解所致，所以使用时应控制酸的浓度和作用时间，如酶解过度，则食肉会失去应有的质地并产生不良的味道。

（3）醋渍法

将肉在酸性溶液中浸泡可以改善肉的嫩度,据试验,溶液 pH 值介于 4.1~4.6 时嫩化效果最佳,用酸性红酒或醋来浸泡肉较为常见,它不但可以改善嫩度,还可以增加肉的风味。

（4）压力法

给肉施加高压可以破坏肉的肌纤维中亚细胞结构,使大量 Ca^{2+} 释放,同时也释放组织蛋白酶,使得蛋白水解活性增强,一些结构蛋白质被水解,从而导致肉的嫩化。

（5）碱嫩化法

用肉质量的 0.4%~1.2% 的碳酸氢钠或碳酸钠溶液对牛肉进行注射或浸泡腌制处理,可以显著提高 pH 值和保水能力,降低烹饪损失,改善熟肉制品的色泽,使结缔组织的热变性提高,而使肌原纤维蛋白对热变性有较大的抗性,所以肉的嫩度提高。

（四）肉的保水性

1. 保水性的概念

肉的保水性即持水性、系水性,指肉在压榨、加热、切碎搅拌等外界因素的作用下,保持原有水分和添加水分的能力。肉的保水性是一项重要的肉质性状,这种特性对肉品加工的质量和产品的数量都有很大影响。

2. 保水性的理化基础

肌肉中的水是以结合水、不易流动水和自由水三种形式存在的。其中不易流动水主要存在于细胞内、肌原纤维及膜之间,度量肌肉的保水性主要指的是这部分水,它取决于肌原纤维蛋白质的网状结构及蛋白质所带的静电荷的多少。蛋白质处于膨胀胶体状态时,网状空间大,保水性就高,反之处于紧缩状态时,网状空间小,保水性就低。

3. 影响保水性的因素

（1）pH 对保水性的影响

pH 对保水性的影响实质是蛋白质分子的静电荷效应。蛋白质分子所带的净电荷对蛋白质的保水性具有两方面的意义:其一,净电荷是蛋白质分子吸引水的强有力的中心;其二,由于净电荷使蛋白质分子间具有静电斥力,因而可以使其结构松弛,增加保水效果。对肉来讲,净电荷如果增加,保水性就得以提高,净电荷减少,则保水性降低。

添加酸或碱来调节肌肉的 pH,并借加压方法测定其保水性能时可知,保水性随 pH 的高低而发生变化。当 pH 在 5.0 左右时,保水性最低。保水性最低时的 pH 几乎与肌动球蛋白的等电点一致。如果稍稍改变 pH,就可引起保水性的很大变化。任何影响肉 pH 变化的因素或处理方法均可影响肉的保水性,尤以猪肉为甚。在肉制品加工中常用添加磷酸盐的方法来调节 pH 至 5.8 以上,以提高肉的保水性。

（2）动物因素

畜禽种类、年龄、性别、饲养条件、肌肉部位及屠宰前后处理等,对肉的保水性都有影响。兔肉的保水性最佳,依次为牛肉、猪肉、鸡肉、马肉。就年龄和性别而论,去势牛＞成年牛＞母牛＞幼龄＞老龄,成年牛随体重增加而保水性降低。试验表明,猪的背上肌保水性最好,依次是胸锯肌＞腰大肌＞半膜肌＞股二头肌＞臀中肌＞半键肌＞背最长肌,其他骨骼肌较平滑肌为佳,颈肉、头肉比腹部肉、舌肉的保水性好。

（3）尸僵和成熟

当 pH 降至 5.4~5.5,达到了肌原纤维的主要蛋白质肌球蛋白的等电点,即使没有蛋白质的变性,其保水性也会降低。此外,由于 ATP 的丧失和肌动球蛋白的形成,使肌球蛋白和肌动蛋白间有效空隙大为减少。这种结构的变化,则使其保水性也大为降低。而蛋白质的某种程度的变性,也是动物死后不可避免的结果。肌浆蛋白质在高温、低 pH 的作用下沉淀到肌原纤维蛋白质之上,进一步影响了后者的保水性。

僵直期后（1~2 d）,肉的水合性徐徐升高,而僵直逐渐解除。一个原因是蛋白质分子分解成较小的单位,从而引起肌肉纤维渗透压增高所致;另一个原因可能是引起蛋白质净电荷（实效电荷）增加及主要价键分裂的结果。使蛋白质结构疏松,并有助于蛋白质水合离子的形成,因而肉的保水性增加。

（4）无机盐

一定浓度食盐具有增加肉保水能力的作用。这主要是因为食盐能使肌原纤维发生膨胀。肌原纤维在一定浓度食盐存在下,大量氯离子被束缚在肌原纤维间,增加了负电荷引起的静电斥力,导致肌原纤维膨胀,使保水力增强。另外,食盐腌肉使肉的离子强度增高,肌纤维蛋白质数量增多。在这些纤维状肌肉蛋白质加热变性的情况下,将水分和脂肪包裹起来凝固,使肉的保水性提高。通常肉制品中食盐含量在 3% 左右。

磷酸盐能结合肌肉蛋白质中的 Ca^{2+}、Mg^{2+},使蛋白质的羧基被解离出来。由于羧基间负电荷的相互排斥作用使蛋白质结构松弛,提高了肉的保水性。较低的浓度下就具有较高的离子强度,使处于凝胶状态的球状蛋白质的溶解度显著增加,提高了肉的保水性。焦磷酸盐和三聚磷酸盐可将肌动球蛋白解离成肌球蛋白和肌动蛋白,使肉的保水性提高。肌球蛋白是决定肉的保水性的重要成分。但肌球蛋白对热不稳定,其凝固温度为 42~51 ℃,在盐溶液中 30℃就开始变性。肌球蛋白过早变性会使其保水能力降低。聚磷酸盐对肌球蛋白变性有一定的抑制作用,可使肌肉蛋白质的保水能力稳定。

（5）加热

肉加热时保水能力明显降低,加热程度越高保水能力下降越明显。这是由于蛋白质的热变性作用,使肌原纤维紧缩,空间变小,不易流动水被挤出。

二、肉的物理性质

（一）体积质量

肉的体积质量是指每立方米体积的质量（kg/m³）。体积质量的大小与动物种类、肥度有关,脂肪含量多则体积质量小。如去掉脂肪的牛、羊、猪肉体积质量为 1 020~1 070kg/ m³,猪肉为 940~960 kg/ m³,牛肉为 970~990 kg/ m³,猪脂肪为 850 kg/ m³。

（二）比热

肉的比热为 1 kg 肉升降 1 ℃所需的热量。它受肉的含水量和脂肪含量的影响,含水量多比热大,其冻结或溶化潜热增高,肉中脂肪含量多则相反。

(三)热导率

肉的热导率是指肉在一定温度下,每小时每米传导的热量,以 kJ 计。热导率受肉的组织结构、部位及冻结状态等因素影响,很难准确地测定。肉的热导率大小决定肉冷却、冻结及解冻时温度升降的快慢。肉的热导率随温度下降而增大。因冰的热导率比水大 4 倍,因此冻肉比鲜肉更易导热。

(四)肉的冰点

肉的冰点是指肉中水分开始结冰的温度,也叫冻结点。它取决于肉中盐类的浓度,浓度愈高,冰点愈低。纯水的冰点为 0℃,肉中含水分 60%~70%,并且有各种盐类,因此冰点低于水。一般猪肉、牛肉的冻结点为 -1.2~-0.6 ℃。

第四节　肉的成熟与变质

畜禽屠宰后,屠体的肌肉内部在组织酶和外界微生物的作用下,发生一系列生化变化,动物刚屠宰后,肉温还没有散失,柔软具有较小的弹性,这种处于生鲜状态的肉称作热鲜肉。经过一定时间,肉的伸展性消失,肉体变为僵硬状态,这种现象称为死后僵直,此时加热不易煮熟,保水性差,加热后重量损失大,不适于加工肉制品。随着贮藏时间的延长,僵直缓解,经过自身解僵,肉变得柔软,同时保水性增加,风味提高,此过程称作肉的成熟。成熟肉在不良条件下贮存,经酶和微生物的作用,分解变质称作肉的腐败。畜禽屠宰后肉的变化为:尸僵、成熟、腐败等一系列变化。在肉品工业生产中,要控制尸僵、促进成熟、防止腐败。

一、尸僵

(一)尸僵的概念

尸僵是指畜禽屠宰后的肉尸,肉的伸展性逐渐消失,由弛缓变为紧张,无光泽,关节不能活动,呈现僵硬状态,称作尸僵。

(二)尸僵发生的原因

尸僵发生的原因主要是由于 ATP 的减少及 pH 值的下降所致。动物屠宰后,呼吸停止,失去神经调节,生理代谢功能遭到破坏,维持肌质网微小器官功能的 ATP 水平降低,势必使肌质网功能失常,肌小胞体失去钙泵作用,Ca^{2+} 失控逸出而不被收回。高浓度 Ca^{2+} 激发了肌球蛋白 ATP 酶的活性,从而加速 ATP 的分解。同时使 Mg-ATP 解离,最终使肌动蛋白与肌球蛋白结合形成肌动球蛋白,引起肌肉的收缩,表现为僵硬。由于动物死后,呼吸停止,在缺氧情况下糖原酵解产生乳酸,同时磷酸肌酸分解为磷酸,酸性产物的蓄积使肉的 pH 值下降。尸僵时肉的 pH 降低至糖酵解酶活性消失不再继续下降时,达到最终 pH 或极限 pH。极限 pH 越低,肉的硬度越大。

(三)尸僵肉的特征

处于僵硬期的肉,肌纤维粗糙硬固,肉汁变得不透明,有不愉快的气味,食用价值及滋味都较差。尸僵的肉硬度大,加盐时不易煮熟,肉汁流失多,缺乏风味,不具备可食肉的特征。

（四）尸僵开始和持续的时间

因动物的种类、品种、宰前状况、宰后肉的变化及不同部位而异。一般哺乳动物发生较晚，鱼类肉尸发生早，不放血致死较放血致死发生早，温度高发生的早，持续的时间短；温度低则发生的晚，持续时间长。表 1-21 为不同动物尸僵开始和持续的时间。

表 1-21　不同动物尸僵开始和持续的时间

	开始时间（h）	持续时间（h）
牛肉尸	死后 10	15~24
猪肉尸	死后 8	72
鸡肉尸	死后 2.5~4.5	6~12
兔肉尸	死后 1.5~4	4~10
鱼肉尸	死后 0.1~0.2	2

二、肉的成熟

肉达到最大尸僵以后即开始解僵软化进入成熟阶段。

（一）肉成熟的概念

肉成熟是指肉僵直后在无氧酵解酶作用下，食用质量得到改善的一种生物化学变化过程。肉僵硬过后，肌肉开始柔软嫩化，变得有弹性，切面富水分，具有愉快香气和滋味，且易于煮烂和咀嚼，这种肉称为成熟肉。

（二）成熟的基本机制

肉在成熟期间，肌原纤维和结缔组织的结构发生明显的变化。

1.肌原纤维小片化

刚屠宰后的肌原纤维和活体肌肉一样，是 10~100 个肌节相连的长纤维状，而在肉成熟时则断裂为 1~4 个肌节相连的小片状。这种肌原纤维断裂现象被认为是肌肉软化的直接原因。这时相邻肌节间的 Z 线变得脆弱，受外界机械冲击很容易断裂。

2.结缔组织的变化

肌肉中结缔组织的含量虽然很低（占总蛋白的 5% 以下），但是由于其性质稳定、结构特殊，在维持肉的弹性和强度上起着非常重要的作用。在肉的成熟过程中胶原纤维的网状结构被松弛，由规则、致密的结构变成无序、松散的状态。同时，存在于胶原纤维间以及胶原纤维上的黏多糖被分解，这可能是造成胶原纤维结构变化的主要原因。胶原纤维结构的变化，直接导致了胶原纤维剪切力的下降，从而使整个肌肉的嫩度得以改善。

（三）成熟肉的特征

肉呈酸性环境；肉的横切面有肉汁流出，切面潮湿，具有芳香味和微酸味，容易煮烂，肉汤澄清透明，具肉香味；肉表面形成干膜，有羊皮纸样感觉，可防止微生物的侵入和减少干耗。肉在供食用之前，原则上都需要经过成熟过程来改进其品质，特别是牛肉和羊肉，成熟对提高风味是非常必要的。

(四)成熟对肉质的作用

1. 嫩度的改善

随着肉成熟的发展,肉的嫩度产生显著的变化。刚屠宰之后肉的嫩度最好,在极限 pH 时嫩度最差,成熟肉的嫩度有所改善。

2. 肉保水性的提高

肉在成熟时,保水性又有回升。一般宰后 2~4 d,pH 下降,极限 pH 在 5.5 左右,此时水合率为 40%~50%;最大尸僵期以后 pH 为 5.6~5.8,水合率可达 60%。因此成熟时 pH 偏离了等电点,肌动球蛋白解离,扩大了空间结构和极性吸引,使肉的吸水能力增强,肉汁的流失减少。

3. 蛋白质的变化

肉成熟时,肌肉中许多酶类对某些蛋白质有一定的分解作用,从而促使成熟过程中肌肉中盐溶性蛋白质的浸出性增加。伴随肉的成熟,蛋白质在酶的作用下,肽链解离,使游离的氨基增多,肉水合力增强,变得柔嫩多汁。

4. 风味的变化

成熟过程中改善肉风味的物质主要有两类,一类是 ATP 的降解物次黄嘌呤核苷酸(IMP),另一类则是组织蛋白酶类的水解产物——氨基酸。随着成熟,肉中浸出物和游离氨基酸的含量增加,多种游离氨基酸存在,但是谷氨酸、精氨酸、亮氨酸、缬氨酸和甘氨酸较多,这些氨基酸都具有增加肉的滋味或有改善肉质香气的作用。

(五)成熟的温度和时间

原料肉成熟温度和时间不同,肉的品质也不同(如表 1-22)。

表 1-22　成熟方法与肉品质量

0~4 ℃	低温成熟	时间长	肉质好	耐贮藏
7~20 ℃	中温成熟	时间较短	肉质一般	不耐贮藏
>20 ℃	高温成熟	时间短	肉质劣化	易腐败

通常在 1 ℃、硬度消失 80% 的情况下,肉成熟成年牛肉需 5~10 d,猪肉 4~6 d,马肉 3~5 d,鸡 1/2~1 d,羊和兔肉 8~9 d。

成熟的时间愈长,肉愈柔软,但风味并不相应地增强。牛肉以 1 ℃、11 d 成熟为最佳;猪肉由于不饱和脂肪酸较多,时间长易氧化使风味变劣;羊肉因自然硬度(结缔组织含量)小,通常采用 2~3 d 成熟。

(六)影响肉成熟的因素

1. 物理因素

(1)温度

温度对嫩化速率影响很大,它们之间成正相关,在 0~4 ℃ 范围内,每增加 10 ℃,嫩化速度提高 2.5 倍。当温度高于 60 ℃ 后,由于有关酶类蛋白变性,导致速率迅速下降,所以加热烹调就终断了肉的嫩化过程。据测试,牛肉在 1 ℃ 完成 80% 的嫩化需 10 d,在 10 ℃

缩短到 4 d，而在 20 ℃只需要 1.5 d。在卫生条件好的环境中，适当提高温度可以缩短成熟期。

（2）电刺激

在肌肉僵直发生后进行电刺激可以加速僵直发展，嫩化也随着提前，减少成熟所需要的时间，如一般需要成熟 10d 的牛肉，应用电刺激后则只需 5 d。

（3）机械作用

肉成熟时，将跟腱用钩挂起，此时主要是腰大肌受牵引。如果将臀部用钩挂起，不但腰大肌短缩被抑制，而半腱肌、半膜肌、背最长肌均受到拉伸作用，可以得到较好的嫩度。

2. 化学因素

宰前注射肾上腺素、胰岛素等使动物在活体时加快糖的代谢过程，肌肉中糖原大部分被消耗或从血液排除。宰后肌肉中糖原和乳酸含量减少，肉的 pH 值较高，在 6.4~6.9 的水平，肉始终保持柔软状态。

3. 生物学因素

基于肉内蛋白酶活性可以促进肉质软化考虑，采用添加蛋白酶强制其软化。用微生物和植物酶，可使固有硬度、尸僵硬度都减少，常用的有木瓜酶。方法可以采用在宰前静脉注射或宰后肌内注射，宰前注射能够避免脏器损伤和休克死亡。木瓜酶的作用最适温度 ≥ 50 ℃，低温时也有作用。

三、肉的变质

（一）变质的概念

肉类的变质是成熟过程的继续。肌肉中的蛋白质在组织酶的作用下，分解生成水溶性蛋白肽及氨基酸完成了肉的成熟。若成熟继续进行，蛋白质进一步水解，生成胺、氨、硫化氢、酚、吲哚、粪臭素、硫化醇，则发生蛋白质的腐败。同时发生脂肪的酸败和糖的酵解，产生对人体有害的物质，称为肉的变质。

（二）变质的原因

健康动物的血液和肌肉通常是无菌的，肉类的腐败实际上是由外界污染的微生物在其表面繁殖所致。表面微生物沿血管进入肉的内层，并进而延伸到肌肉组织。在适宜条件下，浸入肉中的微生物大量繁殖，以各种各样的方式对肉作用，产生许多对人体有害甚至使人中毒的代谢产物。

1. 微生物对糖类的作用

许多微生物均优先利用糖类作为其生长的能源。好气性微生物在肉表面的生长通常把糖完全氧化成二氧化碳和水。如果氧的供应受阻或因其他原因氧化不完全时，则可有一定程度的有机酸积累，肉的酸味即由此而来。

2. 微生物对脂肪的腐败作用

微生物对脂肪可进行两类酶促反应：一种是由其所分泌的脂肪酶分解脂肪，产生游离脂肪酸和甘油。真菌以及细菌中的假单胞菌属、无色菌属、沙门菌属等都是能产生脂肪分解酶的微生物;另一种则是由氧化酶通过β-氧化作用氧化脂肪酸。这些反应的某些产物常被认为是酸败气味和滋味的来源。但是,肉和肉制品中严重的酸败问题不是由微生物所引起,而是因空气中的氧,在光线、温度以及金属离子催化下进行氧化的结果。

3.微生物对蛋白质的腐败作用

微生物对蛋白质的腐败作用是各种食品变质中最复杂的一种,这与天然蛋白质的结构非常复杂以及腐败微生物的多样性密切相关。有些微生物如梭状芽孢杆菌属、变形杆菌属和假单胞菌属的某些种类,以及其他种类,可分泌蛋白质水解酶,迅速把蛋白质水解成可溶性的多肽和氨基酸。而另一些微生物尚可分泌水解明胶和胶原的明胶酶和胶原酶,以及水解弹性蛋白质和角蛋白质的弹性蛋白酶和角蛋白酶。有许多微生物不能作用于蛋白质,但能对游离氨基酸及低肽起作用,将氨基酸氧化脱氨生成胺和相应的酮酸。另一种途径则是使氨基酸脱去羧基,生成相应的胺。此外,有些微生物尚可使某些氨基酸分解,产生吲哚、甲基吲哚、甲胺和硫化氢等。在蛋白质、氨基酸的分解代谢中,酪胺、尸胺、腐胺、组胺和吲哚等对人体有毒,而吲哚、甲基吲哚、甲胺硫化氢等则具恶臭,是肉类变质臭味之所在。

(三)影响肉变质的因素

影响肉腐败变质的因素很多,如温度、湿度、pH值、渗透压、空气中的含氧量等。温度是决定微生物生长繁殖的重要因素,温度越高繁殖发育越快。水分是仅次于温度决定肉食品微生物生长繁殖的因素,一般真菌和酵母菌比细菌耐受较高的渗透压,pH对细菌的繁殖极为重要,所以肉的最终pH对防止肉的腐败具有十分重要的意义。空气中含氧量越高,肉的氧化速度加快,就越易腐败变质。

第五节　各种畜禽肉的特征及品质评定

一、各种畜禽肉的特征

(一)牛肉

正常的牛肉呈红褐色,组织硬而有弹性。营养状况良好的牛,肉组织间夹杂着白色的脂肪,形成所谓"大理石状"。有特殊的风味,其成分大约为:水分73%,蛋白质20%,脂肪3%~10%。鉴定牛肉时根据风味、外观、脂肪等即可以大致评定。

(二)猪肉

肉色鲜红而有光泽,因部位不同,肉色有差异。肌肉紧密,富有弹性,无其他异常气味,具有肉的自然香味,脂肪的蓄积量比其他肉多,凡脂肪白而硬且带有芳香味时,一般是优等的肉。

(三)绵羊肉及山羊肉

绵羊肉的纤维细嫩,有一种特殊的风味,脂肪硬。山羊肉比绵羊肉带有浓厚的红土色。种公羊有特殊的腥臭味,屠宰时应加以适当的处理。幼绵羊及幼山羊的肉,俗称羔羊肉,味鲜美细嫩,有特殊风味。

（四）鸡肉

鸡肉纤维细嫩，部位不同，颜色也有差异。腿部略带灰红色，胸部及其他部分呈白色。脂肪柔软、熔点低。鸡皮组织以结缔组织为主，富于脂肪而柔软，味美。

（五）兔肉

肉色粉红，肉质柔软，具有一种特殊清淡风味。脂肪在外观上柔软，但熔点高，因兔肉本身味道很清淡。

二、肉品质的感官评定

感官鉴定对肉制品加工选择原料方面有重要的作用。感官鉴定主要从以下几个方面进行：视觉——肉的组织状态、粗嫩、黏滑、干湿、色泽等；嗅觉——气味的有无、强弱、香、臭、腥臭等；味觉——滋味的鲜美、香甜、苦涩、酸臭等；触觉——坚实、松弛、弹性、拉力等；听觉——检查冻肉、罐头的声音的清脆、混浊及虚实等。

（一）新鲜肉

外观、色泽、气味都正常，肉表面有稍带干燥的"皮膜"，呈浅玫瑰色或淡红色；切面稍带潮湿而无黏性，并具有各种动物肉特有的光泽；肉汁透明肉质紧密，富有弹性；用手指按摸时凹陷处立即复原；无酸臭味而带有鲜肉的自然香味；骨骼内部充满骨髓并有弹性，带黄色，骨髓与骨的折断处相齐；骨的折断处发光；腱紧密而具有弹性，关节表面平坦而发光，其渗出液透明。

（二）陈旧肉

肉的表面有时带有黏液，有时很干燥，表面与切口处都比鲜肉发暗，切口潮湿而有黏性。如在切口处盖一张吸水纸，会留下许多水迹。肉汁混浊无香味，肉质松软，弹性小，用手指按摸，凹陷处不能立即复原，有时肉的表面发生腐败现象，稍有酸霉味，但深层还没有腐败的气味。

密闭煮沸后有异味，肉汤混浊不清，汤的表面油滴细小，有时带腐败味。骨髓比新鲜的软一些，无光泽，带暗白色或灰色，腱柔软，呈灰白色或淡灰色，关节表面为黏液所覆盖，其液混浊。

（三）腐败肉

表面有时干燥，有时非常潮湿而带黏性。通常在肉的表面和切口有霉点，呈灰白色或淡绿色，肉质松软无弹力，用手按摸时，凹陷处不能复原，不仅表面有腐败现象，在肉的深层也有浓厚的酸败味。

密闭煮沸后，有一股难闻的臭味，肉汤呈污秽状，表面有絮片，汤的表面几乎没有油滴。骨髓软弱无弹性，颜色暗黑，腱潮湿呈灰色，为黏液所覆盖。关节表面由黏液深深覆盖，呈血浆状。

第二章 肉用畜禽的种类与品种

中国是养猪、禽最早的国家之一,至少有六七千年的历史。西周的《周志》(距今 3 000 年)中记载:"膳用六畜"马、牛、羊、猪、犬、鸡,近年的六畜次序"猪、鸡、牛、羊、兔、马"。同一物种的不同品种其产肉性能和肉质有所不同,现分别介绍主要的畜禽品种及其产肉性能。

第一节 肉用家畜的种类与品种

一、猪

中国是全世界生猪饲养量最大的国家,几乎占全世界的一半。猪肉产量占世界的 45% 左右。猪肉是我国肉食品的主要来源,占我国肉类总产量的 90%。

(一)猪的经济类型

1. 脂肪型

这类猪能生产较多的脂肪,一般脂肪占胴体的 50%~60%,瘦肉占 30%~35%。外形特点是整个体型呈方砖形,体躯宽深而稍短,头短而宽,腿短,大腿丰满充实,臀宽而平厚,体长与胸围几乎相等或相差 2~5 cm,皮薄毛稀、肉质细嫩,性情温驯,耐粗饲,有早期沉积脂肪的能力,背膘厚 5 cm 以上。目前我国大多数地方品种均属脂肪型。

2. 肉用型

肉用型又叫腌肉型。以生产瘦肉为主,瘦肉占胴体的 55%~60%,最低不应低于 48%,肥肉占 20% 左右。体型特点是外形呈流线型,头稍长,体窄胸浅,四肢较高,腹部平直,前躯轻,后躯重,头颈小,背腰特长,胸肋丰满,背线与腹线平直,臀、腿部丰满,体长大于胸围 15~20 cm,生长发育快,对饲料要求严格,特别对蛋白质水平要求较高,饲料回报率高,背膘厚在 2.5~3.5 cm。典型的肉用品种有长白猪,近似品种有金华猪。

3. 肉脂兼用型

肉脂兼用型又叫鲜肉型。该品种猪的生产性能介于脂肪型与肉用型之间,胴体中瘦肉占 50% 左右,体型中等,背腰宽阔,中躯粗短,后躯丰满,体质结实,性情温驯,适应性强;生产肉和脂肪的能力都强,其肉、脂品质优良,风味可口,背膘厚 3~5 cm。我国大部分品种如哈白猪、新金猪、内江猪以及小型约克夏猪均属这种类型。

(二)猪的品种

1. 我国地方良种

(1)东北民猪

东北民猪分大中小三型,即大民猪、二民猪和荷包猪,系 300 年前由河北小型华北黑猪和山东中型黑猪随移民带到东北。其特点是耐粗饲、耐寒,繁殖力强,中等大小,面直长,耳大下垂,背腰较平,四肢粗壮,后躯斜窄,全身黑色,属肉脂兼用型。体重 99 kg 时,膘厚 5.14 cm,皮厚 0.48 cm,屠宰率 75.6%。

(2)江苏淮猪

江苏淮猪主要产于苏北地区,全身黑色,头部较长,耳大下垂,凹背垂腹,四肢较长,臀部丰满,较耐粗饲。其繁殖力强,肉质优良,出肉率一般(65% 左右),供本地加工火腿咸肉及运往上海、南京。例如,皋火腿(北腿)和金华火腿(南腿)齐名全国,与该猪肉质有很大关系。

(3)两广猪

两广猪猪种较多,以梅花猪最为有名。其特点是体型较小,背宽腹圆,头适中,脸短而直,耳小前竖,毛色黑白相间,生长快,早熟易肥,骨细皮薄肉嫩,出肉率 65% 以上。但不其耐粗饲,繁殖力低;主要销往广州、香港地区;为加工广东腊肉的良好原料。

(4)哈白猪

哈白猪产于哈尔滨市及其周边各县,现在广泛分布于省内外。哈白猪及其杂种猪占黑龙江省猪总头数一半以上。该品种是由东北农学院和香坊实验农场经过长期选育,于 1975 年培育成我国第一个新品种。其特点:毛色洁白,也有黑白相间,头宽面凹、嘴短,胸宽深、背宽平直,腹线微弧而不下垂,臀腿丰满,四肢健壮,体型美,肥育快,肉质好,11 月龄体重达 100 kg 以上,屠宰率高达 78%,属肉脂兼用的优良品种。

(5)新金猪

新金猪产于辽宁新金县,是由本地猪与巴克夏杂交而成,外貌近似巴克夏,被毛黑色具有"六白"特征,体躯圆长,背腰平直,出肉率达 75% 以上,膘厚皮薄,肉质良好,10 月龄达 150 kg。

(6)东北花猪

东北花猪是黑龙江省西部地区的优良品种,是由克米洛夫公猪与当地改良母猪杂交,于 1979 年正式育成的肉脂兼用型品种。其特点是体质坚实,头大小适中,嘴长中等而宽,两耳直立或前倾,宽脊膨肋,胸宽体长,背腰平直,后躯丰满,四肢健壮,各部匀称。10 月龄体重可达 135.5 kg;6 月龄 97.5 kg 体重时,膘厚 4.5 cm,屠宰率 74.4%。

2. 改良品种

(1)苏白猪

苏白猪即苏联大白猪,系由英国大白猪(即大约克夏)改良而成的。1950 年开始输入我国,1965 年东北、西北和华北地区又引进一批。其特点是头中等,额宽嘴直,耳直立,下额及肩部丰满胸宽深,后躯肌肉发达,四肢健壮。瘦肉占体重 50%,屠宰率 76%(膘厚 4.4 cm)。

(2)杜洛克猪

杜洛克猪原产于美国,世界各地均有分布。我国引入多年,在各地均有饲养,多作为终端父本利用。杜洛克猪具有生长速度快、饲料利用率高、瘦肉率高、胴体品质好、适应性强的优良特点,饲养条件比其他瘦肉型猪要求低。成年公猪体重 340~450 kg,成年母猪体重 300~390 kg。日增重 750~850 g,饲料利用率 2.8~3.0,日龄 165~170 d,体重 90 kg 时,屠宰率

72% 以上,瘦肉率 65%,用作为终端父本,既可提高瘦肉率,还可提高肌内脂肪,改善肉的风味。

（3）长白猪

长白猪其被毛白色,耳大且向前倾覆盖面部,嘴直且较长,头肩轻、胸部窄,体躯长,背平直稍呈弓形,腿臀部肌肉发达,日增重 1 038 g, 145 日龄即达 100 kg 体重,公母猪背膘厚度均在 12 mm 以下,胴体瘦肉率 68%,屠宰率 73.65%。其特性:生长发育快,饲料利用率高,母猪产仔多、泌乳力高,料肉比 2.7 以下,瘦肉率 65% 以上,170~173 日龄体重达 100 kg。

（4）大约克夏猪

大约克夏猪,又称大白猪,原产于英国的约克县及其临近地区。体型外貌:体型大,四肢高,形体匀称,背腰平直,腹部下垂,两耳直立,鼻直,头中等大,毛色全白,额角皮上有小暗斑。成年公猪体重 300 kg,母猪 250 kg。有效乳头 7 对以上。肥育性能:商品育肥猪达到 100 kg 的日龄为 165 d, 25~100 kg 平均日增重 792 g,料重比 2.82 ∶ 1,屠宰率 74.05%,瘦肉率 64.86%。

（5）汉普夏猪

汉普夏猪原产于美国肯塔基州。毛黑色,颅颈接合部和前腿为白色,前躯形成一条白带。嘴长而直,耳中等大小、直立,体躯较长,肌肉发达,胴体品质较好,成年公猪体重 300~400 kg,成年母猪 250~350 kg。母性强,但产仔数稍低,经产母猪产仔数为 8~10 头。以此猪为父本的杂交后代具有胴体长、背膘薄和眼肌面积大的优点。

（6）皮特兰

皮特兰原产于比利时的布后帮特地区的皮特兰镇,因而取名皮特兰,是目前世界上瘦肉型猪种中瘦肉率最高的一个品种。品种特征:毛色呈大块黑白花、灰白花斑,偶尔出现少量棕色毛。头部清秀,颜面平直,嘴大且直,双耳略微向前;体躯呈圆柱形,腹部平行于背部,肩部肌肉丰满,背直而宽大。应激反应强,通常作为终端父本。

3. 我国自己培育的品种

（1）瘦肉型品种（系）

瘦肉型品种（系）有三江白猪、广西白猪、湖北白猪、湘白系猪、山西瘦肉型 SD-I 系、浙江中白猪、新疆黑猪、沂蒙黑猪新品系、辽宁黑猪瘦肉系、松辽黑猪和苏太猪。

（2）肉脂兼用型品种（系）

肉脂兼用型品种（系）有北京黑猪、新金猪、皖北猪、乌北哈达猪、定县猪新品系、汉沽黑猪、甘肃白猪、上海白猪、芦白猪、甘肃黑猪、内蒙古白猪新品系、汉中白猪、昌潍白猪 I 系、北京花猪 I 系、伊犁白猪、宁夏黑猪。

（3）脂肉兼用型品种（系）

脂肉兼用型品种（系）有吉林花猪、沈农花猪、温州白猪、哈白猪、内蒙古黑猪品种群、新淮猪、福州黑猪、新疆白猪。

（4）脂肪型品种（系）

脂肪型品种（系）有赣州白猪。

二、牛

改革开放前,牛在农区主要为役用,只有老牛、残牛才屠宰以生产牛肉,没有专门肉牛品种,也没有肉牛产业。20 世纪 80 年代以后,随着农村经济的发展,大量役用牛(主要是黄牛)转为役用兼用或肉用。通过品种改良、先进的饲养管理技术与现代屠宰工艺的应用,牛肉产量和出栏率得到显著提高,牛肉产业发展迅速,肉牛业正逐步成为畜牧业中一个重要产业。

(一)地方品种

1. 草原红牛

1985 年 8 月 20 日,经农牧渔业部授权吉林省畜牧厅,在内蒙古赤峰市对该品种进行了验收,正式命名为中国草原红牛,并制定了国家标准。乳肉兼用品种,肉质良好,纤维细嫩,肌肉呈大理石状。中国草原红牛耐粗饲,适应性强。

2. 蒙古牛

此品种原产于蒙古高原地区,广泛分布于内蒙古、黑龙江、新疆、河北、山西、陕西、宁夏、甘肃、青海、吉林、辽宁等省、自治区。乌珠穆沁牛属蒙古牛的一个优良种群,素以体大、力强、肉多、味美而驰名。

3. 秦川牛

秦川牛因原产于陕西省关中地区的"八百里秦川"而得名。其中渭南、临潼、蒲城、咸阳、兴平、乾县、礼泉、武功、扶风、岐山等 15 个县,共有 28.67 万头。主产性能:产肉性能在中等饲养水平下,饲养 325 d 到 18 月龄时,平均日增重公牛 700 g,母牛 550 g,阉牛 590 g。饲料利用率:每 kg 增重耗饲料单位(燕麦单位),公牛 7.8 kg,母牛 8.7 kg,阉牛 9.6 kg;其产肉性能如表 2-1 所示。

表 2-1　秦川牛产肉性能　　　　　　　　　　　　　(kg,cm²)

类别	宰前重	胴体重	净肉重	屠宰率(%)	净肉(%)	胴体产肉率(%)	骨肉比	脂肉比	眼肌面积
公牛	408	282	199	57	49	86	1:5.8	1:9.8	107
母牛	346	202	177	58	52	87	1:6.8	1:5.4	93
阉牛	386	232	200	60	52	86	1:5.8	1:6.4	97

4. 南阳牛

南阳牛毛色有黄、红、草白 3 种,以深浅不等的黄色为最多,一般牛的面部、腹下和四肢下部毛色较浅。公牛角基较粗,以萝卜头角为主;鬐甲高,肩峰 8~9 cm。母牛角较细。胸部深度不够,体长不足,后躯发育较差,其产肉性能如表 2-2 所示。

表 2-2　南阳牛产肉性能　　　　　　　　　　　　　(kg,cm²)

类别	宰前重	胴体重	净肉重	屠宰率(%)	净肉率(%)	胴体产肉率(%)	骨肉比	眼肌面积
退役公牛	422	220	184	52	44	84	1:5.0	90

续表

类别	宰前重	胴体重	净肉重	屠宰率（%）	净肉率（%）	胴体产肉率（%）	骨肉比	眼肌面积
幼公牛肥育	419	233	195	56	47	84	1：5.1	93
阉牛强度肥育	510	329	290	65	57	88	1：7.4	97

5. 鲁西牛

鲁西牛毛色以黄色为主,多数牛具有"三粉"特征,即眼圈、腹下与四肢内侧毛色较浅,呈粉色。公牛多平角或龙门角;母牛角类型多样,以龙门角居多。体格较大,后躯欠丰满。

6. 中国黑白花奶牛

中国黑白花奶牛是引用国外各类型的黑白奶公牛(弗里生公牛)与各省、自治区、直辖市的本地母牛杂交选育而成的,是我国唯一的乳用牛品种。

据少数地区测定,未经肥育的母牛和去势公牛,屠宰率平均可达 50% 以上,净肉率在40% 以上。据黑龙江省测定,14 头成年母牛,屠宰率平均为 53.3%,净肉率平均为 41.4%。

(二)引进品种

1. 海福特牛

海福特牛原产于英格兰,是英国古老的肉牛品种之一。海福特牛体型较小,肌肉发达,身体为红色,头、四肢下部为白色。成年体重公牛 900~1 000 kg,母牛 520~620 kg。海福特牛一般屠宰率为 60%~65%,在良好肥育条件下可达 70%,净肉率 60%。脂肪主要沉积在内脏,皮下结缔组织和肌肉间脂肪较少,肉质细嫩多汁,风味好。

2. 短角牛

短角牛被毛以红色为主,也有白色和红白交杂的沙毛个体,相当数量的个体腹下或乳房部有白斑,深红毛色较受重视;鼻镜粉红色,眼圈色淡;头短,额宽平;角短细,向下稍弯,呈蜡黄或蜡白色,角尖黑;颈部被毛长且卷曲,额顶有丛生的较长被毛;背腰宽且平直,尻部宽广、丰满,体躯长而宽深,具有典型的肉用牛体型。

3. 皮埃蒙特牛

皮埃蒙特牛原产于意大利北部皮埃蒙特地区,是在役用牛基础上选育而成的专门化肉用品种。20 世纪初引入夏洛来牛杂交而含"双肌"基因,是目前国际上公认的终端父本。

该牛体型较大,体躯呈圆筒状,肌肉发达。毛色为乳白色或浅灰色,公牛肩胛毛色较深,黑眼圈。公母牛的尾帚均呈黑色。犊牛幼龄时毛色为乳黄色,鼻镜黑色。成年公牛体重不低于 1 000 kg;母牛平均 500~600 kg。公牛平均体高 150 cm,母牛 136 cm。以高屠宰率(70%)、高瘦肉率(82%)、大眼肌面积(可改良夏洛来牛的眼肌面积)以及鲜嫩的肉质和弹性度极高的皮张而著名。犊牛初生重,公犊 42 kg,母犊 40 kg,难产率较高。早期增重快,周岁公牛体重达 400~430 kg。皮埃蒙特牛具有较高产奶能力,280 d 产奶量为 2 000~3 000 kg。

4. 利木赞牛

利木赞牛原产于法国,也是欧洲重要的大型肉牛品种。我国于 1974 年开始引入,主要分布于山东、河南、黑龙江、内蒙古等地。毛色为黄红色,但深浅不一,背部毛色较深,四肢内侧、腹下部、眼圈周围、会阴部、口鼻周围及尾帚毛色较浅,多呈草白或黄白色,角白色,蹄红褐色。体型高大,早熟,全身肌肉丰满。利木赞牛肉嫩,脂肪少,是生产小牛肉的主要品种,国际上常用的杂交父本之一。在良好饲养管理条件下,日增重达 1 kg 以上,10 月龄活重达 400 kg,12 月龄达 480 kg。屠宰率 64%,净肉率 52%。利木赞牛犊牛初生重不大,公犊 36 kg,母犊 35 kg,难产率不高。

5. 夏洛来牛

夏洛来牛原产于法国,属大型肉牛品种,目前已成为欧洲大陆最主要的肉牛品种之一。我国于 1694 年开始从法国引进夏洛来牛,主要分布在内蒙古、黑龙江、河南等地。其被毛为全身白色或乳白色,无杂毛色;体型大,体躯呈圆筒状,腰臀丰满,腿肉圆厚并向后突出,常呈"双肌"现象。夏洛来牛生长发育快,周岁前肥育平均日增重达 1.20 kg,周岁体重达 390 kg。牛肉大理石纹丰富,屠宰率 67%,净肉率 57%。

6. 西门塔尔牛

西门塔尔牛头清秀,颈长而薄,皮薄骨细,血管显露,被毛短细而有光泽,肌肉不甚发达,皮下脂肪沉积不多,胸腹宽深,后躯和乳房十分发达,细致而紧凑;从侧望、前望、上望均呈"楔形";胸部发育良好,肋骨开张,背腰平直,腹大而深,尻长、平、宽、方,腰角显露,四肢端正结实。

7. 安格斯牛

安格斯牛为黑色无角肉用牛。多年来称为亚伯丁安格斯牛(Aberdeen Angus),起源于苏格兰东北部,与有时称为英国最老品种的卷毛加罗韦牛(curly-coated Galloway)亲缘关系密切。19 世纪初很多育种家包括著名的华特生(Hugh Watson)等改良了这个品种,固定了该品种现在的体型。外貌特征是黑色无角,体躯矮而结实,肉质好,出肉率高。纯种或杂交的安格斯阉牛在英美主要肉畜展览会中保持很高声誉。从 2000 年山东省引进该品种。安格斯牛具有良好的肉用性能,被认为是世界上专门化肉牛品种中的典型品种之一。表现早熟,胴体品质高,出肉多。屠宰率一般为 60%~65%,哺乳期日增重 900~1 000 g,育肥期日增重(1.5 岁以内)平均 700~900 g。肌肉大理石纹很好。

三、羊

羊分绵羊、山羊两大类型。绵羊大多以产毛为主,有细毛羊、粗毛羊、半细毛羊等。山羊用途较多,以产乳为主的称为"乳山羊",产肉为主的称为"肉山羊",产绒毛为主的称为"绒山羊"。本节主要介绍一些产肉性能高的绵羊和山羊品种。

(一)肉用绵羊品种

1. 小尾寒羊

我国乃至世界著名的肉裘兼用型绵羊品种,具有早熟、多胎、多羔、生长快、体型大、产肉多、裘皮好、遗传性稳定和适应性强等优点。4 月龄即可育肥出栏,年出栏率 400% 以上;成年羊可达 130~190 kg。具有成熟早、生长发育快、体型高大、肉质好、繁殖能力强、遗传性稳定等特性。

2. 夏洛莱羊

夏洛莱羊原产于法国中部的夏洛莱地区,以英国莱斯特羊、南丘羊为父本,与当地的细毛羊杂交育而成,是当今世界最优秀的肉用品种,具有早熟、耐粗饲、采食能力强、肥育性能好等特点。头部无毛,脸部呈粉红色或灰色,额宽,耳大灵活,体躯长,胸宽深,背腰平直,后躯丰满,前后档宽,肌肉发达呈倒"U"字形,四肢较短,粗壮,下部呈浅褐色。成年公羊体重为 110~140 kg,母羊为 80~100 kg;屠宰率 50%~55%,胴体品质好,瘦肉多,脂肪少。

3. 萨福克肉羊

萨福克肉羊原产于英国,是世界公认的用于终端杂交的优良父本品种。澳洲白萨福克是在原有基础上导入白头和多产基因新培育而成的优秀肉用品种。体型大,颈长而粗,胸宽而深,背腰平直,后躯发育丰满,呈桶形,公母羊均无角;四肢粗壮;早熟,生长快,肉质好,繁殖率很高,适应性很强。成年公羊体重为 110~150 kg,成年母羊为 70~100 kg。

4. 无角陶赛特羊

无角陶赛特羊原产于大洋洲的澳大利亚和新西兰。该品种是以雷兰羊和有角陶赛特羊为母本,考力代羊为父本进行杂交,杂种羊再与有角陶赛特公羊回交,然后选择所生的无角后代培育而成。该品种羊具有早熟、生长发育快、全年发情和耐热及适应干燥气候等特点。公、母羊均无角,体质结实,头短而宽,颈粗短,体躯长,胸宽深,背腰平直,体躯呈圆桶形,四肢粗短,后躯发育良好,全身被毛白色。

(二)肉用山羊品种

1. 波尔山羊

波尔山羊是一个优秀的肉用山羊品种。该品种原产于南非,作为种用,已被非洲许多国家以及新西兰、澳大利亚、德国、美国、加拿大等国引进。自 1995 年我国首批从德国引进波尔山羊以来,通过纯繁扩群逐步向全国各地扩展,显示出很好的肉用特征、广泛的适应性、较高的经济价值和显著的杂交优势。其是具有良好体型、高生长率、高繁殖率、体躯被毛短、头部和肩部有红色毛斑和改良型山羊。

2. 南江黄羊

南江黄羊原产于四川省南江县,是经多品种杂交培育而成的肉用山羊新品种。南江黄羊具有较强的适应性,抗病力特强,特别适宜我国南方各省(区)饲养。南江黄羊肉质鲜嫩,营养丰富,胆固醇含量低,膻味小。

3. 鲁山"牛腿"山羊

鲁山"牛腿"山羊是在河南省鲁山县西部山区发现的体型较大的肉皮兼用山羊种群,实际上是伏牛山羊的一个地方品系。"牛腿"山羊为长毛型白山羊,体型大,体质结实,骨骼粗壮;侧视呈长方形,正视近圆桶形,具有典型的肉用羊特点头短额宽,绝大部分羊(90.7%)有角,颈短而粗,背腰宽平,腹部紧凑,全身肌肉丰满,尤其臀部和后腿肌肉发达,故以"牛腿"著称。

4. 杜泊羊

杜泊羊是由有角陶赛特羊和波斯黑头羊杂交育成,最初在南非较干旱的地区进行繁殖和饲养,因其适应性强、早期生长发育快、胴体质量好而闻名。杜泊羊适应性极强,采食性广、不挑食,能够很好地利用低品质牧草,在干旱或半热带地区生长健壮,抗病能力强。

第二节　肉用禽类的种类与品种

一、鸡

肉用家禽是指鸡、鸭、鹅及近年来引进的火鸡,家禽可肉蛋兼用,经济实惠,为养禽场、专业户及农户广泛饲养,养鸡量最多,约占总养禽量的 80% 以上,其次是鸭、鹅。南方各省份因气候水源适宜,故饲养鸭、鹅较多(鸭占 30%~40%,鹅占 5%~10%),而北方省份的养鸡居多(占 90%)。家禽除常见的鸡、鸭、鹅等以外,还包括火鸡、鸽、鹌鹑、珠鸡和雉鸡等。

(一)世界品种

1. 艾维因(Avian)

艾维因是美国艾维因国际家禽公司育成的优秀四系配套肉鸡。该鸡种在国内肉鸡市场上占有 40% 以上的比例,为我国肉鸡生产的发展做出很大的贡献。肉仔鸡生长速度快,饲料转化率高,适应性也强。67 周母鸡体重 3.58~3.74 kg。

2. 爱拔益加(Arbor Acres,AA)

爱拔益加是美国爱拔益加公司培育的四系配套肉鸡。我国引入祖代种鸡已经多年,饲养量较大,效果也较好。其父母代种鸡产蛋量高,并可利用快慢羽鉴别雌雄,商品仔鸡生长快,适应性强,饲料转化率高。

3. 海布罗(Hybro)

海布罗由荷兰泰高集团下属的优利公司育成。其父母代种鸡,20 周龄体重 1.94 kg。入舍母鸡总耗料量 9.6 kg,产蛋期 20~64 周,入舍母鸡产蛋数 171 枚,其中可孵蛋数 160 枚,入孵蛋平均孵化率 84.2%。每只入舍母鸡产雏数 135 个。产蛋期总耗料量 52 kg,每枚蛋所需饲料 290 g。每月死亡率 0.8%,产蛋结束时体重 3.52 kg。

4. 宝星(Starbro)

宝星是由加拿大雪佛公司育成的四系杂交肉鸡。1978 年我国引入曾祖代种鸡译为星布罗,1985 年第二次引进曾祖代种鸡称为宝星肉鸡。

5. 安卡红(Anak-40)

安卡红是以色列联合家禽育种公司(P.B.U)培育的有色羽(红黄色)杂交肉鸡,其生长速度接近白羽肉鸡,特别是抗热应激、抗病能力较强。

6. 狄高黄肉鸡(Tegel)

狄高黄肉鸡是澳大利亚狄高公司育成的二系配套杂交肉鸡,父本为黄羽,母本为浅褐色羽,其特点是仔鸡生长速度快,与地方鸡杂交效果好。

7. 红布罗(Redbro)

红布罗加拿大雪佛公司育成的红羽快大型肉鸡,具有羽红、胫黄、皮肤黄等特征。该鸡适应性好、抗病能力强,生长较快,肉味较好,与地方品种杂交效果良好。我国引进有祖代种鸡繁育推广。

（二）中国品种

中国的优质肉鸡与国外的优质肉鸡概念并不完全相同，中国强调的是风味、滋味和口感，而国外强调的是生长速度。黄羽肉鸡或三黄鸡是优质肉鸡的代名词，它是相对于快大型肉鸡而言的，实际上优质肉鸡是指包括黄羽肉鸡在内的所有的有色羽肉鸡，以黄羽肉鸡数量为多，因而一般习惯称为黄羽肉鸡。我国有很多地方肉用（或肉蛋兼用）黄鸡品种，如南方的惠阳胡须鸡、清远麻鸡、杏花鸡、和田鸡等，北方地区有北京油鸡、固始鸡等。在黄羽肉鸡生产地，除生产活鸡外，还生产加工成烧鸡、扒鸡等，以肉质鲜美、色味俱全而闻名。一般土种黄鸡生长缓慢，就巢性强，繁殖力低，饲养效益低，不适于集约化饲养，经过我国育种工作者对这些品种进行不同程度的杂交改良，培育出的优质肉鸡新品系，综合了进口肉鸡和我国地方鸡种的优点，不仅保持了地方鸡种的肉质风味，同时生长速度和饲料报酬比地方鸡种有了明显的提高，具有了相当的市场竞争力。由此形成了目前的生长速度不同、出栏日龄不同、出栏体重不同、肉质也不尽相同的不同类别的黄羽肉鸡。主要品种有以下几种。

1. 石岐杂鸡

石岐杂鸡保留了地方三黄鸡种骨细肉嫩、味道鲜美等优点，克服了地方鸡生长慢、饲料报酬低等缺陷。一般肉仔鸡饲养 3~4 个月，平均体重可达 2 kg 左右，料肉比（3.2~3.5）∶1。

2. 惠阳胡须鸡

惠阳胡须鸡又称三黄胡须鸡。该鸡具有肥育性能好、肉嫩味鲜、皮薄骨细等优点，深受广大消费者欢迎，尤其在中国香港、澳门地区的活鸡市场久享盛誉，售价也特别高。它的毛孔浅而细，屠体皮质细腻光滑，是与外来肉鸡明显的区别之处。在农家饲养条件下，5~6 月龄体重可达 1.2~1.5 kg，料肉比（5~6）∶1。

3. 北京油鸡

北京油鸡的特征是"三黄"（即黄毛、黄皮、黄脚）和"三毛"（即毛冠、毛髯、毛腿）。按体型与毛色主要分为两大类：一是黄色油鸡，羽毛淡黄色，主、副翼羽颜色较深，尾羽黑色，多毛脚；二是红褐色油鸡，羽毛红褐色，除毛脚外，还有毛冠、毛髯；以后者居多。因互相杂交，目前无毛冠，毛髯者也很少了。北京油鸡均为单冠，冠髯、脸、耳为红色。成年公鸡体重为 2~2.5 kg，母鸡为 1.7~2 kg。

4. 湘黄鸡

湘黄鸡别名黄郎鸡、毛莶鸡、黄鸡，是湖南省肉蛋兼用型地方良种，在中国香港、澳门地区的活鸡市场享有较高的声誉。成年公鸡体重为 1.5~1.8 kg，母鸡为 1.2~1.4 kg。湘黄鸡体型小，早期生长较慢。在农家放牧饲养条件下，6 月龄左右，公、母鸡平均体重为 1 kg；在良好饲养条件下，4 月龄公、母鸡平均体重可达 1 kg。雏鸡长羽速度快，38 d 左右可以长齐毛。

5. 浦东鸡

浦东鸡体大膘肥，肉质鲜美，耐粗饲，适应性强。单冠，黄嘴，黄脚。羽毛可分成几种类型：公鸡常见的有红胸、红背和黄胸、黄背；母鸡有黄色、浅麻、深麻及棕色四种。成年公鸡体重为 3.5~4 kg，母鸡体重为 3~3.5 kg。

6. 长沙黄鸡

长沙黄鸡克服了地方鸡早期生长慢、饲料报酬低、长羽迟缓等缺点，保持了地方鸡适应性广、肉质鲜美的优点，并具有黄喙、黄脚、黄毛"三黄"特征，深受群众喜爱。该品种成年公鸡体重为 3~4 kg，成年母鸡体重为 2~3 kg，90 d 平均体重为 1.6 kg，料肉比 3∶1。

7. 桃源鸡

桃源鸡有"三阳黄"之称。体型高大，体躯稍长，呈长方形。公鸡姿态雄伟，性勇猛好斗，头颈高昂，尾羽上翘，侧视鸡体呈"U"字形。体羽金黄色或红色，主翼羽和尾羽呈黑色，颈羽金黄、黑色相间。母鸡体稍高，性温顺，活泼好动，呈方圆形。母鸡可分黄羽型和麻羽型。早期生长速度较慢。120 日龄公、母鸡平均体重为 1kg 左右。成年公鸡体重为 3.5~4 kg，母鸡为 2.5~3 kg。

8. 肖山鸡

肖山鸡体型大，单冠，冠、肉髯、耳叶均为红色，喙黄色，羽毛淡黄色，颈羽黄黑相间，胫黄色，有些有毛。此鸡适应性强，容易饲养，早期生长较快，肉质富含脂肪，嫩滑味美，在中国香港、澳门地区深受欢迎。成年公鸡体重为 2.5~5 kg，母鸡体重为 2.1~3.2 kg。

9. 固始鸡

该品种个体中等，外观清秀灵活，体型细致紧凑，结构匀称，羽毛丰满。羽色分浅黄、黄色，少数黑羽和白羽。冠型分单冠和复冠两种。90 日龄公鸡体重为 500 g，母鸡体重为 350 g，180 日龄公母鸡体重分别为 1.3 kg 和 l kg。

10. 河田鸡

河田鸡体宽深，近似方形，单冠带分叉（枝冠），羽毛黄羽、黄胫，耳叶椭圆形，红色。90 日龄公鸡体重为 600 g，母鸡为 500 g，150 日龄公鸡体重为 1.3 kg，母鸡为 1.1 kg。

11. 丝羽乌骨鸡

丝羽乌骨鸡头小、颈短、脚矮、体小轻盈，它具有"十全"特征，即桑葚冠、缨头（凤头）、绿耳（蓝耳）、胡髯、丝羽、五爪、毛脚（胫羽、白羽）、乌皮、乌肉、乌骨。除了白羽丝、羽乌鸡，还培育出了黑羽、丝羽乌鸡。150 日龄公、母鸡体重分别为 1.5 kg 和 1.4 kg。

12. 茶花鸡

茶花鸡体型矮小，单冠、红羽或红麻羽毛，羽毛紧贴，肌肉结实，骨骼细嫩，体躯匀称，性情活泼，机灵胆小，好斗性强，能飞善跑。茶花鸡 150 日龄体重公、母鸡分别为 750 g 和 700 g。

13. 清远麻鸡

清远麻鸡母鸡似楔形，头细、脚细、羽麻。单冠直立，脚黄，羽色有麻黄、麻棕、麻褐。成年公、母鸡体重分别为 2.2 kg 和 1.8 kg，90 日龄公、母鸡平均重为 900 g。

14. 峨眉黑鸡

峨眉黑鸡体型较大，体态浑圆，全身羽毛黑羽，具有金属光泽。大多数为红单冠或豆冠，喙黑色，胫、趾黑色，皮肤白色，也有乌皮个体。公鸡体型较大，梳羽丰厚，胸部突出，背部平直，头昂尾翘，姿态矫健。90 日龄公、母鸡平均体重分别为 970 g 和 820 g。

15. 海新肉鸡

海新肉鸡是上海畜牧兽医研究所用荷兰海佩科肉鸡与新浦东鸡杂交而成,分快速型和优质型。快速型 8 周龄体重为 1.6~1.5 kg,饲料转化比为(2.2~2.5)∶1;优质型 13 周龄体重为 1.5 kg,料肉比(3.3~3.5)∶1。

二、鸭

(一)中国品种

1. 北京鸭

北京鸭是世界上最优良的肉鸭品种。原产于我国北京近郊,其饲养基地在京东大运河及潮白河一带,现全国各地均有分布。北京鸭体型硕大丰满,挺拔强健。头较大,颈粗、中等长度;体躯呈长方形,前胸突出,背宽平,胸骨长而直;两翅较小,紧附于体躯两侧;尾羽短而上翘,公鸭尾部有 2~4 根向背部卷曲的性指羽。母鸭腹部丰满,腿粗短,蹼宽厚。喙、胫、蹼橙黄色或橘红色;眼的虹彩蓝灰色。雏鸭绒毛金黄色,称为"鸭黄",随着日龄增加颜色逐渐变浅,至 4 周龄前后变为白色羽毛。产蛋量较高。选育的鸭群年产蛋量为 200~240 个,蛋重 90~95 g,蛋壳白色。商品肉鸭 7 周龄体重可达到 3.0 kg 以上。料肉比为(2.8~3.0)∶1。成年公鸭体重 3.5 kg,母鸭 3.4 kg。半净膛屠宰率公鸭为 80.6%,母鸭 81.0%;全净膛屠宰率公鸭为 73.8%,母鸭 74.1%;胸腿肌占胴体的比例,公鸭为 18%,母鸭 18.5%。北京鸭有较好的肥肝性能,填肥 2~3 周,肥肝重可达 300~400 g。

2. 天府肉鸭

天府肉鸭系四川农业大学家禽研究室于 1986 年底利用引进肉鸭父母代和地方良种为育种材料,经过 10 年选育而成的大型肉鸭商用配套系,其生产速度和料肉比如表 2-3 所示;其肉用性能指标如表 2-4 所示。表现出良好的适应性和优良的生产性能。体型硕大丰满,挺拔美观。头较大,颈粗中等长,体躯似长方形,前躯昂起与地面呈 30 度角,背宽平,胸部丰满,尾短而上翘。母鸭腹部丰满,腿短粗,蹼宽厚。

表 2-3 天府肉鸭商品代生长速度和料肉比　　　　　　　　　　(单位:kg)

周龄	4	5	6	7	8
活重	1.6~1.86	2.2~2.37	2.6~2.88	3.0~3.2	3.2~3.3
料肉比	(1.8~2.2)∶1	(2.2~2.5)∶1	(2.4~2.7)∶1	(2.5~3.0)∶1	(3.1~3.15)∶1

表 2-4 天府肉鸭肉用性能指标

周龄	全净膛		胸肌		腿肌		皮脂	
	重(kg)	%	重(g)	%	重(g)	%	重(g)	%
7	2.27~2.46	71.9~73	234~303	10.3~12.3	244~281	10.7~11.7	650~710	27.5~31.2
8	2.32~2.45	73.5~76	293~327	12.6~13.4	220~231	9.4~9.5	754~761	30.8~32.8

注:全净膛重是指半净膛去心、肝、腺胃、肌胃、腹脂的重量,保留头和脚。

3. 瘤头鸭

瘤头鸭又称疣鼻鸭、麝香鸭,中国俗称番鸭。瘤头鸭体型前宽后窄呈纺锤状,体躯与地面呈水平状态。喙基部和眼周围有红色或黑色皮瘤,雄鸭比雌鸭发达。年产蛋量一般为80~120 个,高产的达 150~160 个。蛋重 70~80 g,蛋壳玉白色。成年公鸭体重 3.40 kg,母鸭2.0 kg。10 周龄公鸭体重达到 2.78 kg,母鸭体重 1.84 kg,肉料比 1：3.1。成年公鸭的半净膛屠宰率 81.4%,全净膛屠宰率为 74%;母鸭的半净膛屠宰率 84.9%,全净膛屠宰率 75%。瘤头鸭胸腿肌发达,公鸭胸腿重占全净膛的 29.63%,母鸭为 29.74%。据测定,瘤头鸭肉的蛋白质含量高达 33%~34%,福建省和台湾地区当地人视此鸭肉为上等滋补品。10~12 周龄的瘤头鸭经填饲 2~3 周,肥肝可达 300~353 g,肝料比 1：(30~32)。

(二)世界品种

1. 樱桃谷肉鸭

樱桃谷肉鸭是英国樱桃谷农场引入我国北京鸭和埃里斯伯里鸭为亲本,杂交选育而成的配套系鸭种。1985 年四川省引进该场培育的超级肉鸭父母代 SM 系。外形与北京鸭大致相同。雏鸭羽毛呈淡黄色,成年鸭全身羽毛白色,少数有零星黑色杂羽;喙橙黄色,少数呈肉红色;胫、蹼为橘红色。该鸭体型硕大,体躯呈长方块形;公鸭头大,颈粗短,有 2~4 根白色性指羽。父母代母鸭 66 周龄产蛋 220 个,蛋重 85~90 g,蛋壳白色。产蛋期 40 周龄每只母鸭可提供商品代雏鸭苗 150~160 只。商品代 47 日龄活重 3.09 kg,肉料比为 1：2.81。经我国一些单位测定,该鸭 L_2 型商品代 7 周龄体重达到 3.12 kg,肉料比 1：2.89;半净膛屠宰率 85.55%,全净膛率(带头脚)79.11%,去头脚的全净膛率为 71.81%。商品代肉鸭 53 d,活重达 3.3 kg,肉料比为 1：2.6。

2. 狄高鸭

狄高鸭是澳大利亚狄高公司引入北京鸭选育而成的大型肉鸭配套系。20 世纪 80 年代引入我国。1987 年广东省南海区种鸭场引进狄高鸭父母代,生产的商品代肉鸭反应良好。外形与北京鸭相似。全身羽毛白色。头大颈粗,背长宽,胸宽,尾稍翘起,性指羽 2~4 根。年产蛋量 200~230 个,平均蛋重 88 g,蛋壳白色。该鸭 33 周龄产蛋进入高峰期,产蛋率达90% 以上。公母配种比例 1：(5~6),受精率 90% 以上,受精蛋孵化率 85% 左右。父母代每只母鸭可提供商品代雏鸭 160 只左右。商品肉鸭 7 周龄体重 3.0 kg,肉料比 1：(2.9~3.0);半净膛屠宰率 85% 左右,全净膛率(含头脚重)79.7%。

3. 海格鸭

海格鸭是丹麦培育的优良肉鸭品种。广东省茂名市种鸭场于 1988 年首次从丹麦引入一大型肉鸭配套系。经饲养证实,该鸭种的商品代具有适应性强的特点,既能水养,又能旱养,特别能较好适应南方夏季炎热的气候条件。海格肉鸭 43~45 日龄上市体重可达 3.0 kg,肉料比 1：2.8,该鸭羽毛生长较快,45 日龄时,翼羽长齐达 5 cm,可达到出口要求。海格肉鸭肉质好,腹脂较少,适合对低脂肪食物要求的消费者的需求。

1. 枫叶鸭

枫叶鸭又名美宝鸭,是美国美宝公司培育的优良肉鸭品种。近年来,由广东省一些研究单位和种鸭场引进饲养。该鸭父母代在 25~26 周龄产蛋率达 5%,产蛋高峰期可达 91%,平均每只种母鸭 40 周产蛋 210 个,平均蛋重 88 g。该鸭的商品代 49 日龄平均体重 2.95 kg,肉料比 1 : 2.67。枫叶鸭的最大特点是瘦肉多、长羽快、羽毛多。

5. 力加鸭

力加鸭是丹麦培育的优良肉用鸭品种。广东省珠海市海良种鸭场,于 1989 年从丹麦引进父母代。经饲养,种母鸭 25 周龄产蛋率达 5%,产蛋高峰期可达 87%。平均每只种母鸭 40 周龄产蛋 206 个,平均蛋重 85 g。其商品代肉鸭饲养 49 日龄平均体重 2.91 kg,肉料比 1 : 2.95。

6. 史迪高鸭

史迪高鸭是澳大利亚培育的优良肉用鸭品种。广东省珠海市海良种鸭场于 1988 年从澳大利亚引进父母代。种母鸭 26 周龄产蛋率达 5%,产蛋高峰期可达 86%,平均每只种母鸭 40 周产蛋 191 个,平均蛋重 88 g。该鸭适应性强,耐高温,饲养 49 日龄平均体重 3.15 kg,肉料比 1 : 2.9。

7. 克里莫瘤头鸭

克里莫瘤头鸭由法国克里莫公司培育而成,有白色、灰白和黑色三种羽色。此鸭体质健壮,适应性强,肉质好,瘦肉多,肉味鲜香,是法国饲养量最多的品种。此鸭成年公鸭体重 4.9~5.3 kg,母鸭 2.7~3.1 kg。仔母鸭 10 周龄体重 2.2~2.3 kg,仔公鸭 11 周龄体重 4.0~4.2 kg。半净膛屠宰率 82.0%,全净膛屠宰率 64%,肉料比为 1 : 2.7。开产日龄约为 196 天,年平均产蛋量 160 个。种蛋受精率 90% 以上,受精蛋孵化率 72% 以上。此鸭的肥肝性能良好,一般在 90 日龄时用玉米填饲,经 21 d 左右,平均肥肝重可达 400~500 g。法国生产的鸭肥肝约半数的是克里莫鸭。

三、鹅

近年来我国鹅的饲养量已成为世界上最多的国家。我国鹅的品种可分为下列三类。

小型鹅种(3~4.5 kg):太湖鹅、豁眼鹅、伊犁鹅、乌鬃鹅。

中型鹅种(5~7 kg):四川白鹅、雁鹅、皖西白鹅、溆浦鹅、浙东白鹅、钢鹅。

大型鹅种(8~10 kg):狮头鹅。

(一)地方品种

1. 太湖鹅

太湖鹅原产于长江三角洲的太湖地区。小型高产,年产仔多 45 只,肉质好,加工成苏州的"糟鹅"、南京的"盐水鹅"。

2. 乌鬃鹅

乌鬃鹅原产于广东清远,因颈背部有大到小的鬃状羽毛带而得名。灰色小型鹅,骨细,肉嫩多汁,出肉率高,活鹅在中国香港、澳门地区热销。

3. 伊犁鹅

伊犁鹅原产于新疆伊犁,适应严寒气候。体型中等,无肉瘤,颈较短,胸宽广突出,体躯椭圆形,腿粗短,似灰雁。耐粗饲,易放牧,能飞。

4. 四川白鹅

四川白鹅广泛分布在四川盆地的水稻产区。成年公鹅肉瘤明显,生长较快,肥嫩的仔鹅受大家欢迎,产蛋多(80~120个),蛋重146~150 g。

5. 溆浦鹅

溆浦鹅原产于湖南沅水支流的溆水两岸,体型较大,生长较快,觅食力强,肥肝性能较好。

6. 狮头鹅

狮头鹅原产于广东,是我国最大型鹅种,世界上也少见,头大颈粗,体躯长方形,肉瘤和咽袋发达。生长快,饲料利用率高。

(二)引进品种

1. 朗德鹅

朗德鹅原产于法国,是世界上最著名的生产肥肝的专用品种。成年公鹅体重7~8 kg,母鹅6~7 kg,产肥肝性能好,肥肝重达700~800 g。

2. 莱茵鹅

莱茵鹅原产于德国莱茵州,是世界上最著名鹅种,体型中等偏小,成年鹅全身羽毛洁白。成年公鹅体重5~6 kg,母鹅4.5~5 kg。莱茵鹅生长快,8周龄仔鹅活重达4.2~4.3 kg,料肉比(2.5~3.0)∶1。

四、其他肉用禽类

(一)火鸡

1. 青铜火鸡

青铜火鸡原产于美洲,是世界上分布最广的品种。青铜火鸡个体硕大,生长快,有较强的耐寒力和抗病力。成年公火鸡重16 kg,母火鸡重9 kg。

2. 贝蒂纳火鸡

贝蒂纳火鸡由法国贝蒂娜火鸡育种公司培育的小型火鸡配套系。适应性强,可舍饲,也可放牧。成年公火鸡重7.5 kg,母火鸡重4.5 kg。

(二)肉鸽

1. 王鸽

王鸽原产于美国新泽西州。其用多品种杂交培育而成,是著名的大型肉鸽,体重1 000 g左右,是专门生产乳鸽的肉用品种,年产仔鸽7~8对,22~25日龄仔鸽重500~700 g。

2. 石岐鸽

石岐鸽产于广东省中山市石岐一带,是利用中国鸽为母本与引进的鸾鸽、卡奴鸽、王鸽等经多元杂交培育的肉用鸽。石岐鸽耐粗饲易养,生长快,成年公鸽体重可达900 g,母鸽750 g,仔鸽600 g。

(三)兔

通常所说的兔子一般都是指中国白兔,大多数人也认为兔子就是小白兔。其实兔子的品种有很多，兔有肉用、皮用、皮肉兼用和毛用之分。全世界有兔品种 60 余种，其中大多为 20 世纪育成品种。我国现有家兔约 20 种，据美国兔子繁殖者协会（ARBA）的资料统计，全世界的纯种兔品种大约就有 45 种，再细分可分为三大类，就是食用兔、毛用兔和宠物兔。

从体型上分，又可分为大型兔、中型兔和小型兔，大型兔的体重为 3~7 kg，中型兔的体重为 2~3 kg，小型兔的体重大约在 2 kg 以下。另外，兔子根据耳朵来分可以分为硬耳兔和软耳兔；根据被毛来分，还可以分为长毛兔和短毛兔。目前饲养较普遍的肉用及兼用兔品种有中国家兔、喜马拉雅兔、青紫蓝兔、大白兔、巨型兔等。现将我国常用兔品种简单介绍如下。

1. 中国家兔

中国家兔又名中国本兔或中国菜兔，是世界上较为古老的品种之一，几乎全国各地均有饲养。该兔历来以肉用为主，故又称为"菜兔"，皮张质地优良。中国家兔体型小，结构紧凑，体躯长而窄，被毛粗短紧密，皮板较厚，头清秀，颈短，耳小，直立，眼红色，嘴尖，四肢健壮，毛色以白色居多，也有土黄、麻黑和灰色等。成年重 2~3 kg，体长 35~40 cm，成年屠宰率达 45% 左右。繁殖力高，年产 5~6 窝，每窝平均产仔 7~9 只，最多可达 15 只，初生仔兔仅约重 40 g。母兔性情温和，乳头多达 6 对，哺育力强。耐粗饲，抗病，肉质鲜嫩味美，适宜制作缠丝兔等兔肉食品。其不足之处：体型小、生长缓慢、产肉性能不高、饲料报酬低。我国各地均有分布，以四川等地饲养较多。

2. 喜马拉雅兔

喜马拉雅兔又名五黑兔，原产于喜马拉雅山脉南北地区，我国是主要产地。其经长期培育已成为广泛饲养的优良皮肉兼用兔品种。目前除我国外，美国、俄罗斯等国均有饲养。喜马拉雅兔体型紧凑，眼淡红色，被柔软，耳、鼻、四肢下部及尾部为纯黑色。体质健壮，耐粗饲，繁殖力强，是一种良好的育种材料，如青紫蓝和加利福尼亚兔都含有喜马拉雅兔的血液。喜马拉雅兔成年体重 2.7~3.1 kg。由于毛彩美艳，在国外也将此兔培育成玩赏用的品种。

3. 青紫蓝兔

青紫蓝兔原产于法国，是 20 世纪初育成的著名皮用兔品种。法国育种专家戴葆斯利用蓝色贝韦伦兔、嘎伦兔和喜马拉雅兔杂交育成，并于 1913 年首先在法国展出。最先育成的是标准青紫蓝兔，后来又育成中型（美国型）和巨型青紫蓝兔，所以严格区分应该包括三种不同类型的青紫蓝兔。其毛色很像产于南美的珍贵毛皮兽"青紫蓝"（我国称绒鼠或毛丝鼠），并因此而得名。标准型青紫蓝兔体型较小，体质结实而紧凑，耳短而竖立，面圆，毛色优美。成兔体重 2.5~3.6 kg。美国型青紫蓝兔是 1919 年从英国引进的标准青紫蓝兔中选育而成，开始被称为大型青紫蓝兔。体型中等，体质结实，腰臀丰满，成兔体重 1~5.4 kg；繁殖性能较好，平均每窝产仔 5~8 只；40 天断奶体重 0.9~1.0 kg，90 日龄平均体重 2.2~2.32 kg。该类型属皮肉兼用型。巨型青紫蓝兔是用弗朗德巨兔杂交而成。体大耳长，有的一耳竖一耳垂，有肉髯。该类型是偏肉用的巨型品种，成兔体重

5.4~7.3 kg。

三种类型在毛色上基本相似，被毛整体为蓝色，耳尖及尾面为黑色，眼圈、尾底、腹下和后额三角区的毛色较淡，呈灰白色。单根毛纤维可分为 5 段颜色，纤维基部向毛梢的颜色依次为石盘蓝色、乳白色、珠灰色、雪白色和黑色。被毛中通常夹有全黑或全白的饯毛。另外，标准型毛色较深，并有明显的黑白相间的波浪纹。美国型和巨型则无此种情况，且颜色较淡。在育成青紫蓝兔时，由于毛皮质量较好，主要用于皮用兔生产，因此，一度将其列为皮用兔品种。但该兔产肉性能也很好，而且适应性强，容易饲养，在我国分布很广，深受生产者的欢迎。目前，在我国多作为皮肉兼用兔饲养。

4. 比利时兔

大型兔又叫佛兰德巨兔、德国巨灰兔。该品种是一个比较古老的大型肉用品种。其原于比利时的野生穴兔，后经英国改良培育而成。其体型外貌酷似野兔，被毛呈深红带黄褐色或胡麻色，体型大，体躯及四肢长。眼呈黑褐色，耳大长、直立，耳边有光亮黑色毛边。被毛质地坚韧。成年体重 5~6 kg，最高可达 9 kg。仔幼兔阶段生长发育快，6 周龄体重可达 1.2~1.3 kg，3 月龄体重可达 2.8~3.2 kg。适应性强，抗病耐粗饲，繁殖力重，年繁 4~5 胎，平均胎产仔 7~8 只，泌乳力高，仔兔生长发育均匀。胴体大，屠宰率 52% 以上，是优秀的大型肉用品种。我国引进的多为中型兔；适应性强、产肉性能、杂交效果好。

5. 加利福尼亚兔

该兔原产于美国加利福尼亚州，所以又称加州兔。它是由喜马拉雅兔、青紫蓝兔和新西兰白兔杂交育成。其是现代又一著名的肉兔品种，在美国饲养量仅次于新西兰白兔。其主要特征为，体型中等、紧凑，肩部、臀部肌肉发达，额面宽，耳较小且直立；白兔红眼；两耳、鼻端、尾及四肢下部为黑色（或棕黑色）；幼兔颜色较浅，随年龄增长而逐渐变深，至成年后，气候转暖时颜色稍浅，天冷时颜色深。根据黑色的分布特点，人们又称为"八点黑"兔。成兔体重 3.5~4.5 kg，性情温驯，繁殖力强，母性好，泌乳力高，是有名的保姆兔。早期生长快，3 月龄可达 2.5 kg 以上，早熟易肥，肌肉发达，屠宰率高。该兔还具有适应性好、抗病力强、杂交效果好等特点。据报道，它与新西兰白兔杂交，其杂种兔 56 日龄体重可达 1.8 kg。

6. 比利时兔

比利时兔原产于比利时佛兰德，也说是英国用原产于比利时的野兔改良而成。比利时兔是一个古老的大型肉用型品种，其外貌特征为被毛呈深或浅黄褐色，似野兔；耳大而直立，耳尖部带有光亮的黑色毛边，尾内侧为黑色；体躯和四肢较长，善跳跃。成兔体重 4.5~6.5 kg，最高可达 9 kg。该兔在我国饲养效果比其他大型兔表现较好，肌肉较丰满，体质健壮，生长快，适应性强，耐粗饲，泌乳力高。据东北农业大学测定，平均每胎产仔 8 只左右，40 天断奶体重 1.2~1.25 kg，90 日龄体重可达 2.5~2.6 kg。以比利时兔作为杂交亲本，可获得较好的杂种优势。

7. 日本大耳兔

日本大耳兔原产于日本，是用中国白兔与日本兔杂交培育而成。被毛全白，眼睛红色，耳大、薄,向后方竖立,耳细,耳端尖,形同柳叶,母兔颌下有肉髯。体型中等偏大,成兔体重4~5 kg。繁殖力强,每胎产仔7~9只,初生体重60 g左右。母性好,哺育力强,常用作保姆兔。肉质好,皮张品质优良,是较好的皮肉兼用型品种。由于耳大血管明显,是较为理想的实验用兔。该兔适应性强,我国从南到北均有饲养,是我国饲养数量较多的一个品种。其主要缺点是骨架较大、胴体欠丰满、净肉率较低。

8. 塞北兔

该兔是张家口农业专科学校1978—1986年利用法系公羊兔和佛兰德兔杂交培育出来的大型肉皮兼用型品种。其外貌特征为毛色以黄褐色为主,还有纯白色和少量米黄色;一耳直立,一耳下垂,头略粗而方,鼻梁上有黑色山峰线,颈粗短;头颈与前躯衔接良好,体躯匀称,发育良好,体重较大,外形介于公羊兔与比利时兔之间。生长快,在一般饲养管理条件下,平均日增重25~37.5 g,成兔体重平均5~6.5 kg,高的可达7.5~8 kg;繁殖力高,胎均产仔7~8只,多则可达15~16只,初生体重平均60~70 g,30 d断奶体重650~1 000 g;抗病力强,在同样饲养条件下,发病率较其他低,成活率高;适应性强,耐粗饲。

第三节　宁夏地区特色畜禽种资源

一、盐池滩羊

盐池滩羊属短脂尾羊,中国裘皮用绵羊品种,以所产二毛皮著名,如图2-1所示。滩羊系蒙古羊的一个分支,属国家重点保护的羊种之一,产于中国西北早半荒漠地区独特的绵羊品种,以宁夏中、北部为中心产区,主要分布在宁夏及与宁夏相邻的地区。滩羊体质坚实,耐粗放管理,遗传性稳定。滩羊毛纤维细长而均匀,富有光泽和弹性,是纺织提花毛毯的上等原料。滩羊肉质细嫩,味道鲜美。据《本草纲目》记载,"滩羊肉能暖中补虚、补中益气、镇静止惊、开胃健力,治虚劳恶冷、五劳七伤",可用于治疗虚劳羸瘦、腰膝酸软、产后虚冷、虚寒胃痛、肾虚阳衰等症。盐池滩羊肉质细嫩,膻腥味极轻,脂肪分布均匀,营养丰富,是羊肉中的上品。滩羊肉的主要理化指标与小尾寒羊和细毛羊肉比较,其中羟基化合物(mg/100 g)分别为:1、1.22和1.31;雌黄嘌呤(mg/100 g)分别为0.8、0.14和0.3;谷胱甘肽(mg/100 g)分别为2.01、1.87和1.67;胆固醇(mg/100 g)分别为28.83、49.43和44.17;熟肉率分别为57.26%、50.26%和52.65%。微量元素硒的含量为0.073 mg/kg,而对人体有害的铅、砷、汞未检出,使羊肉具有膻味的葵酸未检出。

二、中卫山羊

中卫山羊又叫沙毛山羊,是我国特有的裘皮用山羊品种,产于宁夏的中卫、中宁、同心、海原,甘肃中部的皋兰、会宁等县及内蒙古阿拉善左旗,如图2-2所示。裘皮品质驰名世界。中卫山羊具有耐粗饲、耐湿热、对恶劣环境条件适应性好、抗病力强、耐渴性强的特点,有饮咸水、吃咸草的习惯。中卫山羊公羔初生重2.5 kg,母羔初生重2.4 kg。成年羊体重公羊25~30 kg,母羊20~24 kg。屠宰率:羯羊44.79%,公羊42.64%,母羊40.29%。中卫山羊肉质细嫩,味道鲜美,膻味小,是肉品中之佳品。

图 2-1 宁夏盐池滩羊

图 2-2 宁夏中卫山羊

三、宁夏灵武乌骨型黑山羊

2012 年首次在宁夏灵武黑山羊群中发现的,该类型黑山羊体格中等、体质结实、抗逆性强、适应性广,具有"五黑两紫",即头、身、腿、毛、舌黑,上颚及眼结膜呈紫乌色性状的乌骨型黑山羊,如图 2-3 所示。对 243 只乌骨型黑山羊的体尺、体重、乌色性状,逐一进行了测量、鉴定、统计。经观察,该羊肉色较对照组深红,肝、肾等内脏为黑红色,骨骼关节处颜色红黑。研究团队采集了 100 只羊的血液样品,对其中可将酪氨酸转化为能够清除自由基、提高免疫力、抗衰老、防辐射的黑色素的关键因子酪氨酸酶进行了测定,结果表明乌骨型黑山羊血液中的酪氨酸酶含量最高,显著高于普通黑山羊、白山羊、滩寒杂种羊,超过国家认定的云南乌骨绵羊 23.6%,为乌骨鸡的 3 倍,是宁夏珍贵的稀有畜种资源。

四、宁夏固原鸡

固原鸡(见图 2-4)是宁夏唯一的地方鸡品种资源,也称朝那鸡,2017 年获国家地理标志产品,主要分布在六盘山东麓彭阳县北部,已经形成了固原土种乌鸡、固原土种红鸡、固原红鸡和固原乌鸡等亚群体,具有耐粗饲、宜放牧、活泼好动、体质健壮、抗寒力强等优良特性,并有体大、蛋大、肉质细嫩、肉味鲜美等突出特点,如图 2-5 所示。固原鸡记载在《中国家禽志》中,属国家级畜禽遗传资源保护品种,已列入《国家级自禽遗传资源保护名录》,现注册商标为"朝那牌固原鸡"。该品种原种主要有两个群体,即公鸡为麻羽、红羽、白羽,母鸡为麻羽、黑羽、白羽,均为体躯高,骨骼粗壮,头高昂,尾上翅,体长胸深,背宽平直,后躯宽而丰满,成年公鸡体重平均为 2.25 kg,最高可达 3.5 kg;成年母鸡体重平均 1.67 kg,最高可达 2.5 kg;年平均产蛋 123 个,最高可达 200 个;从 6 月龄屠宰率来看,公鸡半净膛率为 73.6%,全净膛率为 66.6%。固原鸡属肉蛋兼用型鸡,肉、蛋鲜美,风味独特,无公害、无污染、营养价值高,尤其是乌鸡肉和青皮蛋更具食用和药用价值,是固原鸡中的珍品。

图 2-3　宁夏灵武乌骨型黑山羊

图 2-4　宁夏固原鸡

五、固原黄牛

固原黄牛原系蒙古牛系,在关山特有的生态条件下,经回族群众培育而成,也称"关山牛",其挽力大、役用好,采食力强,繁殖性好,肉质香美,分布于六盘山地带的五县区。2017年获国家地理标志保护产品,如图 2-5 所示。

图 2-5　宁夏固原黄牛

固原黄牛是在水草丰美的绿色无污染自然环境和冷凉独特的气候条件下经过长期人工

冷配改良所选育的适应当地自然气候特点的优质肉牛,特有的土壤和水质条件造就了固原黄牛的独特品质,形成肉品蛋白质高、氨基酸组成更接近人体需要,且脂肪、胆固醇含量低的高品质牛肉。肉质细嫩多汁,鲜美适口,营养丰富,肉品中大理石花纹明显。固原黄牛经宁夏食品检测中心检验,背最长肌蛋白质含量达 87%(风干样),肉中不饱和脂肪酸的含量多,而脂肪的含量相对较低;矿物质元素种类丰富,含量适中,尤其微量元素硒的含量为 0.07 mg/kg,具有极强的保健功能;对人体有害的无机砷、镉未检出;鲜肉胆固醇含量 233.11 mg/kg,肉品质明显优于其他品种牛,特别是有益于人体健康的不饱和脂肪酸油酸含量明显高于其他牛,在牛肉中对肉风味起主要作用的谷氨酸含量达到 37.85 mg/g,而其他品种牛仅为 12.74 mg/g,是不可多得的具有中国特色的、集营养与风味于一身的优质肉牛。

第三章　畜禽屠宰与胴体分割分级技术

第一节　畜禽屠宰加工

屠宰加工是各种肉类加工的基础。肉用畜禽从刺杀放血到屠宰解体,最后加工成胴体的一系列处理过程,叫作屠宰加工。它是进一步深加工的前处理,因而也叫初步加工。

屠宰厂设计必须符合卫生、适用安全等基本要求。

1. **屠宰厂址选择**

①屠宰与分割车间所在厂址应远离城市水源地和城市给水、取水口,其附近应有城市污水排放管网或经相关部门允许的最终受纳水体。厂区应位于城市居住区夏季风向最大频率的下风侧,并应满足有关卫生防护距离要求。

②厂址周围应有良好的环境卫生条件。厂区不应位于受污染河流的下游,并应避开产生有害气体、烟雾、粉尘等污染源的工业企业或其他产生污染源的地区或场所。

③屠宰与分割车间所在的厂址必须具备符合要求的水源和电源,其位置应选择在交通运输方便、货源流向合理的地方,根据节约用地和不占农田的原则,结合加工工艺要求因地制宜的确定,并应符合城镇规划的要求。

2. **环境卫生**

①屠宰与分割车间所在厂区的路面、场地应平整、无积水,主要道路及场地宜采用混凝土或沥青铺设。

②厂区内建(构)筑物周围、道路的两侧空地均宜绿化。

③污染物排放应满足国家有关标准的要求。

④厂内应在远离屠宰与分割车间的非清洁区内设有畜粪、废弃物等的暂时集存场所,其地面、围墙或池壁应便于冲洗消毒。运送废弃物的车辆应密闭,并应配备清洗消毒设施及存放场所。

⑤原料接收区应设有车辆清洗、消毒设施。活猪进厂的入口处应设置与门同宽,长 3 m、深 0.10~0.15 m,且能排放消毒液的车轮消毒池。

3. **建筑**

①屠宰与分割车间的建筑面积与建筑设施应与生产规模相适应。车间内各加工区应按生产工艺流程划分明确,人流、物流互不干扰,并符合工艺、卫生及检验要求。

②地面应采用不渗水、防滑、易清洗、耐腐蚀的材料,其表面应平整无裂缝、无局部积水。排水坡度:分割车间不应小于 1%,屠宰车间不应小于 2%。

③车间内墙面及墙裙应光滑平整,并应采用无毒、不渗水、耐冲洗的材料制作,颜色宜为白色或浅色。墙裙如采用不锈钢或塑料板制作时,所有板缝间及边缘连接处应密闭。墙裙

高度:屠宰车间不应低于 3 m,分割车间不应低于 2 m。

④地面、顶棚、墙、柱、窗口等处的阴阳角必须设计成弧形。

⑤顶棚或吊顶表面应采用光滑、无毒、耐冲洗、不易脱落的材料。除必要的防烟设施外,应尽量减少阴阳角。

⑥门窗应采用密闭性能好、不变形、不渗水、防锈蚀的材料制作。车间内窗台面应向下倾斜 45°,或采用无窗台构造。

⑦成品或半成品通过的门应有足够宽度,避免与产品接触。通行吊轨的门洞,其宽度不应小于 1.2 m;通行手推车的双扇门,应采用双向自由门,其门扇上部应安装由不易破碎材料制作的通视窗。

⑧车间内应设有防蚊蝇、昆虫、鼠类进入的设施。

第二节　宰前检验与管理

畜禽的宰前检验与管理是保证肉品卫生质量的重要环节之一,也是获得优质肉品的重要措施。

一、宰前的检验和选择

(一)宰前的检验

1. 检验步骤和程序

当屠宰畜禽由产地运到屠宰加工企业以后,在未卸下车(船)之前,兽医检验人员向押运员索阅当地兽医部门签发的检疫证明书,核对牲畜的种类和头数,了解产地有无疫情和途中病死情况。经过初步视检和调查了解,认为基本合格时,允许卸下赶入预检圈休息。

2. 宰前临床检验的方法

鉴于送宰的牲畜数目通常较多,待宰的时间又不能拖长,尤其在屠宰旺季,实行逐头测温检查困难,故生产实践中多采用群体检查和个体检查相结合的办法。其具体做法可归纳为:动、静、食的观察三大环节和看、听、摸、检四大要领。

(二)宰前病畜禽的处理

宰前检验发现病畜禽时,根据疾病的性质、病势的轻重以及有无隔离条件等做如下处理。

1. 准宰

凡是健康合格、符合卫生质量和商品规格的畜禽,都准予屠宰。

2. 禁宰

经检查确诊为炭疽、鼻疽、牛瘟、恶性水肿、气肿疽、狂犬病、羊快疫、羊肠毒血症、马流行性淋巴管炎、马传染性贫血等恶性传染病的牲畜,采取不放血法扑杀。肉尸不得食用,只能工业用或销毁。其同群全部牲畜立即进行测温。体温正常者在指定地点急宰,并认真检验;不正常者予以隔离观察,确诊为非恶性传染病的方可屠宰。

3. 急宰

确认为无碍肉食卫生的一般病畜及患一般传染病而有死亡危险的病畜,立即开急宰证明单,送往急宰。凡疑似或确诊为口蹄疫的牲畜立即急宰,其同群牲畜也应全部宰完。患布氏杆菌病、结核病、肠道传染病、乳腺炎和其他传染病及普通病的病畜,均须在指定的地点或急宰间屠宰。

二、宰前管理

(一)待宰畜禽的饲养

畜禽运到屠宰场地后,要按产地、批次、强弱等情况进行分群饲养,对肥度良好的畜禽,所喂饲料量,以能恢复由于途中蒙受的损失为原则,对瘦弱畜禽的饲养,应采取直线肥育或强化肥育的饲养方式,以在短期内达到迅速增重、长膘、改善肉质的目的。

(二)宰前的休息

宰前要使畜禽很好休息,保持安静。畜禽在运输时,由于环境的改变和受到惊恐等外界因素的刺激,易使畜禽过度紧张和疲劳,破坏或抑制正常的生理功能,使血液循环加速,体温上升,肌肉组织内的毛细血管充血,这样不仅在屠宰时造成放血不完全,而且由于肌肉的运动,肌肉的乳酸量增加,屠宰后会加速肉的腐败过程。一般畜禽运到屠宰场后,必须休息 1 d以上,以消除疲劳,提高产品的质量。

(三)宰前的断食供水

屠宰畜禽在宰前 12~24 h 断食。断食时间必须适当。一般牛、羊宰前断食 24 h,猪 12 h,家禽 18~24 h。断食时,应供给足量的 1% 的食盐水,使畜体进行正常的生理功能活动,调节体温,促进粪便排泄,以便放血完全,获得高质量的屠宰产品。为了防止屠宰畜禽倒挂放血时胃内容物从食道流出污染胴体,宰前 2~4 h 应停止给水。

1. 宰前停食饮水的好处

(1)充分利用残留饲料,降低肉品污染率

实践证明,饲料进入胃肠道 24 h 后,才开始被动物机体消化吸收,宰前停食可以使畜禽最后吃进的饲料得到充分利用,避免饲料浪费,同时宰后肠胃内容物减少,从而减少粪便污染胴体、内脏的现象。

(2)增进体内血液循环,提高胴体质量

宰前停食,充分饮水,可以稀释血液,增加血流量,宰杀时放血充分,肌肉红润正常,延长贮存时间。否则,因血液浓稠造成放血不良,肉色暗紫,影响外观,并且易于微生物的生长繁殖,缩短肉的贮存期。

(3)加速肉品成熟,提高肉品质量

宰前断食使畜禽处于饥饿状态。肝脏内贮存的糖原大量分解为葡萄糖和乳酸,并通过血液循环运送到机体各部,使肌糖原的消耗得到补充,加速宰后肉的成熟。与此同时,肌体的一部分蛋白质发生分解,增加了肉的滋味和香气,提高了肉的质量。

2.停食过程中应注意的问题

（1）停食时间

停食时间要正当，不能过短或过长，若断食时间过短，达不到断食的目的，而且还会因饱食状态下能量蓄积较多，肌糖原多，加上宰杀应激，宰后易出现 DFD 肉。反之宰前饥饿时间过长，体力消耗大，糖原耗尽，宰后糖酵解程度有限，肌肉中乳酸含量低，易出现 PSE 肉，同时由于饥饿时间长，降低牲畜的抵抗力，增加待宰期的死亡。

（2）供水要清洁卫生

畜禽在停食期间体能消耗大，易出现明显的掉膘损重，要供给足量的 1% 食盐水，保证正常生理功能活动，调节体温促进粪便排泄，放血安全，提高肉的品质。

（3）停食宜在候宰间内进行

候宰间的场地墙壁等宜用水泥灌砌而成。避免停食畜禽因饥饿而啃食泥砖、瓦砾之类的物质，而影响停食效果。

（四）猪屠宰前的淋浴

水温 20 ℃，喷淋猪体 2~3 min，以洗净体表污物为宜。淋浴使猪有凉爽舒适的感觉，促使外周毛细血管收缩，便于放血充分。

第三节　畜禽的屠宰工艺

一、牛羊的屠宰工艺

目前，我国条件较好的正规屠宰场都采用流水作业线，用传送带或移动式吊轨连续屠宰。这样不但减小劳动强度，提高工作效率，且或减少污染机会，保证肉的新鲜和质量。

牛、羊的屠宰加工工艺总体说来包括致昏、剥皮（或脱毛）、开膛、劈半、修整、内脏和皮张整理等工序（如图 3-1，3-2 所示）。

1.致昏

牛、羊常用的致昏方法有以下几种。

（1）刺昏法

刺昏法主要用于牛，用匕首迅速准确地刺入枕骨与第 1 颈椎之间，破坏延脑和脊髓的联系，造成瘫痪。其优点是操作简便；缺点是仅适用于老实的老、弱、残的屠畜，如果刺得过深，易伤及呼吸和血管中枢，使呼吸停止或血压下降，影响放血。

（2）木锤击昏法

木锤击昏法用重的木锤，猛击屠畜前额部，使其昏倒。打击力量要适当，以不打破头骨和致死，仅使屠畜失去知觉为度。此时虽然屠畜的知觉中枢麻痹，但运动中枢依然完整，肌肉仍能收缩，容易放血。其缺点是不安全，当打击不准或力量过轻时，易引起屠畜狂逃，甚至发生伤人毁物事件，劳动强度也较大。

（3）麻电法

麻电法应根据身体大小，掌握好电流和电压。牛采用的麻电器有单接触杆式和双接触杆式麻电器两种,使用前者时电压不超过 200 V,电流强度为 1~1.5 A,麻电时间为 7~30 s;使用后者时,电压一般为 70 V,电流强度为 0.5~1.4 A,2~3 s 即可致昏。羊多在不致昏状态下放血。

2.放血

在致昏后立即进行。从牛、羊喉部下刀割断食管、气管和血管进行放血,以 9~12 s 为最佳,最好不超过 30 s,以免引起肌肉出血。每屠宰一次,刀需在 82 ℃的热水中消毒一次。

屠宰放血只能放出全身总血量的 50%~60%,仍有 40% 左右残留在体内。一般牛的放血量为胴体重的 5%。放血充分与否直接影响肉品质量和贮藏性。放血时间约为 9 min。然后,可进入低压电刺激系统接受脉冲电压刺激,电压为 25~80 V,用以放松肌肉,加速牛肉排酸过程,提高牛肉嫩度。

3.剥皮

剥皮技术的好坏直接关系到皮张质量和胴体卫生。剥皮要在充分放血后及时进行。牛的剥皮方法可分手工剥皮和机械剥皮。

(1)手工剥皮法

手工剥皮多应用于小型屠宰场和家庭屠宰。其方法是先把牛屠体摆成腹面向上,并将事先制备的楔状垫木垫在牛脊背两侧,使牛固定。然后开始剥皮,切开头部及四肢端部的皮肤,沿枕骨后缘将头割下,切断腕关节、跗关节将四蹄割下,接着沿腹部正中线和前后肢内侧中央将皮肤割开,由腹部开始向背部剥离,直至整个皮肤剥脱为止。

(2)倒挂机械剥皮法

倒挂机械剥皮法是一种现代化的方法,它需要有绞车、架空轨道和拉皮机械等。其特点是在保证肉品质量与卫生、皮革质量的前提下,可减轻劳动强度,提高生产效率。该法在头部、四肢和胸腹部剥皮,以及割头和断蹄方面仍需手工操作,方法同水平手工剥皮相同。上述手工操作完成后,即将屠体的前肢固定于特制的设备上,然后在前肢已剥落的皮肤端部系上特别链条,并将链条的游离端连于剥皮机上,开动剥皮机上的绞车,从屠体前部沿屠体纵轴,向屠体后端顺序将皮张拉下。

羊一般采用手工剥皮,其方法是先沿腹部正中线割开胸腹部皮肤,然后沿四周内侧皮肤中央部从腕、跗关节处向腹部正中线方向切开皮肤,并割下四蹄,再用特别挂钩,钩住两后肢的跟腱部用人工将屠体挂于轨道上或横杆上,从上向下剥掉皮肤。

4.开膛

牛、羊的开膛有水平和倒挂两种方式。

(1)水平开膛

水平开膛是在水平剥皮后屠体保持原位置的状态下进行。沿屠体腹部正中线先割开腹壁肌肉,再用刀劈开耻骨联合,然后用刀切开肛门周围(母畜包括外生殖器),割断与内脏、肠道、膀胱、生殖器和腹壁连接的组织结构,食管和肠道需结扎的部位进行结扎,将整个胃肠拉出腹腔。继之,切开颈部食管和气管周围组织和横膈膜,将心脏、肺脏和肝脏一起拉出体外。在摘取内脏器官时,要注意不要割破,特别是胃肠道,以免血液和胃肠内容物污染肉体。

取出的内脏器官必须与胴体统一编号，以备检验。

（2）倒挂开膛

倒挂开膛是在倒挂剥皮后连续进行的。开膛方法基本与水平开膛法相同，不同的是这种方法不仅预先劈开耻骨联合，还要劈开胸骨，然后再割开腹壁，切断固定胃肠的系膜和韧带，自行脱落于固定的内脏收容设备上，并编号待检。

5. 劈半

倒挂的胴体，一般都用吊挂手提式电锯，把倒挂的胴体沿脊柱正中线锯成左右两半。这样有利于检验和修整工作。水平放置的胴体，一般都采用从最后肋骨相连的胸椎处切断脊椎，并由此切断两侧胸壁的肌肉，再沿每段的脊椎中央，纵向切成两半，这样一个胴体被分成四块，称为四分体。羊的胴体较小，一般不进行劈半。

6. 修整和内脏整理

对牛、羊胴体要修整肉尸表面的碎屑、颈部和腹壁的游离部分，割除伤痕、斑点、淤血及胴体表面脏物。冲洗时仅冲洗腹腔，不冲洗肉尸体表面。

内脏整理基本上与猪相同。

7. 检验、盖印、称重、出厂

屠宰后要进行宰后兽医检验。合格者，盖以"兽医验讫"的印章。然后经过自动吊称称重、入库冷藏或出厂。

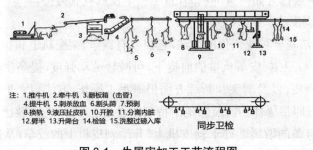

注：1.推牛机 2.牵牛机 3.翻板箱（击昏）
4.提牛机 5.刺杀放血 6.割头蹄 7.预剥
8.换轨 9.液压扯皮机 10.开膛 11.分离内脏
12.劈半 13.升降台 14.检验 15.洗整过磅入库
同步卫检

图 3-1　牛屠宰加工工艺流程图

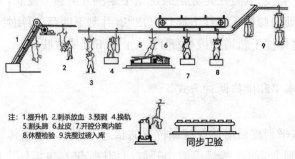

注：1.提升机 2.刺杀放血 3.预剥 4.换轨
5.割头蹄 6.扯皮 7.开腔分离内脏
8.休整检验 9.洗整过磅入库
同步卫验

图 3-2　羊屠宰加工工艺流程图

二、家禽的屠宰加工工艺

家禽屠宰加工的程序包括宰杀击晕、放血、烫毛、净膛、清洗工序（如图 3-3 所示）。

注：1.吊挂 2.点麻刺杀 3.沥血 4.浸烫 5.脱毛
6.整理 7.取内脏 8.预冷 9.分割 10.包装入库

图 3-3　禽屠宰加工工艺流程图

1. 击晕

击晕电压为 35~50 V,电流为 0.5 A 以下,电晕时间鸡为 8 s 以下,鸭为 10 s 左右。电晕时间要适当,以电晕后马上将禽只从挂钩上取下,若在 60 s 内能自动苏醒为宜。过大的电压、电流会引起锁骨断裂,心脏停止跳动,放血不良,翅膀血管充血。

2. 放血

（1）断颈放血法

断颈放血法就是在下颌后的颈部横切一刀,将颈部的血管、气管和食管一并切断,即切断三管法。这种方法操作简便,放血较快,但因切口较大,易被细菌污染,降低商品价值和耐贮性,同时也影响外观。

（2）口腔放血法

这是目前工厂常用的方法。即用细长尖刀,伸入家禽的口腔,刀刃朝向家禽的上颚,当尖刀达第 2 颈椎时,斜着切开黏膜和靠近头骨底部的颈总静脉和桥状静脉连接处,切断血管,将刀抽出一半时再经上颚裂口扎入,沿眼耳之间斜刺延脑,促使屠禽死亡,同时有助于松弛毛孔便于脱毛。

这种方法的优点是能保证屠禽外表的完整,放血良好,产品质量好,耐贮藏,同时也有利于脱毛。缺点是操作比较复杂,稍有不当,容易造成放血不良,影响产品质量。

（3）动脉放血法

在家禽头部左侧的耳垂后切一小口（鸡的刀口约 1.5 mm,水禽约 2.5 mm）,切断颈动脉的颅面分支放血。此法较口腔放血简便,放血也很充分。

（4）麻电放血

目前有些屠宰加工厂采用高压瞬间麻电法,然后将头固定,并以转盘刀沿耳垂后切断颈动脉放血,大大提高了劳动效率。国外研究者对交流、直流和脉冲直流三种麻电方式进行比较,认为交流电以电压 50 V,频率 60 Hz,放血 60 s 最好;直流麻电以 90 V,放血 90 s 为好;脉冲直流麻电以 100 V,频率 480 Hz 放血效果最好,三者之中直流麻电放血效果优于其他两种。

放血程度具有很高的卫生意义,放血不全的家禽发紫,商品价值低,不耐贮藏,放血的时间通常为 1~1.5 min,放血占体重的百分比为:小鸡 3.8%,成年鸡 4.1%,鹅 4.5%,鸭和火鸡 3.9%。

3. 烫毛

烫毛及脱毛宰杀放血后的家禽,在体温散失前,即放到烫毛池中进行浸烫。一般要求水温为 60~63 ℃以上,浸烫时间以 0.5~1.5 min 为好。以拔掉背毛为度。浸烫时要不断翻动,使其受热均匀,特别是头、爪要烫充分。注意水温不要过高和过低,水温高,浸烫时间长,可引起体表脂肪溶解,肌肉蛋白凝固,皮肤容易撕裂。水温低浸烫时间短则拔不掉毛。烫毛池的水要经常更换。

工厂化生产在烫毛结束时,将家禽放入脱毛机内脱毛。手工拔毛的顺序:先拔掉翅毛、再用手掌推去背毛,回手抓去尾毛,然后翻转禽体,抓去胸腹部毛,拔去颈头毛,最后除去爪壳、冠皮和舌衣。拔毛要求干净,防止破皮。

拔毛后尚残留有若干细毛和毛管。去毛的方法有两种:一是钳毛,即将禽体浮在水面,用拔毛钳子从颈部开始逆毛倒钳,将绒毛钳净;二为松香拔毛,将禽体浸入溶解好的松香液中,然后立即取出放入冷水中使松香凝成胶状,待外表不发黏时,从水中取出松香打碎剥去、绒毛即被松香粘掉。松香拔毛剂的配方:11% 的食用油加 89% 的松香,放在锅中加热到 200~230 ℃充分搅拌,使其溶成胶状液体,再移入保温锅内,保持温度在 120~150 ℃。但松香拔毛操作不当,可引起中毒。因此要避免松香流入鼻腔、口腔,并仔细将松香除干净。

4. 净膛

家禽的净膛即清除内脏,其方法随加工用途有所差别,一般小型工厂多采用腹下开膛,从胸骨至肛门的正中线切开体腔,以右手 4 个指头伸入在腹腔内旋转,剥离胃肠道与腹壁的连接膜,然后向前,叩住心脏,将全部内脏(肺、肾除外)拉出,这种方法称全净膛。也有的采用拉肠法,从肛门处只拉出肠和胆囊,其他脏器仍留在体内,称为半净膛。具体操作是先挤出直肠中残留的粪便,将屠禽仰卧于拉肠台上,左手压腹,将内脏挤向腹部,右手食指伸入肛门,戳穿直肠绕于手指上拉出,随后中指伸入再勾小肠,拉出至胆囊处撕下胆囊,从肌胃与十二指肠连接处拉断小肠,将肠全部取出,然后从颈下开约 3 cm 切口将嗉囊取出。

用于烤鸭的屠鸭是用打气掏膛法,即将食管剥离,并将其塞进颈部皮下结缔组织中,然后将气嘴由刀口塞入充气,使空气充满皮下脂肪和结缔组织之间,充气后在右翅下切开 4~5 cm 的切口,用手将内脏掏出。

净膛后要用清水将腔体内和屠禽表面冲洗干净。

5. 检验、修整、包装

掏出内脏后,经检验、修整、包装入库贮藏。在库温 -24 ℃条件下,经 12~24 h 使肉温达到 -12 ℃即可贮藏。

6. 屠宰率的测定

屠宰率的测定是指屠宰体重占活重的比率。屠宰率高的个体,产肉也多。

$$屠宰率 = \frac{屠体重 (g)}{活重 (g)} \times 100\%$$

屠体重是指放血脱毛后的重量;活重是指宰前停喂 12 h 后的重量。

三、猪的屠宰加工工艺

猪的屠宰加工工艺见图 3-4。

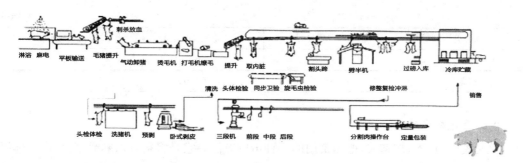

淋浴　麻电　平板输送　毛猪提升　气动卸猪　烫毛机　打毛机燎毛　提升　取内脏　　割头蹄　劈半机　　过磅入库　冷库贮藏

刺杀放血

清洗　头体检验　同步卫检　旋毛虫检验　　　修整复检冲淋　　　　销售

头检体检　洗猪机　预剥　卧式剥皮　三段机　前段　中段　后段　　　分割肉操作台　定量包装

图3-4　猪的屠宰工艺示意图

（一）淋浴

放血前给猪进行淋浴,主要目的:清除体表的灰尘和污物,防止其污染空气和环境,减少胴体在加工流水线上的细菌污染;改善操作环境的卫生条件;有利于麻电。其主要方法是将待宰猪赶至淋浴室,室内上下左右均安装有喷头,喷淋猪体2~3 min,小型的屠宰场可用胶皮管接上喷头进行人工喷洗。

（二）击昏

击昏能使猪暂时失去知觉,减少猪屠宰时受到恐惧和痛苦的刺激;防止引起内脏血管收缩,血液流集于肌肉内,导致放血不全;减轻劳动强度,保证环境安静和人身安全,便于刺杀放血;击昏的方法以操作简便、安全,既符合卫生要求,又保证肉的质量,常用的方法有以下几种。

1.麻电法（又称电击晕法）

这是目前广泛使用的一种猪致昏法。它是使电流通过畜体,麻痹中枢神经而晕倒,肌肉强烈收缩,四肢僵直,心跳加剧,故能收到良好的放血效果。我国用于麻电设备主要有两种:一种是手握式麻电器,另一种是自动麻电器。

手握式麻电器是以木料或绝缘性能好的塑料制成。外形像电话筒,两端各固定有长方形紫铜片为电极板,铜片上附以厚约4 cm的海绵或纱布等吸水物质。操作时,两手戴好橡皮手套,穿好长筒靴,将麻电器两极浸蘸5%的盐水,然后将麻电器的前端按在猪的太阳穴部,后端按在肩颈部,接触3~5 s。

自动麻电器为猪自动触电而晕倒的一套装置,麻电时,将猪赶至狭窄通道,打开门,一头接一头按次序时间（约2 s）由上滑下,头部触及自动开闭的夹形麻电器,晕倒后滑落在输送带上。

麻电要根据动物的大小和年龄,注意掌握电流、电压和麻电时间,若电压电流过大,时间过长,易引起血压急剧增高造成皮肤肌肉和内脏出血。我国多采用低电压,而西欧一些国家多用高电压、低电流、短时间,可避免应激反应。常见畜禽麻电电压、电流强度和麻电时间见表3-1。

表3-1　常见畜禽屠宰时的电击昏条件

畜种类	电压（V）	电流强度（A）	麻电时间（s）
猪	70~100	0.5~1.0	1~4
牛	75~120	1.0~1.5	5~8
羊	90	0.2	3~4

畜种类	电压（V）	电流强度（A）	麻电时间（s）
兔	75	0.75	2~4
家禽	65~85	0.1~0.2	3~4

2. 二氧化碳麻醉法

这是美国、丹麦、加拿大、德国常用的一种击昏方法。它是将猪赶入麻醉室，室内气体组成为：CO_2 浓度为 65%~75%，空气 25%~35%，在室内经历 15~45 s 便可完全失去知觉。这种方法的优点是猪无紧张感，可减少糖原的消耗，最终 pH 值低；肌肉处于松弛状态，避免肉出血，且放血良好；麻醉时间长，麻醉效率高，缺点是成本高。

3. 机械击昏法

此法是一种传统的击昏方法，其可分为锤击法、针刺法、击昏枪射击法等。用这类方法，需要有熟练的技巧，防止伤害人身安全。

（三）放血

保持猪在正常生理状态下，将血液放出体外。使屠畜机体各组织器官因缺血而迅速停止活动，从而使被宰畜禽在短时间内死亡。其目的主要在于获得高质量的胴体。放血方式有悬挂放血和卧式放血两种，屠宰场目前大多采用前者。此方法可得到良好的放血效果，也有利于以后的加工，同时可减轻工人劳动强度。切断颈动脉和颈静脉是目前广泛采用的放血方法。猪应于颈与躯体分界处的中线偏右约 1 cm 处刺入，抽刀向外侧偏转切断血管，不可刺伤心脏。为了使放血通畅，并为颌下淋巴结的剖检做好准备，抽刀时应尽可能扩大切口，直到下颌前端。猪的放血时间为 6~10 min。刺杀放血方法有血管刺杀法、心脏刺杀放血法、切断三管刺杀和口腔刺杀法。

（四）烫毛

烫毛及褪毛猪放血后应进行头部检查，剖开颌下淋巴结，检查局限性炭疽和结核病变。然后进行烫毛及褪毛（剥皮）。烫毛所需的水温和烫毛时间依品种、个体大小、年龄和气温等适当调整。一般为 60~68 ℃，浸烫 3~8 min。水温过低或浸烫时间短，由于毛孔尚未扩大，褪毛困难。如水温过高或浸烫时间过长，则由于表皮蛋白胶化，毛孔收缩，褪毛困难。在浸烫时头和四肢开始顺利地掉毛，即表示已烫好。

机械褪毛分滚筒式和卧式两种。前者是利用上下两组相反旋转的滚筒上突出的钝齿，将烫好的猪体上的毛撞滚掉。后者是猪体腹部向下，通过装有弹簧的刮刀或旋转钝齿刮除猪毛。

手工褪毛时，应先掠去耳毛，再顺次将尾毛、脚爪、肚档、背部两则，最后将剩下的鬃毛和表皮黑垢刮净并撬去脚壳。此法劳动强度大，劳动条件差。

（五）开膛

在褪毛后立即进行，否则会影响脏器和内分泌腺体的使用价值。开膛宜采取倒挂的方式。既可减轻劳动强度，又能减少肉尸被肠胃内容物污染的机会。

1. 剖腹

剖腹取内脏用刀从肛门前至放血口沿正中线切开皮肤和腹肌,从耻骨前破开腹腔,随即插入左手,护住肠胃,再用刀小心切割开腹壁,直至胸骨处,撬开耻骨,割离肛门、直肠,一并割下膀胱、大小肠和脾、胃,送内脏间处理。

2. 去内脏

撬胸骨用刀锋从放血口伸入,由下而上将胸骨撬开,割除心、肝、肺和气管,送内脏间处理,然后用冷水冲洗体腔,除净血迹。

(六)割头蹄和劈半

割头一般从颈部耳根切线下刀,斜向前下方沿下颌骨切开,然后从枕骨髁与第 1 颈椎之间割断腱膜,用力扭折再割断联系。割蹄时,后蹄从跗关节处、前蹄从腕关节开刀,割开皮肤及关节囊,折断联系,然后从尾椎沿脊椎到颈部垂直切开皮肤和皮下脂肪,便于劈半。劈半有机械劈半和手工劈半两种。采用格式圆盘电锯劈半,工效高,但碎渣较多,损失较大,劈半后应将骨屑冲洗干净。手工劈半时,需注意保持棘突剖面的对称和完整。

(七)胴体修整

这是胴体加工的必要工序。目的是除去胴体上能使微生物繁殖的任何损伤、淤血及污秽,同时使外观整洁,提高商品价值。修整包括干修和冲洗。

猪的干修包括割奶头、伤痕、脓疡、斑点、淤血、游离的脂肪块、槽头肉、刮残毛、污垢等。修整后立即用冷水冲洗。应注意不可用布擦拭,以免增加微生物的污染,加速肉的变质。

(八)内脏整理

经检验后的内脏应及时处理,不得积压。割取胃时应将食道和十二指肠留有适当的长度,以免胃内容物流出。

分离肠道切忌撕裂。摘除附着在脏器上的脂肪组织和胰脏,除去淋巴结及寄生虫,整理好肠胃,应及时集中,妥善保管,心、肝、肺应各个分开,做好防腐措施。

第四节　畜禽肉的分割

肉的分割是按不同国家、不同地区的分割标准将胴体进行分割,以便进一步加工或直接供给消费者。分割肉是指宰后经兽医卫生检验合格的胴体,按分割标准及不同部位肉的组织结构分割成不同规格的肉块,经冷却、包装后的加工肉。

一、猪肉的分割

20 世纪 80 年代的标准达不到我国猪肉品质提升和增值的要求。我国于 2008、2012 年分别颁布 GB/T 9959.2—2008《分割鲜、冻猪瘦肉》和 SB/T 10656—2012《猪肉分级》明确规定猪肉分割方法,依据猪胴体形态结构和肌肉组织分布分割为颈背肌肉、前腿肌肉、大排肌肉等 9 部分,是我国猪肉屠宰加工企业进行猪肉分割参照的唯一标准,从而提高了猪肉的商业价值,对我国的猪肉分割技术起到了一定的规范作用(如表 3-2 所示)。猪肉分割通常将半胴体分为肩、背、腹、臀、腿几大部分（见图3-5）。

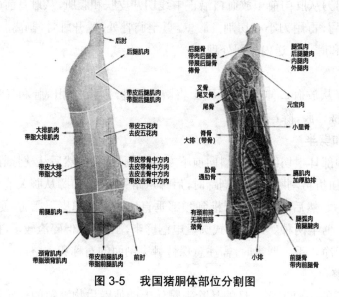

图 3-5　我国猪胴体部位分割图

注：GB/T 9959.2—2008《分割鲜、冻猪瘦肉》。

表 3-2　分割猪肉名称对照表（SB/T 10656—2012《猪肉分级》）

序号	常用名称	别名及细分割产品
1	颈背肌肉	1号肉、梅肉、梅花肉
2	前腿肌肉	2号肉（腿弧、腱肉、前展）
3	大排肌肉	3号肉、通脊（肌）、里脊、眼肉（肌）、大排（带骨）
4	小里脊	猪柳
5	后腿肌肉	4号肉（元宝肉、臀尖肉、内腿肉、外腿肉、腿弧、猪腱肉、后展）
6	腹肋肉	中方肉、五花肉
7	脊骨	龙骨、腔骨
8	板叉骨	扇骨、西施骨（脆骨边）
9	后腿骨	（带肉）后腿骨、棒骨

1. 肩颈肉

肩颈肉俗称前槽、夹心。前端从第1颈椎，后端从第4~5胸椎或第5~6根肋骨间，与背线成直角切断。下端如做火腿则从肘关节切断，并剔除椎骨、肩胛骨、臂骨、胸骨和肋骨。

2. 背腰肉

背腰肉俗称外脊、大排、硬肋、横排。前面去掉肩颈部，后面去掉臀腿部，余下的中段肉体从脊椎骨下4~6 cm处平行切开，上部即为背腰部。

3. 臂腿肉

臂腿肉俗称后腿、后丘。从最后腰椎与荐椎结合部和背线成直线垂直切断,下端则根据不同用途进行分割:如做分割肉、鲜肉出售,从膝关节切断,剔除腰椎、荐椎骨、股骨、去尾;如做火腿则保留小腿后蹄。

4. 肋腹肉

肋腹肉俗称软肋、五花。与背腰部分离,切去奶脯即是。

5. 前颈肉

前颈肉俗称脖子、血脖。从第 1~2 颈椎处或第 3~4 颈椎处切断。

6. 前臂和小腿肉

前臂和小腿肉俗称肘子、蹄髈。前臂上从肘关节、下从腕关节切断,小腿上从膝关节、下从跗关节切断。

二、牛、羊肉的分割

(一)我国牛肉分割方法

为了牛肉分割标准更加完善、科学、严谨,更适合国内广大肉牛企业的应用,2011 年南京农业大学、中国农业科学院等联合起草制定了标准 GB/T 27643—2011《牛胴体及鲜肉分割》,规范了我国肉牛胴体的分割方法以及各个分割肉的名称将胴体分割成牛柳、西冷、眼肉、上脑、嫩肩肉、胸肉、腱子肉、腰肉、臀肉、膝圆、大米龙、小米龙、腹肉等 13 块不同的肉块,还可更加精细分割(见图 3-6 和图 3-7)。

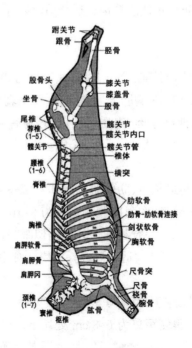

图 3-6　我国牛半胴体结构图

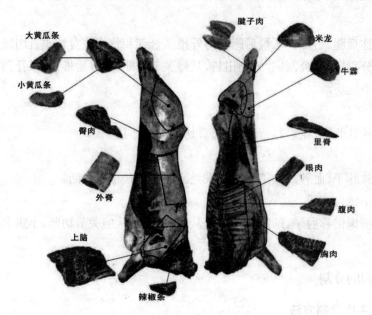

大黄瓜条

小黄瓜条

臀肉

外脊

上脑

辣椒条

腱子肉

米龙

牛霖

里脊

眼肉

腹肉

胸肉

图 3-7　我国牛肉分割图

注：GB/T 27643—2011《牛胴体及鲜肉分割》。

1. 牛柳

牛柳又称里脊，即腰大肌。分割时先剥去肾脂肪，沿耻骨前下方将里脊剔出，然后由里脊头向里脊尾逐个剥离腰横突，取下完整的里脊。牛里脊为牛肉的最嫩部分、牛肉中肉质最细嫩的部位，大部分都是脂肪含量低的精肉。适合煎、炒、炸，意大利人更喜欢生吃牛柳。适合人群比较广泛，老少皆宜。

2. 西冷

西冷又称外脊，主要是背最长肌。分割时首先沿最后腰椎切下，然后沿眼肌腹壁侧（离眼肌 5~8 cm）切下。再在第 12~13 胸肋处切断胸椎，逐个剥离胸、腰椎。牛外脊是牛背部的最长肌，也是西餐菜单中的西冷牛肉，肉质为红色，容易有脂肪沉积，呈大理石纹状。适合炒、炸、涮、烤。适合人群为青中年人士。

3. 眼肉

眼肉主要包括背阔肌、肋最长肌、肋间肌等。其一端与外脊相连，另一端在第 5~6 胸椎处，分割时先剥离胸椎，抽出筋腱，在眼肌腹侧距离为 8~10 cm 处切下。眼肉在前腿部上面部位，一端与上脑相连，另一端与外脊相连。外形酷似眼睛，脂肪交杂呈大理石纹状。肉质细嫩，脂肪含量较高，口感香甜多汁。适合涮、烤、煎烤。食用人群比较广泛，老少皆宜。

4. 上脑

上脑主要包括背最长肌、斜方肌等。其一端与眼肉相连，另一端在最后颈椎处。分割时剥离胸椎，去除筋腱，在眼肌腹侧距离为 6~8 cm 处切下。肉质细嫩，容易有大理石纹沉积。上脑脂肪交杂均匀，有明显花纹。适合涮、煎、烤，常见的是涮牛肉火锅。

5. 嫩肩肉

嫩肩肉主要是三角肌。分割时循眼肉横切面的前端继续向前分割,可得一圆锥形的肉块,便是嫩肩肉。由互相交叉的两块肉组成,纤维较细,口感滑嫩。适合炖、烤、焖、咖喱牛肉。

6. 胸肉

胸肉主要包括胸升肌和胸横肌等。在剑状软骨处,随胸肉的自然走向剥离,修去部分脂肪即成一块完整的胸肉。在软骨两侧,主要是胸大肌,纤维稍粗,面纹多,并有一定的脂肪覆盖,煮熟后口感较嫩,肥而不腻。适合炖、煮汤。

7. 腱子肉

腱子分为前、后两部分,主要是前肢肉和后肢肉。前牛腱从尺骨端下刀,剥离骨头,后牛腱从胫骨上端下刀,剥离骨头取下。分前腱和后腱,熟后有胶质感。适合红烧或卤、酱牛肉。

8. 腰肉

腰肉主要包括臀中肌、臀深肌、股阔筋膜张肌。在臀肉、大米龙、小米龙、膝圆取出后,剩下的一块肉便是腰肉。适合以煎、烤牛肉片形式烹炒调制,也常用于蒸牛肉、火锅片、铁板烧等。

9. 臀肉

臀肉主要包括半膜肌、内收肌、股薄肌等。分割时把大米龙、小米龙剥离后便可见到一块肉,沿其边缘分割即可得到臀肉。也可沿着被切的盆骨外缘,再沿本肉块边缘分割。牛臀肉取自后腿近臀部的肉,外形呈圆滑状,肪含量少,口感略涩,属于瘦肉,适合把整块来烘烤、碳烤、焗,肌肉纤维较粗大,脂肪含量低。只适合作馅料,西餐作为汉堡馅料和牛肉酱原料。适合人群比较广泛。

10. 膝圆

膝圆主要是臀股四头肌。当大米龙、小米龙、臀肉取下后,能见到一块长圆形肉块,沿此肉块周边(自然走向)分割,很容易得到一块完整的膝圆肉。肉质比较粗且壮实,处置时最好先去筋或以轻轻打形式加以嫩化处置。一般被用来当作炒肉或火锅肉片。

11. 大米龙

大米龙主要是臀股二头肌。与小米龙紧接相连,故剥离小米龙后大米龙就完全暴露,顺该肉块自然走向剥离,便可得到一块完整的四方形肉块即为大米龙。肉质细嫩,适于熘、炒、炸、烹等,不适合炖。

12. 小米龙

小米龙主要是半腱肌,位于臀部。当牛后腱子取下后,小米龙肉块处于最明显的位置。分割时可按小米龙肉块的自然走向剥离。肉质细嫩,适于熘、炒、炸、烹等,不适合炖。

13. 腹肉

腹肉主要包括肋间内肌、肋间外肌等,也即肋排,分无骨肋排和带骨肋排。一般包括4~7根肋骨。牛腩即牛腹部及靠近牛肋处的松软肌肉,是取自肋骨间的去骨条状肉,瘦肉较多,脂肪较少,筋也较少。适合红烧或炖汤。高胆固醇、高脂肪、老年人、儿童、消化力弱的人不宜多吃。

(二)羊肉的分割

为适应对外开放,搞活企业经营,2007 年颁布行业标准 NY/T 1564—2007《羊肉分割技术规范》,规范了羊肉分割方法,将羊胴体分割为前 1/4 胴体、羊肋脊排、腰肉等 9 个部分,在部位肉的基础上再进一步分割成零售肉块。羊胴体部位分割见图 3-8。该分割法全国通用,适用于所有的羊肉分割加工。标准还详细规定了分割羊肉的 38 个品种,其中带骨分割羊肉包括躯干、带臀腿、带臀去腱腿等 25 种;去骨分割羊肉包括半胴体肉、躯干肉、剔骨带臀腿等 13 种;并且对各个品种的分割方法做了非常详细、规范的规定,并附有详细分割图见图 3-9。该标准是我国现行有效的唯一一个对羊肉分割技术做出详细规范的标准,对我国的肉羊产业发展起到了巨大的促进作用。

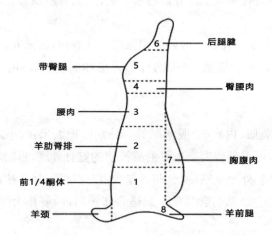

图 3-8　我国羊胴体的分割图

注:NY/T 1564—2007《羊肉分割技术规范》。

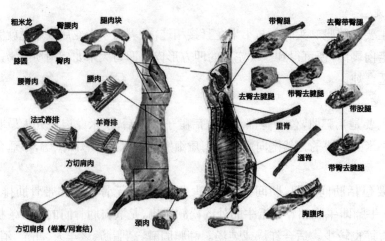

图 3-9　我国绵羊肉分割图(来源于千图网)

三、禽肉分割

随着人民生活水平的提高,对食品需求的不断发展,人们已经从过去喜爱购买活禽逐渐发展到购买光禽,进而希望能供应禽类包装产品和禽类的分割小包装产品。现在禽类的分割小包装在市场上已经逐渐增多,经常是供不应求。因此,发展和扩大禽类分割小包装的生产,提高分割小包装的产品和质量,适应和满足消费者的需要,是禽产品加工企业和生产者的重要任务。

(一)一般的分割

1.鸡胴体分割

国内外市场上分割鸡品种繁多,主要有鸡翅、鸡全腿、鸡腿肉、鸡胸肉、鸡肫、鸡脚、鸡风爪、鸡颈皮、鸡尾、肉用鸡串等。

2.鸭胴体分割

沿脊椎骨左侧从颈至尾将胴体一分为二,右侧半胴体为1号硬边鸭肉,左侧半胴体为2号软边鸭肉。分割鸭还包括头、颈、翅、爪、心、肺、肫、肠等。

3.鹅胴体分割

分割鹅包括1号硬边鹅胸肉、2号软边鹅胸肉、3号硬边鹅腿肉、4号软边鹅腿肉、头、颈、翅、爪、肝、心、肫、肠等。分割时用刀沿脊椎骨左侧从颈至层将胴体一分为二,再由胸骨端至散关节前线连线处将两个半胴体一分为二即可。

(二)禽胴体肉的多部位分割

分割禽主要是将一只禽按部位分割下来,如果不按照操作要求和工艺要求,就会影响产品的规格、卫生以及产品质量。为了提高产品质量,达到最佳的经济效益,必须熟练掌握家禽分割的各道工序:①下刀部位要准确,刀口要干净利索;②按部位包装,斤两准确;②清洗干净,防止血污、粪污以及其他污染;④原料应是来自安全的非疫区的健康仔鸡、仔鹅(鸭),经兽医卫生检验没有发现传染性疾病的活禽,经宰杀加工,符合国家卫生标准要求的冷却禽。

国内禽的分割是近几年才开始逐步发展起来的。对于分割的要求尚无统一的规定,各地根据当地的具体情况,规定了当地的分割禽的部位和方法。分割仍然采取手工分割的方法,国内发展最早的禽分割主要是鹅(鸭)的分割,而鸡的分割是近几年才渐渐开始的。主要的分割方法可借鉴和参考鹅(鸭)的分割,也可按购买者或经营者的要求予以规定。

禽胴体分割的方法有三种:平台分割、悬挂分割、按片分割。前两种适于鸡,后一种适于鹅、鸭。通常鹅分割为头、颈、爪、胸、腿等8件;躯干部分成4块(1号胸肉、2号胸肉、1号腿肉和2号腿肉)。鸭肉分割为6件;躯干部分为2块(1号鸭肉、2号鸭肉)。日本对肉鸡分割很细,分为主品种、副品种及二次品种3大类共30种。我国大体上分为腿部、胸部、翅爪及脏器类。

1.鹅、鸭的分割步骤

第1刀从跗关节取下左爪;第2刀从跗关节取下右爪;第3刀从下颌后颈椎处平直斩下

鹅头,带舌;第 4 刀从第 15 颈椎(前后可相差一个颈椎)间斩下颈部,去掉皮下的食管、气管及淋巴;第 5 刀沿胸骨脊左侧由后向前平移开膛,摘下全部内脏,用干净毛巾擦去腹水、血污;第 6 刀沿脊椎骨的左侧(从颈部直到尾部)将鹅体、鸭分为两半;第 7 刀从胸骨端剑状软骨至髋关节前线的连线将左右分开,然后分成 4 块,即 1 号胸肉、2 号胸肉、3 号腿肉、4 号腿肉。

2. 肉鸡的分割步骤

(1)腿部分割

将脱毛去肠鸡放于平台上,鸡首位于操作者前方,腹部向上。两手将左右大胆向两侧整理少许,左手持住左腿以稳住鸡体再用刀分割,将左腿和右腿腹股沟的皮肉割开。用两手把左右腿向脊背拽去,然后侧放于平台,使左腿向上,用刀割断股骨与骨盆之间的韧带,再顺序将连接骨盆的肌肉切开。用左手将鸡体调转方向,腹部向上,鸡首向操作者,用刀切开骨盆肌肉接近尾部 3 cm 左右,将刀旋转至背中线,划开皮下层至第 7 根肋骨为止。左手持鸡腿,用刀口后部切压闭孔。左手用力将鸡腿向后拉开即完成一腿。调动鸡体,使腹部向右,另一腿向上,用刀切开骨盆肌肉直至闭口,再用刀口后部切压闭孔,左手将鸡腿向后拉开,即完成。

(2)胸部分割

光鸡首位于操作者前方,左侧向上。以颈的前面正中线,从咽颌到最后颈椎切开左边颈皮,再切开左肩胛骨。同样切开右颈皮和右肩胛骨。左手捏住鸡颈骨,右手食指从第 1 胸椎向内插入,然后两手用力向相反方向拉开。

(3)副产品操作

大翅分割,切开肩、肱骨与鸡嗉骨连接处,即成三节鸡翅,一股称为大转弯鸡翅。鸡爪分割,是用剪刀或刀切断胫骨与腓骨的连接处。从嗉囊处把肝、心、肫直至肠全部摘落。摘除肫、嗉带。将肫幽门切开,剥去肫的内金皮,不残留黄色。

(4)大腿去骨分割

鸡首位于操作者前方,分左右腿操作。左腿去骨时,以左手握住小腿端部,内侧向上,上腿部少许斜向操作者,右手持刀,用刀口前端从小腿顶端顺股骨和股骨内侧划开皮和肌肉。左手持鸡腿横向,切开两骨相连的韧带为适,切勿切开内侧肉和韧带下皮肉。用刀剔开股骨部肌肉中的股骨,用刀口后部,从胫骨下部肌肉,然后再从斩断股骨胫骨处切断。操作右腿时,调转方向,工序同上。

(5)鸡胸去骨分割

首先完成腿分割,光鸡头位于操作者前方,右侧向上,腹部向左,先处理右胸。在颈的前面正中线,从咽颌到最后颈椎切开右边颈皮,用刀切开鸡喙骨和肱骨的筋骨 2 cm 左右。用刀尖顺肩胛骨内侧划开。再用刀口后部从鸡喙骨和肱骨的筋骨处切开肉至锁骨。左手持翅,拇指插入刀口内部,右手持鸡颈用力拉开。用刀尖轻轻剔开锁骨里脊肉,再用手轻轻撕下,使里脊肉成树叶状。左胸处理法是调转方向,操作同上。再从咽喉挑断须皮,顺序向下,留下食管和气管,切勿挑破嗉皮。最后左手拇指插入锁骨中间的腹内,右手持颈骨用力拉下前胸骨。

四、分割肉的包装

肉在常温下的货架期只有半天,冷藏鲜肉 2~3 d,充气包装生鲜肉 14 d,真空包装生鲜肉约 30 d,真空包装加工肉约 40 d,冷冻肉则在 4 个月以上。目前,分割肉越来越受到消费者的喜爱,因此分割肉的包装也日益引起加工者的重视。

(一)分割鲜肉的包装

分割鲜肉的包装材料透明度要高,便于消费者看清生肉的本色。其透氧率较高,以保持氧合肌红蛋白的鲜红颜色;透水率(水蒸气透过率)要低,防止生肉表面的水分散失,造成色素浓缩,肉色发暗,肌肉发干收缩;薄膜的抗湿强度高,柔韧性好,无毒性,并具有足够的耐寒性。但为控制微生物的繁殖,也可用阻隔性高(透氧率低)的包装材料。

为了维护肉色鲜红,薄膜的透氧率至少要大于 5 000 ml/m² · 24 h · atm · 23 ℃。如此高的透氧率,使得鲜肉货架期只有 2~3 d。真空包装材料的透氧率应小于 40 ml/m² · 24 h · atm · 23 ℃,这虽然可使货架期延长到 30 d,但肉的颜色则呈还原状态的暗紫色。一般真空包装复合材料为 EVA/PVDC(聚偏二氯乙烯)/EVA、PP(聚丙烯)/PVDC/PP、尼龙 /LDPE(低密度聚乙烯)、尼龙 /Surlgn(离子型树脂)。

充气包装是以混合气体充入透气率低的包装材料中,以达到维持肉颜色鲜红,控制微生物生长的目的。另一种充气包装是将鲜肉用透气性好但透水率低的 HDPE(高密度聚乙烯)/EVA 包装后,放在密闭的箱子里,再充入混合气体,以达到延长鲜肉货架期、保持鲜肉良好颜色的目的。

(二)冷冻分割肉的包装

冷冻分割肉的包装采用可封性复合材料(至少含有一层以上的铝箔基材)。代表性的复合材料有:PET(聚酯薄膜)/PE(聚乙烯)/AL(铝箔)/PE、MT(玻璃纸)/PE/AL/PE。冷冻的肉类坚硬,包装材料中间夹层使用聚乙烯能够改善复合材料的耐破强度。目前,国内大多数厂家考虑经济问题,大多采用塑料薄膜。

第五节　胴体分级

一、牛胴体分级标准

牛肉分级标准即是对牛肉品质进行分级,牛肉分级标准和分级方法的客观性、准确性、实用性、科学性将直接影响到牛肉产业的发展,多年来国内外学者对其进行了大量的研究试验。

(一)我国牛肉等级标准

我国农业部于 2010 年颁布修订版行业标准 NY/T676—2010《牛肉等级规格》代替 NY/T 676—2003《牛肉质量分级》。新标准规定牛肉品质等级主要由大理石纹等级和生理成熟度 2 个指标来评定,同时结合肌肉色和脂肪色对等级评定进行适当的调整,使得标准更加简洁实用,但不适用于小牛肉、小白牛肉、雪花肉的分级。

鉴于发达国家的牛肉分级标准,由南京农业大学等起草的国内贸易行业标准SB/T10637—2011《牛肉分级》于2011年发布,将牛分割肉分为2个部分:第1部分包括里脊、上脑、眼肉、外脊;第2部分包括辣椒条、胸肉、臀肉等。第1部分中里脊依据质量大小和感官要求分为S级(特级)、A级(优级)、B级(良好级)、C级(普通级)4个级别,上脑、眼肉、外脊依据横切面处的大理石纹含量、肌肉色、脂肪色和质量分成S、A、B、C 4个级别;辣椒条、胸肉、臀肉等第2部分依据外观感官特性分为优质牛肉和普通牛肉。这种牛肉分级评定方法对肉牛企业生产高档优质牛肉起到一定指导和促进作用。

为了对牛分割肉具体部位做更进一步详细的等级评定标准,2012年颁布的GB/T 29392—2012《普通肉牛上脑、眼肉、外脊、里脊等级划分》分别根据背最长肌横切面处脂肪含量和分布情况,肌肉色泽以及肌内脂肪和皮下脂肪色泽通过目测法和对照大理石纹、肌肉色、脂肪色等级图片对牛肉的大理石纹等级、肌肉色等级和脂肪色等级进行评定,并依据大理石纹、肌肉色、脂肪色、质量4个指标将上脑、眼肉、外脊分为S级、A级、B级、C级,依据质量将里脊分为S级、A级、B级、C级,从而规范了我国普通牛肉高档分割部位的分级方法与依据,但该标准同样只适用于普通牛肉的分级,不适用于小牛肉、小白牛肉、雪花肉分级。

1. 有关术语的定义

(1)特级牛肉、优级牛肉、良好级牛肉、普通级牛肉

育肥牛按规范工艺屠宰加工,按照GB 18393—2001检验合格,分别符合NY/T676—2010《牛肉等级规格》附录A胴体等级图谱特级要求的牛肉。

(2)成熟

成熟指牛被宰杀后,其胴体或分割肉在-1.5℃以上(通常在1~4℃)无污染的环境内放置一段时间,使肉的pH上升,酸度下降,嫩度和风味得到改善的过程(俗称排酸)。

(3)生理成熟度

生理成熟度反映牛的年龄评定时根据胴体脊椎骨(主要是最末3根胸椎)脊突末端软骨的骨化程度来判断,骨化程度越高,牛的年龄越大。除骨质化判定外也可依照门齿来判断年龄。

(4)大理石纹

大理石纹反映背最长肌中肌内脂肪的含量和分布的指标,通过背最长肌横切面中白色脂肪颗粒的数量和分布来评价。

2. 中国牛肉等级评定方法

牛肉品质等级主要由大理石纹等级和生理成熟度2个指标来评定,分为特级、优级、良好级和普通级。

原则上是大理石纹愈丰富、生理成熟度愈低,则年龄愈小、级别愈高。牛胴体等级与大理石纹和生理成熟度的关系如表3-3所示。

各指标的评定方法:胴体分割0.5 h后,在660 lx白炽灯照明的条件下进行评定。

（1）大理石纹

对照大理石纹图片确定眼肌横切面处的大理石纹等级（见表3-3），共有5个标准图片，肌间脂肪丰富为5级，较丰富为4级，中等为3级，少量为2级，几乎没有为1级。

表3-3　牛胴体等级与大理石纹和生理成熟度的关系

大理石纹等级	24月龄以下 无或出现第1对永久门齿	24~36月龄 出现第2对永久门齿	36~48月龄 出现第3对永久门齿	48~72月龄 出现第4对永久门齿	72月龄以上 永久门齿磨损较重
5级（丰富）	特级				
4级（较丰富）		优级			
3级（中等）					
2级（少量）		良好级		普通级	
1级（几乎没有）					

注：本图中给出的等级为在11~13肋骨间评定等级，若在5~7肋骨间评定等级时，大理石纹等级应再下降一个等级。

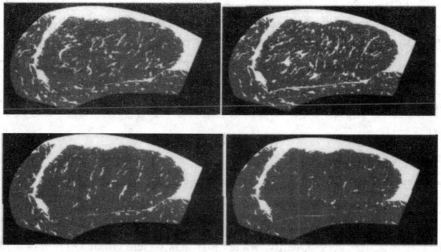

图3-10　胴体等级图（NY/T676—2010《牛肉等级规格》）

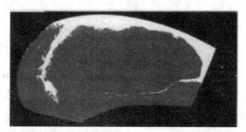

图3-11　牛肉大理石花纹图片 NY/T676—2010（《牛肉等级规格》）

（2）生理成熟度

根据脊椎骨（主要是最后3根胸椎）棘突末端软骨的骨质化程度和门齿变化情况将生

理成熟度分为 A、B、C、D 和 E 5 个级别(见表3-4)。

表3-4　脊椎骨骨质化程度、门齿变化与牛生理成熟度的关系

等级	生理成熟度	门齿变化	荐椎	腰椎	胸椎
A	24 月龄以下	无或出现第 1 对永久门齿	明显分开	未骨化	未骨化
B	24~36 月龄	出现第 2 对永久门齿	开始愈合	一点骨化	未骨化
C	36~48 月龄	出现第 3 对永久门齿	愈合但有轮廓	部分骨化	小部分骨化
D	48~72 月龄	出现第 4 对永久门齿	完全愈合	近完全骨化	大部分骨化
E	72 月龄以上	永久门齿磨损较重	完全愈合	完全骨化	完全骨化

(3)肌肉色

对照肌肉色等级图片判断眼肌切面处颜色的等级。分为 8 级:1 级、2 级、3 级、4 级、5 级、6 级、7 级、8 级。1 级颜色最浅,8 级颜色最深,其中 3 级和 4 级肉色最佳。

(4)脂肪色

脂肪色分别设有 8 个级别,脂肪色以 1、2 两级为好。1 级颜色最浅,8 级颜色最深。

(二)国外牛肉分级标准

世界上凡是肉牛业发达的国家均有自己的牛肉等级评定方法和标准,美国首先建立牛肉分级制度。目前在国际上影响较大的是美国和日本的牛肉等级标准,其他比较完善的还有欧共体牛肉等级标准、澳大利亚牛肉等级标准及韩国牛肉等级标准。这些国家的标准适应各自的国情,各有自己的特色,对本国牛肉生产的发展起到了极大的推动作用。

1.美国的牛肉分级标准

美国的牛肉分级研究始于 1917 年,1931 年由农业部正式推出执行。实行自愿、付费和由农业部雇用的专职分级员评定这三项原则。自从采用牛肉分级制度,美国整体牛肉质量大幅度上升,产品也趋于一致,约有 80% 的牛肉达到优选级以上。

美国对牛肉采用质量级(Quality Grade)和产量级(Yield Grade)两种分级制度。这两种制度可分别单独对牛肉进行定级,也可同时使用,即一个胴体既有产量级别又有质量级别。

(1)质量等级评定

美国牛肉质量级依据牛肉的品质(以大理石纹为代表)和生理成熟度(年龄)将牛肉分为:特优(Prime)、特选(Choice)、优选(Select)、标准(Standard)、商用(Commercial)、可用(Utility)、切碎(Cutter)和制罐(Canner)共 8 个级别。大理石纹是决定牛肉品质的主要因素,大理石纹的测定部位在第 12 肋眼肌横切面处,以标准板为依据,分为丰富、适量、适中、少、较少、微量和几乎没有这 7 个级别。它与嫩度、多汁性和适口性有密切的相关关系,同时它又是最容易客观评定的指标,因而品质的评定就以大理石纹为代表。生理成熟度以年龄决定,年龄越小肉质越嫩,级别越高,共分为 A、B、C、D、E 5 级(见表3-5)。

表 3-5　美国牛胴体大理石纹、生理成熟度与质量等级之间的关系（USDA.1997）

大理石纹	生理成熟度				
	A	B	C	D	E
很丰富					
丰富	特	等			
较丰富				商售	
多量					
中等	优	选			
少量					
微量	精选			可用	
稀量	标	准			切碎
几乎没有					

（2）产量等级指标及评定方法（见表 3-6）

产量级标准定义为修整后去骨零售肉量占胴体的比例，简称 CTERC（%），产量级的估测由胴体表面脂肪厚度、眼肌面积、肾、盆腔和心脏脂肪占胴体的重量 KPH（%）和热胴体重 4 个因素决定。

表 3-6　美国牛胴体出肉率与产量级之间的关系（USDA.1997）

产量级	出肉率（%）
1 级	> 52.3
2 级	50.0~52.3
3 级	47.7~50.0
4 级	45.4~47.7
5 级	< 45.4

2. 日本的牛胴体分级标准

日本牛肉交易品质等级评定办法。于 1963 年 10 月、1970 年 1 月、1975 年 8 月、1978 年 4 月曾先后修订过多次。目前所使用的是 1987 年重新修订的标准。日本牛胴体分级标准包括质量级和产量级两方面，最后将二者结合起来得出最终等级。

（1）质量级

质量级包括大理石纹、肉的色泽、肉的质地和脂肪色泽 4 个指标来进行评定。肉质等级评分取决于牛肉大理石纹、肉质光泽、明亮度、坚挺度和质地、脂肪颜色和光亮，最后得出质量的综合得分。

（2）产量级

产量级主要以眼肌面积、肋部肉厚、左半冷胴体重和皮下脂肪厚度为评价指标，由产量百分数进行等级划分，分为 A、B、C 3 级，即：产量百分数在 72% 以上的为 A 级，69%~72%

为 B 级,69% 以下为 C 级。

结合质量级和产量级,最终可将牛胴体分为:A5、A4、A3、A2、A1,B5、B4、B3、B2、B1、C5、C4、C3、C2、C1 共 15 个级别。

3. 澳大利亚的牛肉分级标准

澳大利亚根据国内市场主要是消费者的意见,也对牛肉进行了分级,包括质量级和产量级两方面。

(1)质量级

牛肉质量级分为 12 个(见表 3-7)。

(2)产量级

产量级以胴体瘦肉量进行划分,其中 A 级胴体瘦肉量的估值是由背最长肌的长度、宽度及脂肪深度来估测的,屠宰率在 59% 上的为 A1,级屠宰率在 54%~58% 之间的为 A2 级,屠宰率为 53% 以下的为 A3 级。它们的等级标准与其他任何一个国家的标准都有显著差别。

表 3-7　澳大利亚牛肉等级的划分

等级	嫩度	肌肉发育程度	背最长肌			脂肪			雄性的胴体缺陷
			硬度	颜色	大理石纹	总量	特征	颜色	
A	1	好至极好	结实	鲜红	很少量与少量之间	不少于 4mm	结实	白色或略带淡红色或淡黄色	无
AA	1	好至极好	结实	鲜红	少量或稍多些	不少于 4mm	结实	白色或略带淡红色或淡黄色	无
AAA	1	好至极好	结实	鲜红		不少于 4mm	结实	白色或略带淡红色或淡黄色	无
B1	1	好至极好	结实	鲜红			结实	白色或略带淡红色或淡黄色	无
B2	1			鲜红				黄色	无
B3	1			鲜红				白色或略带淡红色或淡黄色	无
B4	1			鲜红				从红色延伸至黄色	无
D1	2					不超过 15mm	肋肉腰肉分布较多,臀部、颈部中等	白色或略带淡红色或淡黄色	无
D2	2					不超过 15mm	肋肉腰肉分布中等,臀肉少量结实	由白色到黄色	无
D3	2					不超过 15mm			无
D4	2					15mm 以上			无
E									公牛或去势公牛胴体有明显的缺陷

4. 加拿大的牛肉分级标准

加拿大牛肉胴体等级评定标准于 1972 年 9 月 5 日正式颁布执行,1986 年和 1993 年分别进行了两次修订。

当不考虑性别时,加拿大牛胴体分等按成熟度主要分 5 等:A、B、C、D 和 E。大牛胴体的等级划分牛胴分等重要依据以牛成熟的年龄、牛胴体脂肪覆盖度、牛肉质地和肌肉度。质量按颜色、坚挺度及大理石纹状评定,具体评定方法为:脂肪水平分 1、2、3 和 4级;肌肉度按眼肌的品质来评定:大理石纹分为稍丰富、少量、轻度、无脂肪和暗色块5 级。

加拿大犊牛胴体分等标准将去皮后屠体体重不满 150 kg 牛胴体归为小牛胴体肉,根据肉色、肉质和脂肪厚度来对小牛肉进行分级。共分 3 等 10 级,即为 A1、A2、A3、A4、B1、B2、B3、B4、C1 和 C2。

产量等级根据胴体产量 A1 是大于 59%,A2 为 54%~58%,A3 为 53% 以下。

5. 韩国的牛肉分级标准

韩国牛肉消费量的剧增,为了满足市场对高质量的牛肉需求,于 1993 年 6 月韩国农林渔业部(Korea Animal Improving Association)制定牛胴体分级标准,韩国牛肉等级标准也是分为质量级和产量级两部分。制定出牛肉等级标准后,充分发挥韩牛的生长潜力和产肉性能。

质量级为 5 个等级和 3 个产量级,质量级指标主要有:大理石纹分为 5 级(其中 BMSl为 3 级,BMS2、3 为 2 级,BMS4、5 为 1 级,BMS6、7 为 1+,BMS8、9 为 1++)、肉色、脂肪色分别为 7 个级别,根据这些指标的等级最后综合评级。

产量级也是以公式来预测胴体产肉率,包括的指标有胴体重、眼肌面积和背膘厚,产量等级分为 A、B 和 C 3 个等级,即:A 为 ≥ 69%,B 为 66%~69%,C 为 <66%。分级评定表示方法为 14 个,即:1++A、1+A、1A、2A、3A、I++B、1+B、1B、2B、3B、1++C、1+C、1C、2C、3C、D(等外级)。

二、猪胴体分级标准

(一)加拿大猪胴体分级标准

加拿大是最早建立分级系统的国家,1922 年建立分级雏形,20 世纪 60 年代出台第一个胴体等级标准,1986 年采取政府强制手段对猪屠宰量大于 1 000 头的屠宰企业使用胴体分级系统。从 1968 年实行以背膘厚度和胴体重建立的指数系统,发展为以胴体瘦肉率和胴体重建立的分级系统。他们将肉猪屠宰后对照胴体分级指数表,根据胴体重和瘦肉率确定胴体指数值(胴体指数值根据加拿大农业食品部定期的胴体分割数据制定),以此确定"指数表"中的产出级别,根据指数值也可计算活猪实际价格。该分级标准实行以来效果很好,肉猪品质得到明显改善。

(二)美国猪胴体分级标准

美国猪肉分级标准是美国农业部于 1985 年正式颁布执行的,美国猪胴体先按照性别特征分为阉公猪、小母猪、母猪、小公猪、公猪共五类。其中进行分级的只有阉公猪、小母猪和母猪进行分级,对公猪胴体不进行分级。美国猪胴体等级分为质量级和产量级。

1. 质量等级评定

如果 4 块主要分割肉(后腿肉、通脊肉、肩部肉和肩胛肉)质量性状都合格,胴体可参与评级(U.S.1~4 级);若质量不合格、腹肉太薄或肉质柔软多油定为 U.S.utility。

2. 产量等级评定

根据最后一肋背膘厚(包括皮)和肌肉丰度 2 个指标计算产量等级。

公式如下:

胴体产量等级 =(4× 背膘厚,cm)-(1.0× 肌肉发育程度)

式中,肌肉发育程度值表示方法为:肌肉较薄 =1 分,肌肉发育中等 =2 分,肌肉丰满 =3 分,肌肉薄的胴体不能评为 U.S.1 级;背膘厚大于 4.45cm 不能评为 U.S.3 级。

(三)欧盟猪胴体分级标准

1989 年欧盟开始实行统一的猪胴体分级标准,其主要依据是胴体瘦肉率和胴体重。欧盟依照瘦肉率不同分 S、E、U、R、O、P 共 6 个等级(如表3-8 所示)。

表 3-8　欧盟猪胴体分级等级标准

产量级	出肉率(%)
S	> 60
E	54.9~60
U	50.0~54.9
R	45.0~49.9
O	40.0~44.9
P	< 40.0

欧盟组织各成员国根据各国情况使用不同分级仪器和不同估测瘦肉率方法,但不管用何种方式测量,必须满足估测胴体瘦肉率和实测瘦肉率之间的相关系数 R 不小于 0.8,残差 RSD 不大于 2.5%,样本使用量不少于 120 头,且样本需具代表性。

(四)捷克猪胴体分级标准

捷克自 2004 年加入欧盟后使用欧盟的猪胴体分级标准,不过该国引入了其他国较少用到的两个经济指标,即臀肌中间处的脂肪厚度和三角肌的肌肉厚度。

(五)日本猪胴体分级标准

日本根据半胴体重、外观(匀称性、背膘沉积和覆盖情况、有无损伤)和肉质(肉的质地、肉色、脂肪颜色)3 个指标将猪胴体分为 4 个等级。

(六)巴西猪胴体分级标准

巴西是在 1996 年以后将瘦肉率加到分级指标中,使用背膘厚、腰肉厚和胴体重 3 个指标回归得出预测模型,从而划分等级。

（七）我国猪胴体分级标准

参考世界各国的猪胴体分级标准,我国标准并不是严格意义的胴体分级标准,而更应该看作是一种产品的质量标准。无论在所引用经济指标的适用性还是分级标准的可操作性方面都存在很大不足。为完善猪肉分级标准,使其更适合各企业和市场的变化需求,2009年颁布农业行业标准 NY/T 1759—2009《猪肉等级规格》,根据背膘厚度和胴体质量或瘦肉率和胴体质量2套评定体系,将胴体规格等级从高到低分为 A、B、C 三个级别;根据胴体外观、肉色、肌肉质地、脂肪色将胴体质量等级从优到劣分为3级;根据胴体规格等级和胴体质量等级将胴体综合等级分为1级到4级不等;并根据皮下脂肪最大厚度和分割肉块质量将猪胴体前腿肉、后腿肉、大排和带骨方肉分为 A、B、C 三个等级。2012年 SB/T 10656—2012《猪肉分级》颁布,将感官指标、胴体质量、瘦肉率、背膘厚度作为评定指标,分别对胴体及分割肉进行评级。

三、羊胴体分级

（一）美国羊胴体分级标准

美国制定羊胴体分级标准比较早,1931年就发布了关于羔羊肉、1岁龄羊肉及成年羊肉的分级标准。此后经过十余次的修改和完善,到1992年形成了比较完备的国家标准并沿用至今(United States Department of Agriculture,1992)。该标准由产量等级和质量等级构成。

1. 产量等级

产量等级(YG)用于估计腿、腰部、肋部和肩部的去骨零售切块肉;质量等级表示羊肉的适口性或食用特性。产量等级由高到低分5个等级,计算公式为:$YG = 0.4 + (10 \times$ 脂肪厚度)。产量等级和胴体出肉率的关系如表3-9所示。

表 3-9　胴体出肉率与美国农业部羊胴体产量等级

产量等级	1.0	2.0	3.0	4.0	5.0
背膘厚度（英寸）	≤ 0.15	0.16~0.25	0.26~0.35	0.36~0.45	≥ 0.46
胴体出肉率 %	50.3	49.0	47.7	46.4	45.1

2. 质量等级

质量等级根据生理成熟度和肌间脂肪分为5个等级,见表3-10。生理成熟度分为4个级别,分别为小羔羊、大羔羊、青年羊和成年羊;肌间脂肪分为9个级别,分别是肌间脂肪很丰富、丰富、较丰富、多量、中等量、少量、微量、稀量、罕见。

表 3-10　生理成熟度、肌间脂肪与羊胴体质量等级的关系

肌间脂肪	生理成熟度				肌间脂肪
	小羔羊	大羔羊	青年羔	成年羔	
很丰富					很丰富
丰富					丰富
较丰富		特选级			较丰富
多量					多量
中等量					中等量
少量		优选级			少量
微量		普通级			微量
稀量		可用级			稀量
罕见				等外	罕见

（二）新西兰羊胴体分级标准

新西兰羊肉分级标准的主要指标是胴体重和脂肪含量，而脂肪含量是通过测量肋肉厚度（GR）来确定的，GR 测定是指胴体表面到肋骨间的脂肪厚度，测定部位是第 12 和第 13 肋之间距背脊中线 11 cm 处。其中，羔羊肉分为：A、Y（YL 和 YM）、P（PL、PM、PX、PH）、T（TL、TM、TH）、F（FL、FM、FH）、C（CL、CM、CH）、M 级；成年羊分为：MM、MX、ML、MH、MF、MP 级；后备羊肉分为 HX 和 HL 级，所有公羊肉均属于 R 级（Chandraratne M R 等，2006）。

（三）澳大利亚羊胴体分级标准

澳大利亚根据绵羊的生理成熟度、性别、体重和膘厚进行羊胴体分级。首先是按生理成熟度和性别划分为羔羊、幼年羊、成年羊和公羊，然后再根据胴体的重量和膘厚进行质量分级。澳大利亚根据胴体的重量把各类羊肉胴体分为轻（L）、中（M）、重（H）和特重（X）4 个等级，对其具体指标都有明确的规定（Cameron P N，1978；Cuthbertson A 等，1976）。

（四）我国羊胴体分级相关标准

为了规范羊肉市场及羊肉食用安全，我国制定了相关的国家标准和行业标准。1987 年 12 月 28 日中华人民共和国商业部批准颁布了我国第一个关于羊肉的标准《GB9961—88 鲜、冻胴体羊肉》，由于社会发展的要求，之后此标准被修订为《GB9961—2001 鲜、冻胴体羊肉》，该标准又于 2008 年被《GB9961—2008 鲜、冻胴体羊肉》所代替，该标准中关于羊肉分级的指标采用《NY/T 630—2002 羊肉质量分级》。《NY/T 630—2002 羊肉质量分级》标准根据生理成熟度将羊肉划分为三类：大羊肉、羔羊肉和肥羔羊；根据胴体重、肥度、肋肉厚度、肉质硬度、肌肉发育程度、生理成熟度和肉脂色泽共 7 个指标将每类羊肉分为 4 个级别，分别是特等级、优等级、良好级和可用级，见表 3-11（中华人民共和国农业部，2002）。

表 3-11　我国羊胴体分级标准

级别	大羊肉胴体分级标准	羔羊肉胴体分级标准	肥羔羊肉胴体分级标准
特等级	胴体重 25~30 kg，肉质好，脂肪含量适中，第 6 对肋骨上部棘突上缘的背部脂肪厚度 0.8~1.2 cm，大理石纹丰富，脂肪和肌肉硬实，肌肉颜色深红，脂肪乳白色	胴体重 ≥ 18 kg，背部脂肪厚度 0.5~0.8 cm 大理石纹明显，脂肪和肌肉硬实，肌肉颜色深红，脂肪乳白色	胴体重 ≥ 16 kg，眼肌大理石纹略显，脂肪和肌肉硬实，肌肉颜色深红，脂肪乳白色

级别	大羊肉胴体分级标准	羔羊肉胴体分级标准	肥羔羊肉胴体分级标准
优等级	胴体重 22~25 kg,背部脂肪厚度 0.5~0.8 cm,大理石纹明显,脂肪和肌肉较硬实,肌肉颜色深红,脂肪白色	胴体重 15~18 kg,背部脂肪厚度在 0.3~0.5 cm,大理石纹略现,脂肪和肌肉较硬实,肌肉颜色深红,脂肪白色	胴体重 15~18 kg,背部脂肪厚度在 0.3~0.5 cm,大理石纹略现,脂肪和肌肉较硬实,肌肉颜色深红,脂肪白
良好级	胴体重 19~22 kg,背部脂肪厚度 0.3~0.5 cm,大理石纹略现,脂肪和肌肉略软,肌肉颜色深红,脂肪浅黄色	胴体重 12~15 kg,背部脂肪厚度在 0.3 cm 以下,无大理石纹,脂肪和肌肉略软,肌肉颜色深红,脂肪浅黄色	胴体重 10~13 kg,无大理石纹,脂肪和肌肉略软,肌肉颜色深红,脂肪浅黄色
可用级	胴体重 16~19 kg,背部脂肪厚度在 0.3 cm 以下,无大理石纹,脂肪和肌肉软,肌肉颜色深红,脂肪黄色	胴体重 9~12 kg,背部脂肪厚度在 0.3 cm 以下,无大理石纹,脂肪和肌肉软,肌肉颜色深红,脂肪黄色	胴体重 7~10 kg,无大理石纹,脂肪和肌肉软,肌肉颜色深红,脂肪黄色

第四章　肉的贮藏与保鲜

肉类食品主要是由蛋白质、脂肪、碳水化合物、水分及其他一些微量成分，如维生素、色素及风味化合物等组成，因其营养丰富，在加工、运输、贮藏、销售过程中极易受到微生物污染而发生腐败变质，这不仅导致肉类生产的巨大经济损失，而且严重危及人们的健康和生命。为了保证肉品的质量和安全性，就需要采用适当的贮藏保鲜方法，避免肉类及其制品在贮运和销售过程中发生腐败。肉的贮藏保鲜就是通过抑制或杀灭微生物，钝化酶的活性，延缓肉内部物理、化学变化，达到较长时期的贮藏保鲜目的。肉及肉制品的贮藏方法很多，如冷却、冷冻、高温处理、辐射、盐腌、熏烟等，所有这些方法都是通过抑菌来达到目的的。

第一节　肉的低温保藏

食品低温贮藏是运用人工制冷技术降低温度以保藏食品的科学。其主要研究如何应用低温条件来保藏食品，以使各种食品达到最佳保鲜程度。目前在食品的生产、流通和消费环节之间逐步形成了连续低温处理的冷藏链。食品冷藏在人们生活中所占的地位显然是越来越重要。

低温保藏是现代肉类贮藏的最好方法之一，它不会引起肉的组织结构和性质发生根本变化，却能抑制微生物的生命活动，延缓由组织酶、氧以及热和光的作用而产生的化学和生物化学的过程，可以较长时间保持肉的品质。在众多贮藏方法中低温冷藏是应用最广泛、效果最好、最经济的方法。被认为是目前肉类贮藏的最佳方法之一。

低温保藏的原理：肉是易腐食品，容易引起微生物生长繁殖和自体酶解而使肉腐败变质。微生物的生长繁殖和肉中固有酶的活动常是导致肉类腐败的主要原因。低温可以抑制微生物的生命活动和酶的活性，从而达到贮藏保鲜的目的，由于其方法易行、冷藏量大、安全卫生，并能保持肉的颜色和状态，因而被广泛采用。

一、低温对微生物的作用

任何微生物都具有正常生长繁殖的温度范围，温度越低，它们的活动能力就越弱，故降低温度能减缓微生物生长和繁殖的速度。当温度降到微生物最低生长点时，其生长和繁殖被抑制或出现死亡。低温导致微生物活力减弱和致死的原因主要有两方面：一是由于微生物的新陈代谢受到破坏，二是细胞结构的破坏，两者是相互关联的。正常情况下，微生物细胞内各种生化反应总是相互协调一致的。温度越低，失调程度愈大，从而破坏了微生物细胞内的正常新陈代谢，以致它们的生活功能受到抑制甚至达到完全终止的程度。

温度下降全冻结点以下时，微生物及其周围介质中水分被冻结，使细胞质黏度增大，电解质浓度增高，细胞的 pH 值和胶体状态改变，使细胞变性，加之冻结的机械作用细胞膜受损伤,这些内外环境的改变是微生物代谢活动受阻或致死的直接原因。常见的腐败菌和病原菌,在 10 ℃以下时,其发育就被显著地抑制了;达到 0 ℃附近,发育就基本停止了;达到冻结状态时,这些细菌就会慢慢地死亡,微生物生长温度范围如表 4-1 所示。然而,对嗜冷菌来说,-5 ℃或 -10 ℃才能达到零度温度。真菌和酵母菌的零度温度也较低,真菌的孢子即使在 -8 ℃下也能出芽,酵母菌在 -2.3 ℃时,其孢子也能出芽,有的酵母菌在 -9 ℃也能缓慢地发育。所以为保证冷冻肉的安全,一般要将温度降至 -10 ℃以下。不过在低温下它们的死亡速度比在高温下缓慢得多。 另外,低温对细菌的致死作用是微小的,特别是一些耐低温的细菌,即使冷至 -25 ℃也不会死亡。例如,结核分枝杆菌在 -10 ℃的冻肉中可存活 2 年,沙门菌在 -163 ℃可存活 3 d。因此,决不能用冷冻作为带菌肉的无害化处理。冻肉解冻以后,存活的细菌又可很快繁殖起来,所以解冻的肉应该在较低的温度下尽快加工利用。

表 4-1　微生物生长温度范围表

类别	生长温度（℃）			举例
	最低	最适	最高	
低温菌	-10~5	10~20	25~30	冷藏环境及水中微生物
中温菌	10~20 10~20	25~30	40~45 40~45	腐生菌寄生于人和动物的微生物
高温菌	25~45	50~55	70~80	嗜热菌及产芽孢菌

二、低温对酶的作用

酶是有机体组织中的一种特殊蛋白质,负有生物催化剂的作用。酶的活性与温度有密切关系。肉类中大多数酶的适宜活动温度在 37~40 ℃之间。温度每下降 10 ℃,酶活性就会减少 1/3~1/2。酶对低温的感受性不像高温那样敏感,当温度达到 80~90 ℃时,几乎所有酶都失活。然而极低的温度条件对酶活性的作用也仅是部分抑制,而不是完全停止。例如,脂肪酶在 -35 ℃尚不失去活性,糖原酶在相同条件下也有活性作用,甚至达 -79 ℃也不能被破坏。由此可以理解在低温下贮藏的肉类,有一定的贮藏期限。

第二节　肉的冷却贮藏

一、肉的冷却

(一)冷却肉的概念

刚屠宰的畜禽,肌肉的温度通常在 38~41 ℃之间,这种尚未失去生前体温的肉叫热鲜肉。冷却肉是指对严格执行检疫制度屠宰后的胴体迅速进行冷却处理,使胴体温度(以后腿内部为测量点)在 24 小时内降为 0~4 ℃,并在后续的加工、流通和零售过程中始终保持在 0~4 ℃范围内的鲜肉。在此温度下,酶的分解作用,微生物的繁殖、脂肪的氧化作用等均未被充分抑制,因此冷却肉只能做短期贮藏。

冷却肉的特点:与热鲜肉相比,冷却肉始终处于冷却环境下,大多数微生物的生长繁殖被抑制,肉毒梭菌和金黄色葡萄球菌等致病菌已不分泌毒素,在低温条件下,酶的活性被抑制可以防止畜禽肉发生自溶,可以确保肉的安全卫生。而且冷却肉经历了较为充分的解僵成熟过程,质地柔软有弹性,滋味鲜美。冷却可以延缓脂肪和肌红蛋白的氧化。与冷冻肉相比,冷却肉具有汁液流失少、营养价值高的优点。

(二)冷却的目的

牲畜刚屠宰的胴体,由于自身热量没有散去,其温度约 37 ℃,同时由于动物宰后肌肉内部发生一系列复杂的生物化学变化,肉的这种"后熟"作用,在肝糖分解时还要产生一定的热量,使肉体温度处于上升的趋势,这种温度再结合其表面潮湿,最适宜于微生物的生长和繁殖,对于肉的保藏是极为不利的。

肉类冷却的直接目的在于,迅速排除肉体内部的含热量,降低肉体深层的温度,延缓微生物对肉的渗入和在其表面上的发展。同时肉冷却的过程中还能在其表面上形成一层干燥膜,可以阻止微生物的生长和繁殖,延长肉的保藏期,并且能够减缓肉体内部水分的蒸发。

此外,冷却也是冻结的准备过程,除小块肉及副产品之外,整胴体或半胴体的冻结,一般均先冷却,然后再行冻结。由于肉层厚度较厚,若用一次冻结(即不经过冷却,直接冻结),常是表面迅速冻结,而内层的热量不易散发,从而使肉的深层产生"变黑"等不良现象,影响成品质量。同时一次冻结,因温度差过大,肉体表面水分的蒸发压力相应增大,引起水分的大量蒸发,从而影响肉体的重量和质量变化。另外,在冷却阶段,肉也进行着成熟过程,使得肉质鲜嫩多汁,风味突出。

(三)冷却条件和冷却方法

冷却的条件:在肉类的冷却中所用的介质,可以是空气、盐水、水等,但目前一般采用空气作为冷却媒介,即在冷却室内装有各种类型的氨液蒸发管,通过将肉体的热量散发到空气中,再传至蒸发管。肉类冷却过程的速度取决于肉体的厚度和热传导性能,胴体厚的部位的冷却速度较薄的部位慢,因此,在冷却终点时,应以最厚的部位为准,即后腿最厚的部位。

1.冷却条件的选择

(1)空气温度的选择

牲畜在刚宰完毕时,肉体温度一般约为 37 ℃,且新陈代谢会使温度进一步增加,此时肉的表面潮湿,温度适宜,对于微生物的繁殖和肉体内酶类的活动都极为有利,因而应尽快降低其温度。肉体热量大量散发,是在冷却的开始阶段,从 40 ℃起,平均每降低 10 ℃,微生物和酶的活力即可减弱 1/3~1/2,因此降低肉体温度是提高保藏肉类质量和延长保藏期最为有效的方法。

肉类在冷却过程中,虽然其冰点为 -1 ℃左右,但它却能冷到 -10~-6 ℃,使肉体短时间内处于冰点及过冷温度之间的条件下,不致发生冻结。因此冷却间在未进料前,应先降至 -4 ℃左右,这样等进料结束后,可以使库温维持在 0 ℃左右,而不会过高,随后的整个冷却过程中,维持在 -1~0 ℃间。如温度过低有引起冻结的可能,温度高则会延缓冷却速度。

（2）空气相对湿度的选择

水分是助长微生物活动的因素之一,因此空气湿度越大,微生物活动能力越强,尤其是真菌。过高的湿度无法使肉体表面形成一层良好的干燥膜。湿度太低,重量损耗太多,所以选择空气相对湿度时应从多方面综合考虑。

冷却间的湿度对微生物的生长繁殖和肉的干耗起着十分重要的作用。在整个冷却过程中,水分不断蒸发,总水分蒸发量的 50% 以上是在冷却初期(最初 1/4 冷却时间内)完成的。因此在冷却初期,空气与胴体之间温差大,冷却速度快,湿度宜在 95% 以上;之后,宜维持在90%~95% 之间;冷却后期湿度以维持在 90% 左右为宜。这种阶段性地选择相对湿度,不仅可缩短冷却时间,减少水分蒸发,抑制微生物大量繁殖,而且可使肉表面形成良好的皮膜,不致产生严重干耗,达到冷却目的。

（3）空气流动速度的选择

由于空气的热容量很小,不及水的 1/4,因此对热量的接受能力很弱。同时因其导热系数小,故在空气中冷却速度缓慢。所以在其他参数不变的情况下,只有增加空气流速来达到冷却速度的目的。静止空气放热系数为 12.54~33.44 kJ/m² • h • ℃。空气流速为 2 m/s,则放热系数可增加到 52.25。但过强的空气流速,会大大增加肉表面干缩和耗电量,冷却速度却增加不大。因此在冷却过程中以不超过 2 m/s 为合适,一般采用 0.5 m/s 左右,或每小时10~15 个冷库容积。

2. 冷却方法

冷却方法有空气冷却、冷水冷却、碎冰冷却和真空冷却等。我国主要采用空气冷却法。

（1）空气冷却法

通过冷却室内装有的各种类型的氨液蒸发管,将肉体的热量散发到空气中,再传至蒸发管,使室内温度保持在 0~4 ℃的方法。冷却的速度取决于肉的厚度和热传导性能,胴体越厚的部位冷却越慢,一般以后腿最厚部位的中心温度为准。

（2）冷水冷却法

用冷水或冷盐水浸泡或喷洒肉类进行冷却。与空气冷却法相比,冷水冷却法冷却速度快,可大大缩短冷却时间,且不会产生干耗,但容易造成肉中的可溶性物质损失。用盐水作冷却介质时,盐水不宜和肉品直接接触,因为微量盐分渗入食品内就会带来咸味和苦味。冷水冷却法的冷却温度一般在 0~4 ℃,牛肉多冷却至 3~4 ℃,然后移到 0~1 ℃冷藏室内,使肉温逐渐下降;加工分割的胴体,先冷却到 12~15 ℃,再进行分割,然后冷却到 1~4 ℃。

（3）碎冰冷却法

这种方法对鱼类的冷却很有效。冰块融化时会吸收大量的热量,当冰块和鱼类接触时,冰融化可以直接从鱼体中吸取热量使其迅速冷却。用碎冰法冷却鱼类可使鱼冷却、湿润、有光泽。

（四）畜禽肉冷却工艺

1. 畜肉冷却

畜肉冷却主要采用一次冷却法、二次冷却法和超高速冷却法。

（1）一次冷却法

在冷却过程中空气温度只有一种，即 0 ℃，或略低。整个冷却过程一次完成。

国内的冷却方法：进肉前冷却库温度先降到 -3~-1 ℃，肉进库后开动冷风机，使库温保持在 0~3 ℃，10 h 后稳定在 0 ℃左右，开始时相对湿度为 95%~98%，随着肉温下降和肉中水分蒸发强度的减弱，相对湿度降至 90%~92%，空气流速为 0.5~1.5 m/s。

（2）二次冷却法

第一阶段，空气的温度相当低，冷却库温度多在 -15~-10 ℃，空气流速为 1.5~3 m/s，经 2~4 h 后，肉表面温度降至 0~-2 ℃，大腿深部温度在 16~20 ℃。第二阶段空气的温度升高，库温为 -2~0 ℃，空气流速为 0.5 m/s，10~16 h 后，胴体内外温度达到平衡，为 2~4 ℃。两段冷却法的优点是干耗小、周转快、质量好、切割时肉流汁少。缺点是易引起冷缩，影响肉的嫩度，但猪肉脂肪较多，冷缩现象不如牛羊肉严重。

（3）超高速冷却法

库温 -30 ℃，空气流速为 1 m/s，或库温 -25~-20 ℃，空气流速 5~8 m/s，大约 4 h 即可完成冷却。此法能缩短冷却时间，减少干耗，缩减吊轨的长度和冷却库的面积。

2. 禽肉的冷却

禽肉的冷却方法很多，如用冷水、冰水或空气冷却等。在国内，一般小型家禽屠宰加工厂常采用冷水池冷却。采用这种方法冷却时，应注意经常换水，保持冷水的清洁卫生，也可加入适量的漂白粉，以减少细菌污染。在中型和较大型的家禽屠宰加工厂，一般采用空气冷却法。进肉前库温降至 -3~-1 ℃，肉进库后开动冷风机，使库温保持在 0~3 ℃，相对湿度 85%~90%，空气流速 0.5~1.5 m/s，经 6~8 h 肉最厚部中心温度达 2~4 ℃时，冷却即告结束。在冷却过程中，因禽体吊挂在挂钩上而下垂，往往引起变形，冷却后需人工整形，以保持外形丰满美观。

3. 冷却操作时的注意事项

进肉之前，冷却间温度降至 -4 ℃左右。进行冷却时，把经过冷凉的胴体沿吊轨推入冷却间，胴体间距保持 3~5 cm，以利于空气循环和较快散热。

①胴体要经过修整，检验和分级；

②冷却间符合卫生要求；

③吊轨间的胴体按"品"字形排列；

④不同等级的肉，要根据其肥度和重量的不同，分别吊挂在不同位置，肥重的胴体应挂在靠近冷源和风口处，薄而轻的胴体挂在距排风口的远处；

⑤进肉速度快，并应一次完成进肉；

⑥冷却过程中尽量减少人员进出冷却间，保持冷却条件稳定，减少微生物污染；

⑦在冷却间按每立方米平均 1 W 的功率安装紫外线灯，每昼夜连续或间隔照射 5 h；

⑧冷却终温的检查，胴体最厚部位中心温度达到 0~4 ℃，即达到冷却终点。

一般冷却条件下，牛半片胴体的冷却时间为 18 h，猪半片胴体为 24 h 左右，羊胴体约为 18 h。

二、冷却肉的贮藏

(一)冷藏条件及时间

冷藏环境的温度和湿度对贮藏期的长短起决定性的作用,温度越低,贮藏时间越长,一般以 −1 ～ 1℃的温度为宜,温度波动不得超过 0.5℃,几种冷却肉的贮藏期见表 4-2。

表 4-2　冷却肉的贮藏条件和贮藏期

品名	温度(℃)	相对湿度(%)	贮藏期(d)
牛肉	−1.5~0	90	28~35
小牛肉	−1~0	90	7~21
羊肉	−1~0	85~90	7~14
猪肉	−1.5~0	85~90	7~14
全净膛鸡	0	85~90	7~11
腊肉	−3~0	85~90	30
腌猪肉	−1~0	85~90	120~180.

冷却肉在贮藏期间常见变化有干耗、表面发黏和长霉、变色、变软等。在良好卫生条件下,屠宰的畜肉初始微生物总数为 10^2~10^4 cfu/cm^2,其中 1%~10% 的微生物能在 0~4 ℃下生长。

肉在贮藏期间发黏和长霉是常见的现象,先在表面形成块状灰色菌落,呈半透明,然后逐渐扩大成片状,表面发黏,有异味。防止或延缓肉表面长霉发黏的主要措施是尽量减少胴体最初污染程度和防止冷藏间温度升高。

(二)冷藏方法

1. 空气冷藏

以空气作为冷却介质,由于费用低廉,操作方便,是目前冷却冷藏的主要方法。冷却肉一般存放在 −1~1 ℃的冷藏间(或排酸库),一方面可以完成肉的成熟(或排酸),另一方面达到短期贮藏的目的。冷藏期间温度要保持相对稳定,以不超出上述冷却温度范围为宜。进肉或出肉时温度不得超过 3 ℃,相对湿度保持在 90% 左右,空气流速保持自然循环。

2. 冰冷藏法

常用于冷藏运输中的冷却肉冷藏。用冰量一般难以准确计算,主要凭经验估计。

(三)冷却肉冷藏期间的变化

冷藏条件下的肉,由于水分没有结冰,微生物和酶的活动还在进行,所以易发生干耗,表面发黏、发霉、变色等,甚至产生不愉快的气味。

1. 干耗

干耗处于冷却终点温度的肉(0~4 ℃),其物理、化学变化并没有终止,其中以水分蒸发而导致干耗最为突出。肉类在低温贮藏过程中,其内部水分不断从表面蒸发,使肉不断减重俗称"干耗"。干耗的程度受冷藏室温度、相对湿度、空气流速的影响。高温、低湿、高空气流速会增加肉的干耗。肉在冷藏中,初期干耗量较大。时间延长,单位时间内的干耗量减少。

2. 发黏、发霉

这是肉在冷藏过程中，微生物在肉表面生长繁殖的结果，这与肉表面的污染程度和相对湿度有关。微生物污染越严重，温度越高，肉表面越易发黏、发霉。

3. 颜色变化

肉在冷藏中色泽会不断变化，若贮藏不当，牛、羊、猪肉会出现变褐、变绿、变黄、发荧光等。鱼肉产生绿变，脂肪会黄变。这些变化有的是在微生物和酶的作用下引起的，有的是本身氧化的结果。色泽的变化是品质下降的表现。

4. 串味

肉与有强烈气味的食品存放在一起，会使肉串味。

5. 成熟

冷藏过程中可使肌肉中的化学变化缓慢进行，而达到成熟，目前肉的成熟一般采用低温成熟法即冷藏与成熟同时进行，在 0~2 ℃，相对湿度 86%~92%，空气流速为 0.15~0.5 m/s，成熟时间视肉的品种而异，牛肉大约需 3 周。

6. 冷收缩

冷收缩主要是在牛、羊肉上发生，它是屠杀后在短时间进行快速冷却时肌肉产生强烈收缩。这种肉在成熟时不能充分软化。研究表明，冷收缩多发生在宰杀后 10 h，肉温降到 8℃以下时出现。

第三节 肉的冷冻贮藏

一、肉的冷冻

冷却肉由于其贮藏温度在肉的冰点以上，对微生物和酶的活动及肉类的各种变化只能在一定程度上有抑制作用，但不能终止其活动，所以肉经冷却后只能作短期贮藏。如果要长期贮藏，则需要进行冷冻，即将肉的温度降低到 -18 ℃以下，从温度下肉中绝大部分水分形成冰晶，该过程称为肉的冻结。冻藏能有效地延长肉的保质期，防止肉品质量下降，在肉类工业中得到广泛应用。

（一）冻结的目的

肉的冻结温度通常为 -20~-18 ℃，在这样的低温下水分结冰，有效地抑制了微生物的生长发育和肉中各种化学反应，使肉更耐贮藏，其贮藏期为冷却肉的 5~50 倍。

肉中的水分部分或全部变冰的过程叫作肉的冻结。冷却肉由于贮藏温度在肉的冰点以上，微生物和酶的活动只受到部分抑制，冷藏期短。当肉在 0℃以下冷藏时，随着冻藏温度的降低，温度降到 -10 ℃以下时，冻肉则相当于中等水分食品。大多数细菌在此 Aw 下不能生长繁殖。当温度下降到 -30 ℃时，肉的 Aw 在 0.75 以下，真菌和酵母的活动会受到抑制。低温与肉 Aw 之间的关系如表 4-3 所示。

表 4-3　低温与肉 Aw 之间的关系

温度（℃）	肌肉（含水 75%）中冻结水百分比（%）	Aw
0	0	0.993
-1	2	0.990
-2	50	0.981
-3	64	0.971
-4	71	0.962
-5	80	0.953
-10	83	0.907
-20	88	0.823
-30	89	0.746

（二）冻结原理

根据乌拉尔第二定律,冰点降低与质量摩尔浓度成正比,肉中的水分不是纯水而是含有有机物及无机物的溶液。从物理化学的角度看,肉内的液体(包括组织液和肌细胞内液),都呈胶体状态,其初始冰点比纯水的冰点低(表4-4),因此食品要降到0℃以下才产生冰晶,此冰晶出现的温度即冰结点。随着温度继续降低,水分的冻结量逐渐增多,要使食品内水分全部冻结,温度要降到-60℃。这样低的温度工艺上一般不使用,只要绝大部分水冻结,就能达到贮藏的要求。一般是 -30~-18℃之间。一般冷库的贮藏温度为 -25~-18℃,食品的冻结温度也大体降到此温度。

表 4-4　几种肉类食品的含水量和初始冰点

品　种	含水量（%）	初始冰点（℃）
瘦　肉	74	-1.5
腌　肉（含 3% 食盐）	73	-4
瘦鱼肉	80	-1.1
肥鱼肉	65	-0.8
牛　肉	71.6	-1.7~-0.6
猪　肉	60	-2.8
鸡　肉	74	-1.5
鱼　肉	70~85	-1.1

食品内水分的冻结率即冻结率的近似值为:

冻结率(%)=1-(食品的冻结点 / 食品的冻结终温)

如食品冻结点是 -1℃,降到 -5℃时冻结率是 80%。降到 -18℃时冻结率为 94.5%。即全部水分的 94.5% 已冻结。

大部分食品,在 -10~-5℃温度范围内几乎 80% 水分结成冰,此温度范围称为最大冰晶形成区。对保证冻肉的品质来说这是最重要的温度区间。

（三）冻结速度

冻结速度对冻肉的质量影响很大。常用冻结时间和单位时间内形成冰层的厚度表示冻结速度。

1. 用冻结时间表示

食品中心温度通过最大冰结晶生成带所需时间在 30 min 之内者，称快速冻结，在 30 min 之外者为缓慢冻结。之所以定为 30 min，因在这样的冻结速度下冰晶对肉质的影响最小。

2. 用单位时间内形成冰层的厚度表示

因为产品的形状和大小差异很大，如牛胴体和鹌鹑胴体，比较其冻结时间没有实际意义。通常，把冻结速度表示为由肉品表面向热中心形成冰的平均速度。实践上，平均冻结速度可表示为肉块表面各热中心形成的冰层厚度与冻结时间之比。国际制冷协会规定，冻结时间是肉品温度从表面达到 0 ℃开始，到中心温度达到 -10 ℃所需的时间。冻层厚度和冻结时间单位分别用"cm"和"h"表示，则冻结速度（v）为：

　　　　V=cm/h= 冰层厚度 / 冻结时间

冻结速度为 5~10 cm/h 以上者，称为超快速冻结，用液氮或液态 CO_2 冻结小块物品属于超快速冻结；5~10 cm/h 为快速冻结，用平板式冻结机或流化床冻结机可实现快速冻结；1~5 cm/h 为中速冻结，常见于大部分鼓风冻结装置；1 cm/h 以下为慢速冻结，纸箱装肉品在鼓风冻结期间多处在缓慢冻结状态。

（四）冻结速度对肉品质的影响

1. 缓慢冻结

瘦肉中冰形成过程研究表明，冻结过程越快，所形成的冰晶越小。在肉冻结期间，冰晶首先沿肌纤维之间形成和生长，这是因为肌细胞外液的冰点比肌细胞内液的冰点较高。缓慢冻结时，冰晶在肌细胞之间形成和生长，从而使肌细胞外液浓度增加。由于渗透压的作用，肌细胞会失去水分进而发生脱水收缩，结果在收缩细胞之间形成相对少而大的冰晶。

2. 快速冻结

快速冻结时，肉的热量散失很快，使得肌细胞来不及脱水便在细胞内形成了冰晶。换句话说，肉内冰层推进速度大于水蒸气速度。结果在肌细胞内外形成了大量的小冰晶。

冰晶在肉中的分布和大小是很重要的。缓慢冻结的肉类因为水分不能返回到其原来的位置，在解冻时会失去较多的肉汁，而快速冻结的肉类不会产生这样的问题，所以冻肉的质量高。此外，冰晶的形状有针状、棒状等不规则形状，冰晶大小从 100~800 μm 不等。如果肉块较厚，冻肉的表层和深层所形成的冰晶不同，表层形成的冰晶体积小、数量多，深层形成的冰晶少而大。

（五）冷冻方法

1. 静止空气冷冻法

空气是传导的媒介，家庭冰箱的冷冻室均以静止空气冻结的方法进行冷冻，肉冻结很慢。静止空气冻结的温度范围为 -30~-10 ℃。

2. 板式冷冻

该冷冻方法热传导的媒介是空气和金属板。肉品装盘或直接与冷冻室中的金属板架接触。板式冷冻室温度通常为 -30~-10 ℃，一般适用于薄片的肉品，如肉排、肉片，以及肉饼等的冷冻。冻结速率比静止空气法稍快。

3. 冷风式速冻法

工业生产中最普遍使用的,将冷冻后的肉贮藏于一定的温度、湿度的低温库中,在尽量保持肉品质量的前提下贮藏一定的时间,就是冻藏。冻藏条件的好坏直接关系到冷藏肉的质量和贮藏期长短。方法是在冷冻室或隧道装有风扇以供应快速流动的冷空气急速冷冻,热转移的媒介是空气。此法热的转移速率比静止空气要增加很多,且冻结速率也显著。但空气流速增加了冷冻成本以及未包装肉品的冻伤。冷风式速冻条件一般为空气流速在 760 m/min,温度 -30 ℃。

4. **流体浸渍和喷雾**

流体浸渍和喷雾是商业上用来冷冻禽肉最普遍的方法,一些其他肉类和鱼类也利用此法冷冻。此法热量转移迅速,稍慢于风冷或速冻,供冷冻用的流体必须无毒性、成本低且具有低黏性、低冻结点以及高热传导性特点。一般常用液态氮、食盐溶液、甘油、甘油醇和丙烯醇等。

(六)冷冻的工艺

肉品的冻结工艺通常分为一次冻结工艺和二次冻结工艺两种。一次冻结法缩短了加工时间,减少水分的蒸发、降低了干耗,缺点是会使肉体出现低温收缩现象,尤其是对羊、牛肉的影响较大;二次冻结法的保水性好,肉质鲜嫩,但所需时间较长,工艺较复杂。

1. 一次冻结

一次冻结即将屠宰加工后的肉体,经晾肉间滴干体表水后,不经过冷却过程直接送入冻结间,进行冻结的工艺。白条肉在直接冻结时,在低温和较大空气流速作用下,促使肉体深处的热量迅速向表层散热。同时,由于肉体表面迅速冻结,导热系数随着冰层的形成得以增大 2~3 倍,更加快了肉体深处的散热速度,使肉体温度能在 16~20 h 内达到 -15 ℃而完成冷冻过程。

2. 二次冻结

鲜肉先行冷却,而后冻结。冻结时,肉应吊挂,库温保持 -23 ℃,如果按照规定容量装肉,24 h 内便可能使肉深部的温度降到 -15 ℃。这种方法能保证肉的冷冻质量,但所需冷库空间较大,结冻时间较长。

二、冷冻肉的冻藏

(一)冻藏条件与冻藏期限

1. 温度

从理论上讲,冻藏温度越低,肉品质量保持得就越好,保存期限也就越长,但成本也随之增大。对肉而言,-18 ℃是比较经济合理的冻藏温度。近年来,水产品的冻藏温度有下降的趋势,原因是,水产品的组织纤维细嫩,蛋白质易变性,脂肪中不饱和脂肪酸含量高,易发生氧化。冷库中温度的稳定也很重要,温度的波动应控制在 ±2 ℃范围内,否则会促进小冰晶消失和大冰晶长大,加剧冰晶对肉的机械损伤作用。

2. 湿度

在 -18 ℃ 的低温下,温度对微生物的生长繁殖影响很微小,从减少肉品干耗考虑,空气湿度越大越好,一般控制在 95%~98% 之间。

3. 空气流动速度

在空气自然对流情况下,流速为 0.05~0.15 m/s,空气流动性差,温、湿度分布不均匀,但肉的干耗少。多用于无包装的肉食品。在强制对流的冷藏库中,空气流速一般控制在 0.2~0.3 m/s,最大不能超过 0.5 m/s,其特点是温、湿度分布均匀,肉品干耗大。对于冷藏酮体而言,一般没有包装,冷藏库多用空气自然对流方法,如要用冷风机强制对流,要避免冷风机吹出的空气正对胴体。

4. 冻藏期限

冷冻肉的贮藏温度与贮藏期关系见表 4-5。在相同贮藏温度下,不同肉品的贮藏期大体上有如下规律:畜肉的冷冻贮藏期大于水产品;畜肉中牛肉贮藏期最长,羊肉次之,猪肉最短;水产品中,脂肪少的鱼贮藏期大于脂肪多的鱼。虾、蟹则介于二者之间。

表 4-5　冻结肉类的贮藏条件和时间

类　别	冰冻点	温度(℃)	相对湿度(%)	期限(月)
牛　肉	-1.7	-23~-18	90~95	9~12
猪　肉	-1.7	-23~-18	90~95	4~6
羊　肉	-1.7	-23~-18	90~95	8~10
子牛肉	-1.7	-23~-18	90~95	8~10
兔	/	-23~-18	90~95	6~8
禽类	/	-23~-18	90~95	3~8

(二)肉在冻结和冻藏期间的变化

1. 物理变化

(1)容积变化

水变成冰所引起的容积增加是 9%,而冻肉由于冰的形成所造成的体积增加约 6%。肉的含水量越高,冻结率越大,则体积增加越多。

(2)干耗

肉在冻结、冻藏和解冻期间都会发生脱水现象。对于未包装的肉类,在冻结过程中,肉中水分减少 0.5%~2%,快速冻结可减少水分蒸发。在冻藏期间质量也会减少,冻藏期间空气流速小,温度尽量保持不变,有利于减少水分蒸发。

(3)冻结烧

在冻藏期间由于肉表层冰晶升华,形成了较多的微细孔洞,增加了脂肪与空气中氧的接触机会,最终导致冻肉产生酸败味,肉表面发生褐色变化,表层组织结构粗糙,这就是所谓的冻结烧。冻结烧与肉的种类和冻藏温度的高低有密切关系。禽肉和鱼肉脂肪稳定性差,易发生冻结烧。猪肉脂肪在 -8 ℃ 下储藏 6 个月,表面有明显的酸败味,且呈黄色。而在 -18 ℃ 下储藏 12 个月也无冻结烧发生。

（4）重结晶

冻藏期间冻肉中冰晶的大小和形状会发生变化,特别是冻藏室内温度高于 -18 ℃,且温度波动的情况下,微细的冰晶不断减少或消失,形成大冰晶。实际上,冰晶的生长是不可避免的。经过几个月的冻藏,由于冰晶生长的原因,肌纤维受到机械损伤,组织结构受到破坏,解冻时引起大量肉汁损失,肉的质量下降。采用快速冻结,并在 -18 ℃下储藏,尽量减少波动次数和减少波动幅度,可使冰晶生长减慢。

2. 化学变化

速冻所引起的化学变化不大。而肉在冻藏期间会发生一些化学变化,从而引起肉的组织结构、外观、气味和营养价值的变化。

（1）蛋白质变性

蛋白质变性与盐类电解质浓度的提高有关,冻结往往使鱼肉蛋白质尤其是肌球蛋白,发生一定程度的变性,从而导致韧化和脱水。牛肉和禽肉的肌球蛋白比鱼肉肌球蛋白稳定得多。

（2）肌肉颜色

肌肉颜色是指在冻藏期间冻肉表面颜色逐渐变暗。颜色变化也与包装材料的透氧性有关。

（3）风味和营养成分变化

风味和营养成分变化是指大多数食品在冻藏期间会发生风味的变化,尤其是脂肪含量高的食品。多不饱和脂肪酸经过一系列化学反应发生氧化而酸败,产生许多有机化合物,如醛类、酮类和醇类。醛类是使风味异常的主要原因。冻结烧、铁分子、铜分子、血红蛋白也会使酸败加快。添加抗氧化剂或采用真空包装可防止酸败。对于未包装的腌肉来说,由于低温浓缩效应,即使低温腌制,也会发生酸败。

三、冷冻肉的解冻

1. 肉的解冻

冷冻肉的解冻是将冻结肉类恢复到冻前的新鲜状态。解冻过程实质上是冻结肉中形成的冰结晶还原融解成水的过程,所以可视为冻结的逆过程。在实际工作中,解冻的方法应根据具体条件选择,原则是既要缩短时间又要保证质量。肉在解冻时,冻肉处在温度比它高的介质中,冻结表层的冰先解冻成水,随着解冻的进行融解部分逐渐向内延伸。由于水的导热系数为 0.5,冰的导热系数为 2,解冻部分的异热系数比冻的部分小 4 倍,因此解冻速度随着解冻的进行而逐渐下降,即一般解冻所需时间比冻结长。例如厚 10 cm 的牛肉块,在 15.6℃的流水中解冻与在 -35 ℃的平板冻结过程中,冻结只需 3 h,而解冻需 5.5 h。

在解冻过程中,微生物繁殖的程度和肉本身发生生化反应程度随着解冻升温的增加而加剧,而汁液流失的原因则与肉的新鲜度、切分状况、冻结和解冻方式等有关。如果在冻结与冷藏中对细胞组织和蛋白质的破坏很小,那么在合理的解冻方式下,融化的水会缓慢地重新渗入到细胞内,在蛋白质颗粒周围重新形成水化层,使汁液流失减少,因此,为使解冻过程中的质量变化与损失减少到最低程度,应当选择恰当的解冻方法。在各种解冻方法中解冻速度是影响产品质量的重要参数之一,关于解冻速度对肉质的影响存在着两种观点:一种认为快速解冻使汁液没有充足的时间重新进入细胞内影响肉品的鲜嫩度;另一种观点认为快速解冻可以缩短微生繁殖与生化反应的时间,有利于提高产品质量。目前,就冻结肉类而言,已包装的肉品(冻结前经过热处理,厚度较小,如虾仁、蛤蜊肉、鲍鱼等)多采用高温快速解冻法,而对于较厚的畜胴体多采用低温慢速解冻。在实际工作中,解冻的方法应根据具体条件选择,原则是既要缩短时间又要保证质量。

2. 解冻的方法

(1)空气解冻法

将冻肉移放在解冻间,靠空气介质与冻肉进行热交换来实现解冻的方法。一般在 0~5 ℃空气中解冻称缓慢解冻,在 15~20 ℃空气中解冻叫快速解冻。肉装入解冻间后温度先控制在 0 ℃,以保持肉解冻的一致性,装满后再升温到 15~20 ℃,相对湿度为 70%~80%,经20~30 h 即解冻。

(2)水解冻

把冻肉浸在水中解冻,由于水比空气传热性能好,解冻时间可缩短,并且由于肉类表面有水分浸润,可使重量增加。但肉中的某些可溶性物质在解冻过程中将部分失去,同时容易受到微生物的污染,故对半胴体的肉类不太适用,主要用于带包装冻结肉类的解冻。

水解冻的方式可分静水解冻和流水解冻或喷淋解冻。对肉类来说,一般采用较低温度的流水缓慢解冻为宜,在水温高的情况下,可采用加碎冰的方法进行低温缓慢解冻。

(3)蒸汽解冻法

将冻肉悬挂在解冻间,向室内通入水蒸气,当蒸汽凝结于肉表面时,则将解冻室的温度由 4.5 ℃降低至 1 ℃,并停止通入水蒸气。此方法,肉表面干燥,能控制肉汁流失使其较好地渗入组织中,一般约经 16 h,即可使半胴体的冻肉完全解冻。

第四节　　肉的其他贮藏方法

一、肉的辐照贮藏技术

食品的辐射是利用原子能射线的辐射能量来进行杀菌,也是一种冷加工处理方法。食品内部不会升温,不会引起食品的色、香、味方面的变化,所以能最大限度地减少食品的品质和风味的损失,防止食品的腐败变质,而达到延长保存期的目的。由于是物理方法,没有化学药物的残留污染问题,而且比较节省能源,因此利用这种方法,无论于消费者还是肉类加工业来说,都是一种具有优越性的杀菌方法。辐射保鲜是利用放射物发出的电磁波辐照物体,损伤冷鲜肉中微生物细胞中的遗传物质,影响微生物的正常生长和代谢,从而杀死或抑制肉品表面和内部的微生物。辐射后的食品中不会留下任何残留物,但辐照处理会加速冷鲜肉的脂肪氧化,辐照剂量越高,脂肪氧化越严重,在辐照前添加抗氧化剂可显著减缓冷鲜肉的脂肪氧化。

肉制品辐射保鲜技术又称辐照杀菌保鲜,是利用 γ 射线的辐射能来进行杀菌的,能有效杀灭其中的病原微生物及其他腐败细菌,抑制肉品中某些生物活性物质和生理过程,从而达到延长肉制品的货架期,达到防腐的目的。

另外,低温肉制品所含有杂菌一般对辐照较敏感,易于被杀灭。肉类辐射保鲜技术的研究已有多年的历史,由于辐射保藏是在温度不升高的情况下进行杀菌,所以有利于保持肉制品的新鲜程度,而且免除冻结和解冻过程,是最先进的食品保藏方法。我国目前研究应用的辐射源,主要是同位素 60 钴和 137 铯放射出来的 γ 射线。照射法保藏,需在专门设备和条件下进行。

(一)辐射保藏食品的优点

原子能辐射应用技术在世界上是近三四十年发展起来的一项新技术,食品辐射保藏就是利用原子能射线的辐射能量对新鲜肉类及其制品、水产品及其制品、蛋及蛋制品、粮食、水果、蔬菜以及其他加工产品进行杀虫、抑制发芽、延迟后熟等处理,从而可以最大限度地减少食品的损失,使它在一定期限内不腐败变质,不发生食品的品质和风味的变化,以增加食品的供应量,延长食品的保藏期。与传统方法比较,辐射保藏食品具有许多优点。

1. 食品温度变化不大

射线处理无须提高食品温度,照射过程中食品温度的升高微乎其微。因此,处理适当的食品在感官性状、质地和色香味方面的变化甚微。

2. 射线的穿透力强

射线的穿透力强,可杀灭深藏于谷物、果肉或冻肉中的害虫、寄生虫和微生物,起到化学药品和其他处理方法所不能的作用。

3. 应用范围广

应用范围广,能处理各种不同类型的食物品种,从大块的肉类(牛肉、羊肉、猪肉)、火腿和火鸡到用肉、鱼和鸡肉做成的三明治都适用。食品可在照射前进行包装和烹调,照射后的制作更加简化和方便,为消费者降低成本,节省了时间。

4. 无残留

照射处理食品不会留下任何残留物,这同农药熏蒸(如谷物杀虫)和化学处理相比是一突出的优点,可减少环境中化学药剂残留浓度日益增长而造成的严重公害。

5. 能节约能源

据报道,食品采用冷藏需要消耗能量为 324.4 kJ/kg,巴氏消毒为 829.1 kJ/kg,热消毒为 1 081.5 kJ/kg,脱水处理为 2 533.5 kJ/kg,而辐射消毒只需 22.7 kJ/kg,辐射巴氏消毒仅需 2.74 kJ/kg。因此,辐射处理可节约 70%~97% 的能量消耗。

6. 加工效率高

辐射装置加工效率高,整个工序可连续作用,易于自动化。

(二)辐射杀菌机制

辐射能使微生物等生物体的分子发生一系列的变化,导致一些主要的生物学效应。其杀菌的基本原理有以下几点。

1. 使细胞分子产生诱发辐射,干扰微生物代谢,特别是脱氧核糖核酸(DNA)

生长正常状态上的微生物、昆虫等,其组织中水、蛋白质、核酸、脂肪、碳水化合物等分子,只要受到辐射,就可能导致生物酶的失活,生理生化反应延缓或停止、新陈代谢中断、生长发育停顿甚至死亡,其中DNA的损伤可能是造成细胞死亡的重要原因。

2. 破坏细胞内膜,引起酶系统紊乱致死

经辐射后,原生蛋白质变性,酶功能紊乱和破坏,使生物活修复机构受损。

3. 水分经辐射后离子化,即产生辐射的间接效应,再作用于微生物,也将促进微生物的死亡

水分子是细胞中各种生物化学活性物质的溶剂,在放射线的作用下,水分子经辐射作用产生水合电子,经过电子俘获,水合分解形成 H- 和 OH+ 自由基。在水的间接作用下,生物活性物质钝化,细胞随之受损,当损伤扩大至一定程度时,就使细胞生活机能完全丧失。

(三)辐射杀菌的类型

辐射杀菌根据其目的及剂量,可分为辐射消毒杀菌及辐射完全杀菌两种。

1. 辐射消毒杀菌

辐射消毒杀菌的作用是抑制或部分杀灭腐败性微生物及致病性微生物。辐射消毒杀菌又分为选择性辐射杀菌及针对性辐射杀菌,前者又称辐射耐贮杀菌,后者称为辐射巴氏杀菌。

2. 辐射完全杀菌

辐射完全杀菌是一种高剂量辐射杀菌法,剂量范围为 1 万 ~6 万 Gy。它可杀灭肉类其制品上的所有微生物,以达到"商业灭菌"的目的。

(四)辐射对肉品质量的影响

1. 颜色

肉类制品在真空条件下经辐射后,瘦肉的红色更艳,脂肪也会出现淡红色,这种增色在室温贮藏时,由于光和空气中氧的作用而慢慢褪去。

2. 嫩化作用

粗牛肉经过辐射后变得细嫩,可能是射线打断了肉的肌纤维所致。

3. 辐射味

肉类经过辐射会产生异味,称作辐射味。这与动物品种、肉品温度和辐射剂量有关。经综合平衡,最初辐射的肉品最佳温度为 -40 ℃,辐射结束时,肉品的温度应低于 -8 ℃,同时加入柠檬酸、香料、碳酸氢钠、维生素 C 等也能抑制辐射味。

(五)辐射在肉及肉制品中的应用

1. 控制旋毛虫

旋毛虫在猪肉的肌肉中,防治比较困难。其幼虫对射线比较敏感,用 0.1 kGy(千戈瑞)的 γ 射线辐射,就能使其丧失生殖能力。因而将猪肉在加工过程中通过射线源的辐照场,使其接受 0.1 kGy 的 γ 射线的辐照,就能达到消灭旋毛虫的目的。在肉制品加工过程中,也可以用辐照方法来杀灭调味品和香料中的害虫,以保证产品免受其害。

2. 延长货架期

猪肉经 ^{60}Co 的 γ 射线 8 kGy 照射,细菌总数从 2 万个 /g 下降到 100 个 /g,在 20 ℃恒温下可保存 20 d,夏季 30 ℃高温下,在室内也能保存 7 d,对其色、香、味和组织状态均无影响。新鲜猪肉去骨分割,用隔水、隔氧性好的食品包装材料真空封装,用 ^{60}Co 的 γ 射线 5 kGy 辐照,细菌总数由 54 200 个 /g 下降至 53 个 /g,可在室温下存放 5~10 d 不腐败变质。

3. 灭菌保藏

新鲜猪肉经真空封装,用 ^{60}Co 的 γ 射线 15 kGy 进行灭菌处理,可以全部杀死大肠菌、沙门菌和志贺菌,仅个别芽孢杆菌残存下来,这样的猪肉在常温下可保存两个月。用 26 kGy 的剂量辐照,则灭菌较彻底,能够使鲜猪肉保存一年以上。香肠经 ^{60}Co 的 γ 射线 8 kGy 辐照,杀灭其中大量细菌,能够在室温下保存贮藏一年。由于辐照香肠采用了真空封装,在贮藏过程中也就防止了香肠的氧化褪色和脂肪的氧化腐败。

（六）辐照工艺

工艺流程:前处理→包装→辐照及质量控制→检验→运输→保存。

1. 前处理

辐照前对肉制品进行挑选和品质检查。要求:质量合格,原始含菌量、含虫量低。为了减少辐照过程中某些养分的微量损失,有的需要增加微量添加剂,如添加抗氧化剂,可减少维生素 C 的损失。

2. 包装

包装是肉制品辐射保鲜是否成功的一个重要环节。由于辐照灭菌是一次性的,因而要求包装能够防止辐照食品的二次污染。同时还要求隔绝外界空气与肉制品接触,以防止贮运、销售过程中脂肪氧化酸败,肌红蛋白氧化变暗灰色等缺点。包装材料一般选用高分子塑料,如聚乙烯、尼龙复合薄膜。包装常用真空包装、真空充气包装、真空去氧包装等。

3. 常用辐射源

常用辐射源有 60 钴、137 铯和电子加速器 3 种,但 60 钴辐照源释放的 γ 射线穿透力强,设备也较简单,因而多用于肉食品辐照。辐照箱的设计,根据肉食品的种类、密度、包装大小、辐照剂量均匀度以及贮运销售条件来决定。一般采用铝质材料,长方体结构,长、宽、高的比例可为 2：15：5。辐照条件是根据辐照肉食品的要求而决定的,例如为了进一步减少辐照过程中某些营养成分的微量损失,可采用高温辐照,为了提高辐照效果,经常使用复合处理的方法,如与红外线、微波等物理方法相结合。

4. 辐照质量控制

这是确保辐照加工工艺完成的不可缺少的措施。

①根据肉食品保鲜目的、D10 计量、原始含菌量等确定最佳灭菌保鲜的剂量。

②选用准确性高的剂量仪,测定辐照箱各点的剂量,从而计算其辐照均匀度（U=D_{max}/D_{min}）,要求均匀度 U 愈小愈好,但也要保证有一定的辐照产品数量。

③为了提高辐照效率,而又不增大 U,在设计辐照箱传动装置时要考虑 180°转向、上下换位以及辐照在辐照场传动过程中尽可能地靠近辐照源;制订严格的辐射操作程序,以保

证每一个肉食品包装都能受到一定的辐照剂量。

二、化学保鲜剂贮藏技术

添加防腐抑菌剂是一种简单、经济的保鲜方法,在已经实现工业化生产的肉制品中应用广泛。近年来,随着消费者对食品品质和安全的重视,天然抑菌剂的研究和应用成为热点。保鲜剂保鲜技术就是利用保鲜剂杀死或抑制冷鲜肉中微生物、减缓肉中脂质氧化,从而延长肉的货架期。肉制品中与保鲜有关的食品添加剂分为防腐剂、抗氧化剂、发色剂和品质改良剂。

防腐保鲜剂经常与其他保鲜技术结合使用。许多安全高效的保鲜剂已在冷鲜肉中得到广泛的应用,常用的保鲜剂有化学保鲜剂和天然保鲜剂两类。天然抑菌剂存在价格高、抑菌效果弱等方面的限制,采用天然抑菌剂和其他防腐抑菌剂复配使用成为近年来防腐保鲜剂的研究趋势,单一的防腐抑菌剂抗菌谱窄、针对性强、防腐期限短,几种防腐抑菌剂的复配使用可以拓宽抗菌谱,不仅可达更好的抑菌效果,同时降低了单一使用天然抑菌剂的成本和单独大量使用化学抑菌剂产生的安全性问题。

(一)有机酸及盐在鲜肉保鲜中的应用

鲜肉保鲜中使用的有机酸主要包括乙酸、甲酸、柠檬酸、抗坏血酸、山梨酸及其钾盐、酒石酸、磷酸盐等。试验证明,这些酸单独使用或几种配合使用,对鲜肉保存期均有一定影响。其中使用较多的是乙酸、山梨酸钾、磷酸盐和抗坏血酸。

1. 乙酸

乙酸溶液从 1.5% 起就有明显的效果,5~6 d 后,重新达到初始污染,当浓度增至 4% 时,在 13 d 时才再次出现初始污染。在 4% 范围内,乙酸不会影响肉的颜色。当浓度超过 4% 时,对肉色有不良作用,这是酸本身对颜色的作用。乙酸具有很强的酸味,甚至在低浓度时也能闻到,但在较低的温度下,气味在贮藏期逐渐消失。

对牛肉表面微生物的抑菌作用,表明 3% 乙酸溶液,其温度为 70 ℃时抑菌效果最好。将几种酸按一定比例混合,制成不同溶液,将鲜猪肉在此溶液中浸渍 3~5 s,于 30 ℃、湿度 85%~95% 条件下保藏,即乙酸 4%、乙酸钠 5.0%、乳酸 1.0%、柠檬酸 0.4%、硫代硫酸钠 4.0% 和山梨酸钾 3.0% 组成的酸液处理,对杂菌总数包括肠杆菌、假单孢杆菌、乳酸杆菌和微球菌科菌、真菌和酵母均有明显的抑制作用,在保藏过程中几乎检不出。将有机酸和盐应用于猪肉,然后真空包装,研究表明,用 3% 乙酸处理能有效地抑制需氧菌和大肠杆菌的生长,而 1% 乙酸和 1% 乳酸效果均不大,各种酸处理均对色泽有不良作用,但 3% 乙酸 +3% 抗坏血酸处理组色泽较好,说明抗血酸对色泽起到一定的保护作用。用 2% 乙酸溶液喷洒鲜猪肉,然后将猪肉真空包装,在 4 ℃条件下贮存,能显著减少微生物数,并可贮存 28 天。用 4% 乙酸溶液处理鲜牛肉,可显著降低微生物数。

2. 山梨酸钾

山梨酸钾是在肉及肉制品中使用较多的一种防腐剂。山梨酸钾的抑菌作用主要是由于它能与微生物酶系统中的巯基结合,从而破坏了许多重要酶系,达到抑制微生物增殖和防腐的目的。山梨酸是一种不饱和的脂肪酸,在机体内可正常地参加新陈代谢,故山梨酸可以看成是食品的成分,按目前资料可以认为是无害的。山梨酸钾对沙门菌、腐败链球菌均有抑制作用,在白条鸡、鱼类产品和午餐肉中使用山梨酸钾,可以延长产品的货架期。山梨酸钾对真菌也有很好的抑制作用。山梨酸钾对鲜肉保鲜作用,可以单独使用,也可以和磷酸盐、乙酸等结合使用。研究山梨酸钾及 CO_2 充气包装对新鲜禽肉微生物的影响,将禽肉浸泡在2.5% 山梨酸钾溶液中,然后真空包装或 $100\%CO_2$ 包装,在 10 ± 1 ℃下贮存 10 d,表明山梨酸钾能显著抑制各种腐败菌的生长,特别是假单孢菌的生长。分别使用 2.5% 山梨酸钾、5%混合磷酸盐或 2% 乙酸处理猪肉,并使用真空包装,然后在 2~4 ℃条件下贮藏,能存放 15天,如预先将猪肉加热,再经处理包装,则可贮存 60 d 以上。

3. 混合磷酸盐

磷酸盐对鲜肉也有一定的保鲜作用,使用磷酸盐、山梨酸钾、NaCl 和乙酸钠处理牛肉,各种物质的配比为 5% 混合磷酸盐 +10% 山梨酸钾 +5%NaCl+10% 乙酸钠,然后真空包装,研究其对牛肉微生物的物理化学的变化。结果表明,能显著抑制嗜温菌、嗜冷菌、总需氧菌和乳酸菌的生长(P<0.01)。将鲜牛肉浸泡在 10% 山梨酸钾、10% 乙酸钠和 5%NaCl 混合溶液中,然后真空包装,表明对微生物有很好的抑制作用,但对颜色有不利作用,可添加混合磷酸盐改进颜色。

用磷酸盐可延长生肉保鲜期,添加磷酸盐分别为:1% 或 0.5% 焦磷酸盐、1% 或 0.5% 正磷酸盐,表明 1% 焦磷酸盐能显著影响嗜温菌和嗜冷菌的生长。

4. 乙醇

日本用乙醇保鲜肉,并获得专利。该发明为将鲜肉在乙醇浓度 30% 以上、糖分 1% 以下的发酵调味剂内浸渍 20~60 s 的食用保鲜法。以乙醇为主要成分的发酵调味剂指诸如将酶制剂、酵母等加在各类原料中,加食盐发酵后榨汁,以汁液为基料,添加变性乙醇等混合而成的调味料,含乙醇 30% 以上,糖 1% 以下,以及氨基酸、有机酸和香气成分,还含高级醇、酯、羰基化合物等。用发酵调味剂处理鲜肉可以在鲜肉表面涂布,最简单、最有效的方法,是常温下将鲜肉在发酵调味剂中浸渍 20~60 s 后立即捞出沥干。经这样处理的鲜肉可直接包装,陈列销售,或冻结后运向市场,可获得保持香味不变、鲜味提高的效果。

(二)天然保鲜剂

天然保鲜剂主要来自动植物体及微生物的代谢产物,目前天然保鲜剂研究较多的主要有壳聚糖、香辛料及中药提取物和微生物代谢物乳酸链球菌素、溶菌酶等。乳酸菌在代谢过程中会分泌一种具有很强活性的多肽物质,该物质是一种高效、无毒副作用的天然生物防腐剂,称为乳酸菌素,它对革兰阳性细菌有抑制作用。

在天然保鲜剂的筛选中,生物保鲜剂越来越受到人们的青睐,它已成为肉制品保鲜剂发展的趋势。目前使用较广的生物保鲜剂是溶菌酶,它能使细胞壁破裂而使细菌溶解,起到杀死细菌的目的。

(三)涂膜保鲜剂

涂膜保鲜剂是香辛料及中药的提取物溶于溶剂制成的涂膜液,将肉在涂膜液中浸渍或在肉的表面涂覆涂膜液,在肉表面形成一层膜,从而抑制微生物的生长和减缓表面水分蒸发,以达到保鲜的目的。目前,用涂膜保鲜剂延长肉的保存期取得了一定效果,应用较多主要有酪蛋白、大豆蛋白、海藻酸盐、羧甲基纤维素、淀粉和蜂胶等制成的混合涂膜保鲜剂。近年来,有人将可食性涂膜应用于肉制品的保鲜,也取得了一定效果,应用较多的是酪蛋白、大豆分离蛋白、麦谷蛋白、海藻酸盐等。由于人们对合成防腐剂的恐惧,开发新型的天然保鲜剂已成为当今防腐剂研究的主流。

三、气调保鲜贮藏技术

气调保鲜贮藏是指在密封性能好的材料中装进食品,然后注入特殊的气体或气体混合物,再包装密封,使其与外界隔绝,从而抑制微生物生长和酶腐败,达到延长货架期的目的。气调包装可减少产品受压和血水渗出,并能使产品保持良好色泽。

气调保鲜贮藏所用气体主要为 O_2、N_2、CO_2。氧气的性质活泼,容易与其他物质发生氧化作用,氮气则惰性很高,性质稳定,CO_2 对于嗜低温菌有抑制作用。所谓包装内部气体成分的控制,是指调整鲜肉周围的气体成分,使与正常的空气组成成分不同,以达到延长产品保存期的目的。

(一)充气包装中使用的气体

1.氧气

为保持肉的鲜红色,包装袋内必须有氧气。自然空气中含 O_2 约 20.9%,因此新切肉表面暴露于空气中则显浅红色。鲜红色的氧合肌红蛋白的形成还与肉表面潮湿与否有关,表面潮湿,则溶氧量多,易于形成鲜红色。氧气虽然可以维持良好的色泽,但由于氧气的存在,在低温条件下(0~4 ℃)也易造成好气性假单孢菌生长,因而使保存期要低于真空包装。此外,氧气还易造成不饱和脂肪酸氧化酸败,致使肌肉褐变。

2.二氧化碳

CO_2 在充气包装中的使用,主要是由于它的抑菌作用。CO_2 是一种稳定的化合物,无色、无味,在空气中约占 0.03%,提高 CO_2 浓度,使大气中原有的氧化浓度降低,使好气性细菌生长速率减缓,另外也使某些酵母菌和厌气性菌的生长受到抑制。

CO_2 的抑菌作用,一是通过降低 pH 值,CO_2 溶于水中,形成碳酸(H_2CO_3),使 pH 值降低,这会对微生物有一定的抑制;第二是通过对细胞的渗透作用。在同温同压下 CO_2 在水中的溶解是 O_2 的 6 倍,渗入细胞的速率是 O_2 的 30 倍,由于 CO_2 的大量渗入,会影响细胞膜的结构,增加膜对离子的渗透力,改善膜内外代谢作用的平衡,而干扰细胞正常代谢,使细菌生长受到抑制。CO_2 渗入还会刺激线粒体 ATP 酶的活性,使氧化磷酸化作用加快,使 ATP 减少,即使机体代谢生长所需能量减少。

但高浓度的 CO_2 也会减少氧合肌红蛋白的形成。

此外,一氧化碳(CO)对肉呈鲜红色比 CO_2 效果更快,也有很好的抑菌作用,但因危险性较大,故尚无应用。

（二）充气包装

充气包装中各种气体的最适比例在充气包装中，CO_2 具有良好的抑菌作用，O_2 为保持肉制品鲜红色所必需，而 N_2 则主要作为调节及缓冲用，如何能使各种气体比例适合，使肉制品保藏期长，且各方面均能达到良好状态，则必须予以探讨。表 4-6 为各种肉制品所用气调包装的气体混合比例。

表 4-6　气调包装肉及肉制品所用气体比例

肉的品种	混合比例	国家
新鲜肉（5~12 d）	$70\%O_2+20\%CO_2+10\%N_2$ 或 $75\%O_2+25\%CO_2$	欧洲
新鲜肉制品和香肠	$33.3\%O_2+33.3\%CO_2+33.3\%N_2$	瑞士
新鲜斩拌肉馅	$70\%O_2+30\%CO_2$	英国
熏制香肠	$75\%CO_2+25\%N_2$	德国及北欧四国
香肠及熟肉（4~8 周）	$75\%CO_2+25\%N_2$	德国及北欧四国
家禽（6~14 d）	$50\%O_2+25\%CO_2+25\%N_2$	德国及北欧四国

四、肉制品真空包装技术

肉制品的真空包装是指将肉分割成块装入气密性包装中，再抽去包装内部的气体后密封，使密封后的包装内达到一定真空度的一种保鲜方法。真空包装技术广泛应用于肉制品保藏中，我国用真空包装的肉类产品日益增多。多年来真空包装已被证明是防止肉制品腐败和保持肉制品质量的最有效方法之一。除了可以保护被包装肉制品之外，真空包装还有另一个重要功能，即把肉制品用卫生而美观的方式展现出来，使产品更有吸引力，现代化的肉制品生产、贮存和销售系统在很大程度上是以真空包装为基础的。

（一）真空包装的作用

①抽真空使许多微生物不能繁殖，抑制微生物生长；

②真空包装后外面的微生物再也无法接触产品，防止二次污染；

③减缓肉中脂肪氧化速度，对酶的活力也有一定的抑制作用；

④使肉制品整洁，提高竞争力。

（二）真空包装对原料的要求

①肉制品的生产加工设施必须保持卫生；

②屠宰和包装作业之间的间隔时间和距离不能太长；

③确保只有优质、新鲜而且微生物计数少的产品才加以包装。包装不能改变劣质产品的质量，劣质产品即使采用真空包装，也照样会迅速腐败；pH 值大于 5.8 的肉不得包装，DFD 肉和 PSE 肉不得包装；真空包装不能代替冷藏，容易腐败的肉制品从屠宰厂加工厂直至送到用户手中都要连续冷藏才可保持质量；肉制品即使适当加工、包装和贮存（冷藏但没有冷冻）也只能保存几天，这些产品必须在足够高的温度下加热方可食用。

（三）肉制品对包装材料的要求

1. 阻气性

阻气性主要目的是防止大气中的氧重新进入已抽真空的包装袋内，以避免生存需氧气的微生物（好氧菌）迅速增殖；氧化作用所需的保存期越长，包装材料的阻气性必须越高。如果简单材料组合的阻气性不能满足要求，则须采用高阻气性的材料。

2. 水蒸气阻隔性能

水蒸气阻隔性能很重要，因为它决定了包装防止产品干燥的效果，包装材料的水蒸气阻隔性在一定程度上也有助于消除冻伤。对于干燥产品，能阻止水分从外部进入包装内。

3. 气味阻隔性能

气味阻隔性能包括保持包装产品本身的香味以及防止外部的气味渗入。气味阻隔性能的有效性主要取决于芳香物质和所使用包装材料的性质。聚酰胺/聚乙烯（PA/PE）复合材料一般可满足鲜肉和肉制品的要求，不必采取额外措施。

4. 遮光性

光线会加速生化反应过程，如果产品不是直接暴露于阳光下，采用没有遮光性的透明薄膜即可。

5. 机械性能

机械性能是抗撕裂和抗封口破损的能力。在大多数情况下，标准的聚酰胺/聚乙烯复合薄膜都具有有效的防护性能。要求更严格时，可采用瑟林薄膜或共挤多层薄膜。

其他一些常用的防腐方法也可和真空包装结合使用，例如，脱水、加入香料、加入盐和糖、巴氏消毒、灭菌、化学防腐、冷冻。真空包装可造成包装容器内部缺氧环境，其内部存在的微生物生长被抑制或被杀死，而且肉制品表面水分蒸发和脂肪的氧化被削弱，从而达到延长肉制品食品货架期的目的。若将真空包装的冷却肉制品储存在 0~4 ℃条件下，贮存期可达 21~28 d，肉制品将真空包装与保鲜剂复合使用保鲜效果会更好。

五、肉制品高压保鲜技术

高压杀菌是将食品放入液体介质中，以静高压作用一段时间进行灭菌的过程，其杀菌作用主要是通过破坏微生物细胞膜和细胞壁，使蛋白质变性、抑制酶活等实现。超高压肉制品加工技术是指利用 100 MPa 以上压力、在常温或较低的温度下使食品中的酶、蛋白质、核糖核酸和淀粉等生物大分子改变活性、变性或糊化，同时杀死微生物以达到灭菌保鲜，食品天然味道、风味和营养价值不受或很少受影响、低能耗、高效率、无毒素产生的一种加工方法。

高压对食品的加工和贮藏不会产生不良的影响，有研究指出非加热条件下的高压处理可加速肉的成熟和嫩化，同时还能杀灭微生物，钝化酶的活性，达到延长冷鲜肉货架期的目的。经高压保鲜的肉色泽、营养价值、鲜度和风味等品质指标基本不变。一般压强越高效果越好，贮藏期越长。

超高压肉食品加工技术虽然还有些问题需研究解决，如超高压肉食品安全性、加工设备及相关的基础研究工作差等。但由于经超高压处理的肉食品更接近原来食品，具有风味好、营养价值高等优点,所以有可能部分代替辐射杀菌和加热杀菌的方法。

六、肉制品微波杀菌保鲜

微波是指波长 1 mm~1 m 的电磁波,微波杀菌是利用分子产生的摩擦热进行杀菌,具有穿透力强、节能、高效、适用范围广等特点。微波杀虫灭菌是使肉制品中的虫菌等微生物,同时受到微波热效应与非热效应的共同作用,使其体内蛋白质和生理活动物质发生变异,而导致微生物体生长发育延缓和死亡,达到肉制品杀虫、灭菌、保鲜的目的。

微波杀菌可分为包装后杀菌和包装前杀菌,包装前杀菌可节省能耗适用于液体物料。为避免细菌的二次污染,酱卤肉制品等固体食品的杀菌一般宜先包装再杀菌。

在一定强度微波场的作用下,肉制品中的虫类和菌体也会因分子极化,同时吸收微波能升温。由于它们是凝聚态介质,分子间的强作用力加剧了微波能向热能的能态转化。从而使体内蛋白质同时受到无极性热运动和极性转动两方面的作用,使其空间结构变化或破坏而使其蛋白质变性。蛋白质变性后,其溶解度、黏度、膨胀性、渗透性、稳定性都会发生明显变化,而失去生物活性。

另一方面,微波能的非热效应在灭菌中起到常规物理灭菌所没有的特殊作用,也是细菌死亡原因之一。微波杀菌保鲜就是希望将食品经微波能处理后使食品中的菌体、虫菌等微生物丧失活力或死亡,保证食品在一定保存期内含菌量仍不超过食品卫生法所规定的允许范围,从而延长其货架期。

微波杀菌保鲜食品是近年来在国际上发展起来的一项新技术。具有快速、节能,并且对食品品质影响很小的特点。有人研究表明微波加热温度达到 50~60 ℃可杀肉制品中的大部分腐败菌有效地延长了货架期。在各环节进行质量控制可更好地保证微波杀菌效果。

第五章　肉制品加工的辅料

在肉制品加工中除以肉为主要原料外,还使用各种辅料。辅料的添加使得肉制品的品种形形色色、多种多样。不同的辅料在肉制品加工过程中发挥不同的作用,如赋予产品独特的色、香、味,改善质构,提高营养价值等。在肉制品加工中,凡能突出肉制品口味,赋予肉制品独特香味和口感的物质统称为调味料。有些调味料也有一定的改善肉制品色泽的作用。调味料的种类多、范围广,有狭义和广义之分。狭义调味料专指具有芳香气和辛辣味道的物质,称为香辛料,如大料、胡椒、丁香、桂皮等;广义调味料包括咸、甜、酸、鲜等赋味物质,如食盐、酒、醋、酱油、味精等。

肉制品中使用调味料的目的在于产生特定的风味。所用的调味料的种类及分量,应视制品及生产目的的不同而异。由于调味料对风味的影响很大,因此,添加量应以达到所期望的目的为准,切不可认为使用量大就味道好。就中式肉制品来说,几乎所有的产品都离不开调味料,使其产品偏重于浓醇鲜美,料味突出,但使用不得当,不仅造成调味料浪费,而且成本提高,香气过浓,反而使产品出现烦腻冲鼻的恶味和中草药味。所以在使用量上应保持恰到好处,从而使制品达到口感鲜美、香味浓郁的目的。

第一节　香辛料概论

一、香辛料的定义

香辛料是指以植物的种子、果实、根、茎、叶、花蕾、树皮等为原料,添加到食品中使其具有刺激性香味和辣味的一类调味品。其外形或是植物的原形,或是其干燥物,也可以制成粉末状。香辛料除主要赋予食品香气外,也给予辛辣味、颜色,或者兼有上述作用。美国香辛料协会认为,凡是主要用来做食品调味用的植物均可称为香辛料,其来源是植物的全草、种子、果实、花、叶、皮和根茎等。香辛料可以改善食品风味并提高进食者的食欲,在一定程度上,香辛料还能掩蔽食品的异味和不良风味。香辛料广泛用于烹饪食品和食品工业中,主要起调香、调味及调色等作用,是食品工业、餐饮业中不可缺少的添加物。根据其特性或功能的不同,香辛料可分为香味料、辛味料、苦味料、着色料、药用料等。

二、香辛料的性质和功能

研究表明,香辛料不仅具有促进食欲、防腐等作用,有些还具有抗氧化、杀菌、杀灭寄生虫、健胃、调理肠胃、祛痰、驱虫、助消化和防癌等众多药理作用。香辛料之所以能促进食欲,是各种香气、刺激等综合作用的结果。香辛料特有成分的刺激性,使消化器官的黏膜受到强烈刺激,提高了中枢神经的作用,促使输送到消化器官的血液增多、消化液分泌旺盛,促进了食欲并改善了消化。与此同时,也促进了肠道的蠕动,使食物中的营养更好地被吸收。中枢神经作用的提高,使血液畅通,在寒冷季节使身体发热,辣椒常用于此目的,并被用于治疗冻疮。香辛料的刺激成分,是植物为防止害虫及细菌侵害而具有的成分,具有驱除人体内蛔虫及其他寄生虫的功效。另外,香辛料还具有防腐作用,可防止食品的腐败,避免食物中毒。这种作用,在与其他调味品,如食盐、砂糖、醋等一起使用时,效果更好。很多香辛料本身就是中药材,具有良好的药用价值,而被广泛应用。一些香辛料直接或者通过的其抗菌、抗氧化、抗感染或抑制致癌物质的活性而达到抗癌的效果。

三、香辛料的分类

香辛料品种繁多,经国际标准化组织(ISO)确认的香辛料有 70 多种,按国家、地区、气候、宗教、习惯等不同,又可细分为 350 余种。香辛料的分类有多种方法,可从不同角度对其进行分类。

(一)按香辛料的芳香特征、植物学特点进行分类

1. 具有辛辣味的

具有辛辣味的,如辣椒、姜、胡椒、芥菜子等。

2. 具有芳香味的

具有芳香味的,如肉豆蔻(果仁和假种皮)、小豆蔻、葫芦巴等。

3. 属于伞形花序植物的

属于伞形花序植物的,如茴芹、葛缕子、芹菜、芫荽、莳萝、小茴香等。

4. 含丁香酚的

含丁香酚的,如丁香花蕾、众香子等。

5. 芳香树皮类的

芳香树皮类的,如斯里兰卡肉桂、中国肉桂等。

(二)按香辛料在食品中发挥的作用分类

1. 有热感和辛辣感的

有热感和辛辣感的,如辣椒、姜和各类番椒、胡椒等。

2. 有芳香感的

有芳香感的,如月桂、肉桂、丁香、众香子等。

3. 有辛辣作用的

有辛辣作用的,如大蒜、韭菜、葱、洋葱、辣椒等。

4. 香草类的

香草类的,如茴香、罗勒、葛缕子、甘牛至、枯茗、迷迭香、鼠尾草、百里香等。

5. 使食品着色的

使食品着色的,如姜黄、红辣椒、藏红花等。

四、各种香辛料简介

（一）辣椒

辣椒又名番椒、辣茄、辣虎、海椒、鸡嘴椒。它是茄科植物辣椒的果实，一年生草本，单叶互生，叶卵圆形，无缺裂。花单生或成花簇，白色或淡紫色。浆果未熟时呈绿色，成熟后呈红色或橙黄色。干燥的成熟果实带有宿萼及果柄，果皮带革质，干缩而薄，外皮鲜红色或红棕色，有光泽。原产南美洲热带，明代传入我国。目前我国各地均有栽培，品种繁多，尤以西南、西北、中南及山西、山东、河北、江苏等省区栽培面积大。我国已成为世界上生产辣椒大国和出口大国，产量居世界第一。按辣味的有无，可分为辣椒和甜椒。辣椒的辣味主要是辣椒素和挥发油的作用。辣味成分主要包括辣椒素、降二氢辣椒素、高二氢辣椒素、高辣椒素、壬酸香兰基酰胺、癸酸香兰基酰胺。辣椒果挥发油含量为 0.1%~2.6%，主要成分是 2-甲氧基-3-异丁基吡嗪。鲜果可作蔬菜或磨成辣椒酱，老熟果经干燥，即成辣椒干，磨粉可制成辣椒粉或辣椒油，它们均为调味品。辣椒能促进食欲，增加唾液分泌及淀粉酶活性，也能促进血液循环，增强机体抗病能力，还具有抗氧化、抗菌、杀虫和着色作用。辣椒在食品、烹调加工中是常用的调味佳品。

（二）花椒

花椒又名大椒、蜀椒、巴椒、川椒、秦椒，为芸香科植物花椒的果皮。花椒为灌木或小乔木，有刺，奇数羽状复叶，卵形至卵状椭圆形。夏季开花，花小，单性，雌雄异株，果实红色至紫红。我国华北、华中、华南均有分布，河南省伏牛山、太行山栽培较为集中，四川、河北、山西、云南各处均有栽植。以四川产的质量最好，特称"川椒""蜀椒"或"秦椒"，尤以四川汉源县所产的"正路椒"为优，香味特别浓。成熟果实，晒干除杂，取用果皮，以鲜红、光艳、皮细、均匀、无杂质者为佳品，也可干燥制成花椒粉。花椒按大小分为大椒（大椒又称大红袍、狮子头，其果粒大，色艳红或紫红，内皮呈淡黄色）和小椒（小椒又称小黄金，色红，粒小，味麻，香味次于大椒）。按采收季节又分为秋椒和伏椒。花椒果实含挥发油，油中含有异茴香醚及牛儿醇，具有特殊的强烈芳香气味。果实精油含量一般为 4%~7%，其主要成分为花椒油素、柠檬烯、枯茗醇、花椒烯、水芹烯、香叶十醇、香茅醇以及植物甾醇和不饱和有机酸等。生花椒味麻辣，炒熟后香味才溢出，可用作调味佐料，也能与其他原料配制成调味品，如五香粉、花椒盐、葱椒盐等。可在加工咸肉时加入花椒，解除肉的腥膻味，并增添特殊香气，且有杀虫作用，在鱼类加工中也用以解除腥味。花椒有除风邪、驱寒湿的功能，故也可作药用。花椒形状球形，椒皮外表红褐色，晒干后呈黑色。有龟裂纹，顶端开裂。内含种子一粒，圆形，有光泽。花椒含有柠檬烯、香叶醇、异茴香醚、花椒油烯、水芹香烯、香草醇等挥发性物质。具有独特浓烈芳香，味麻辣、涩。并有防腐、杀菌、防虫作用，对炭疽杆菌、枯草杆菌、大肠杆菌等有明显抑菌效果。兼有促进新陈代谢和促进生殖腺体发育等作用。花椒在中药上也有一定的作用。椒红健胃、驱蛔虫，并有温暖强壮作用。椒目为利尿药，用于慢性水肿、腹水。《神农本草经》中记载花椒主治"除风邪气、温中、去寒痹、坚齿发明目、久服轻身好颜色，耐老增年通神"。花椒是传统的中药，具有温中止痛、杀虫止痒、抗菌药效。香辛料为常用调味增香佳品。整粒供腌制食品等用，粉状供调味和配制五香粉等用，一般经食用油油炸后使香辣成分转入油中,然后油供调味用。也可将花椒粉与食盐共炒,称"椒盐",用于肉糜、鱼糜制品等中。

(三)胡椒

胡椒有黑胡椒与白胡椒之分,秋末至次春果实呈暗绿色时采收,晒干,为黑胡椒;果实变红时采收,用水浸渍数日擦去果肉,晒干,为白胡椒。前者又名黑川,后者又名白川,为胡椒科植物,胡椒的果实,多年生藤本,节处略膨大,叶互生,卵状椭圆形。夏季开花,无花被,穗状花序。直径3~4 mm,红黄色。未成熟果实干后果皮皱缩而呈黑褐色,称黑胡椒。黑胡椒气味芬芳,有刺激性,味辛辣,以粒大饱满、色黑皮皱、气味强烈者为佳。成熟果实浸泡后脱皮干燥,表面呈灰白色,称白胡椒。白胡椒以粒大形圆、坚实、色白、气味强烈者为佳。果为球形、无柄、单核浆果,成熟时为黄绿色、红色。有强烈芳香和刺激性辣味,黑胡椒比白胡椒强烈,兼有除腥臭、防腐和抗氧化作用。胡椒原产于印度西南海岸西高止山脉的热带雨林。公元前4世纪已有栽培,中世纪由葡萄牙人传入马来群岛,此后又由荷兰人传入斯里兰卡、印度尼西亚等地。19世纪中叶,东南亚也开始种植,现已遍及亚、非拉近20个国家和地区。主要产地是印度、印度尼西亚、马来西亚和巴西,主要消费国为美国、德国、法国。我国于1951年从马来西亚引种于海南岛琼海市试种,1956年后,广东、云南广西、福建等省区也陆续引种试种成功,栽培地区已扩大到北纬25°。胡椒树被利比里亚定为国树。

作为调味料,加工研磨成粉末状,即胡椒粉,为其主要形式,也有碎粒状和整粒状。胡椒的主要成分是胡椒碱,也含有一定量的胡椒新碱、挥发油、粗蛋白、淀粉及可溶性氮等,胡椒碱是辣味的主要成分。胡椒在食品工业中被广泛使用,有粉状、碎粒状和整粒三种使用形式,依各地的饮食习惯而定。作为调味料,胡椒粉是主要的食用形式。一般在肉类、汤类、鱼类及腌渍类食品的调味和防腐中,都用整粒胡椒。在蛋类、沙拉、肉类、汤类等调味汁和蔬菜上用粉状多。胡椒味辛辣,具有调味、健胃、增加食欲等作用,并兼有除腥臭、防腐、抗感染和抗氧化作用,在医药上用作健胃剂、利尿剂,可治疗消化不良、寒痰、积食、风湿病等。芳香气易于在粉状时挥发出来,故以整粒干燥密闭贮藏为宜,并于食用前始碾成粉。可入药,有镇静温中散寒、下气、健胃、止痛、消炎、解毒等功能,主治风寒感冒、脘腹冷痛、呕吐腹泻、食欲不振等症。胡椒是目前世界食用香料中消费量最大、最受欢迎的一种香辛调味料。

(四)八角茴香

八角茴香又名大茴香、八角香、大料,为木兰科植物八角茴香的果实。八角茴香为常绿小乔木,单叶互生,花单生于叶腋,花被多片,红色,初夏开花,果实为8或9个木蓇葖,轮生呈星芒状,红棕色,有浓烈香气。外表面红棕色,有不规则皱纹,顶端呈鸟喙状,上侧多开裂;果皮内表面淡棕色,平滑有光泽;质硬而脆,内含种子1粒。果梗长3~4 cm,弯曲,常脱落。种子扁卵圆形,长约6 mm,红棕色或黄棕色,光亮。气芳香,味辛、甜。所用形态有整八角、八角粉和八角精油等。八角茴香原产于广西西南部,为我国南部亚热带地区的特产,主要分布于广西、广东、云南、贵州等地,福建南部和台湾地区有少量栽培。秋冬果实采摘后,微火烘烤或用开水浸泡片刻,待果实转红后,晒干。也可磨成粉末,还可用蒸馏法提取茴香油。八角茴香的品质以个大、均匀、色泽棕红、鲜艳有光泽、香气浓郁、完整身干、果实饱满、无糜烂杂质者为佳。其枝、叶、果实经蒸馏可得挥发性茴香油。八角茴香的主要成分是茴香脑,果油中茴香脑含量较叶油高。茴香油中的其他成分有黄樟油素、茴香醛、茴香酮、茴香酸、甲基胡椒酚、蒎烯、水芹烯、柠檬烯等。含挥发油,油中含茴香醚、黄樟醚、茴香醛、茴香酮、水芹烯等。八角茴香温阳散寒、理气止痛,用于寒疝腹痛、肾虚腰痛、胃寒呕吐、脘腹冷痛。八角茴香是家庭烹调常用的调味料,有减少鱼肉腥臭味,增加香味,促进食欲的作用。八角茴香也是配制五香粉、调味粉的原料之一。另外,据《中药大辞典》记载,八角茴香用作中药,有温中散寒、理气止痛、抗菌、促进肠胃蠕动、升高白细胞等功效。

(五)茴香

茴香又名小茴香、角茴香、刺梦、香丝菜等。我国主要产于山西、内蒙古、甘肃、辽宁。茴香为伞形科植物茴香的果实,其气味香辛、温和,带有樟脑般气味,微甜,略有苦味,可以干燥的整粒、干籽粉碎物、精油和油树脂的形态用作香料。茴香为多年生草本,茎直立,有浅纵沟纹,小枝开展,叶互生,有叶十柄,叶羽状分裂,裂片呈线状至丝状。夏季开花,花小,呈黄色,复伞形花序。双悬果细椭圆形,有的稍弯曲,长 4~8 mm,直径 1.5~2.5 mm。表面黄绿色或淡黄色,两端略尖,顶端残留有黄棕色突起的柱基,基部有细小的果梗。分果瓣呈长椭圆形,背面有 5 条纵棱,接合面平坦而较宽。横切面略呈五边形,背面的四边等长。果期 10 个月,双悬果椭圆形,黄绿色,果棱尖锐。果实成熟后,全株收割晒干,脱粒除烯和 a-茨烯,共约 80%。肉豆蔻是热带地区著名的食用香料和药用植物,也是家庭中常用的调味香辛料,可用于肉制品(如腊肠、香肠)中解腥增香,也可用于糕点、沙司、蛋乳饮料以及配制咖喱粉。肉豆蔻精油中含有 4% 左右的有毒物质——肉豆蔻醚,如食用过多,会使人麻痹、昏睡,有损健康。肉豆蔻味辛、性温,对胃肠平滑肌具有一定的影响,具有活血、理气、止痛作用。对中枢系统具有一定的抑制作用,还具有一定的抗肿瘤、抗感染作用。

(六)肉桂

肉桂又名桂皮,为樟科植物肉桂的树皮。中国广东、福建、浙江、四川等省均有栽植。多生于山野或培植于庭园。作为香辛料以西贡肉桂香味为最好,斯里兰卡肉桂、中国肉桂与印度尼西亚肉桂次之。桂皮分桶桂、厚肉桂、薄肉桂三种。桶桂为嫩桂树的皮,质细、清洁、甜香、味正、呈土黄色,质量最好,可切碎作炒菜调味品;厚肉桂皮粗糙,味厚,皮色呈紫红,炖肉用最佳;薄肉桂外皮微细、肉纹细、味薄、香味少,表皮发灰色,里皮红黄色,用途与厚肉桂相同。常绿乔木,叶对生或互生,革质,长椭圆形,花小,白色,圆锥花序。果实球形,紫红色。树皮灰褐色,有强烈芳香。一般取树皮作香辛料,幼树生长 10 年后即可剥取,将外皮朝地,日晒 1~2 d 后卷成筒状,阴干即成,也可做环状切割取皮。桂皮可加工成粉状或用于提取肉桂油,其叶和枝条采集晒干后可蒸油。挥发油含量和理化性质,随产地、部位、季节和树龄而不同。皮中挥发油含量为 1%~2%,主要成分为肉桂醛(桂皮醛)。桂皮是樟科多年生木本植物桂皮树树皮的内层部分,成品内外光滑,由8~10片层叠成卷筒状,长约1 cm。肉桂皮经干燥后两侧内卷,质地坚硬,折时脆断发响,皮面青灰中透棕色,皮内棕色。气味浓香,略甜。叶、树皮含挥发油(肉桂醛、肉桂酸甲酯),有机酸(肉桂酸)。有健胃驱风寒、发汗、解热、矫味的功能。肉桂在中国的五香粉、印度的咖喱粉等复合调味料加工中都是必备的原料。肉桂粉使用方便,添加在各种甜点中会使其味道更为香甜醇厚。肉桂主要用于烹调中增香、增味,如烧鱼、五香肉、茶叶蛋等,还可用于咖啡、红茶、泡菜、糕点、糖果等调香。据《中药大辞典》记载,桂皮香气馥郁,可使肉类菜肴祛腥解腻,令人食欲大增;菜肴中适量添加桂皮,有助于预防或延缓因年老而引起的Ⅱ型糖尿病;桂皮中含苯丙烯酸类化合物,对前列腺增生有治疗作用;肉桂味辛、甘,性大热,具有温脾和胃、祛风散寒、活血利脉、镇痛的作用,对痢疾杆菌有抑制作用,是医药工业的重要原料,多用于肉类烹饪作增香调味料,也用于腌渍、浸酒、面包、糕点等焙烤食品,或用于提取精油。粉状品为制五香粉的主要原料,或直接供调味用。桂皮须在干燥的环境中保存,防止受潮而影响品质。

(七)葱

百合科植物葱的全草或地上茎,主要有大葱与分葱。大葱植株常簇生,分蘖力弱,叶圆筒形,先端尖,中空,表面有粉状质,叶鞘层层包裹成为"葱白"。花茎几与叶等长,花多而密,丛生成球状,花被片白色,卵形。分葱,又名小葱,植株比较矮小,叶色浓绿,分蘖力甚强,鳞茎不特别膨大,不开结子,用分株法繁殖,须根丛生,色白。葱原产于西伯利亚,我国各地栽培广泛。葱的鳞、葱叶均可食用,是我国重要蔬菜与调味料。葱叶煎剂在体外具有抑制志贺痢疾杆菌、滴虫等作用。

(八)大蒜

大蒜又称胡蒜,为百合科植物大蒜的鳞茎,多年生草本,具有强烈蒜臭气味。叶片一般为10~16个,扁平,基生,披针形,绿色,肉质,叶面有少量白色蜡粉。花茎直立,自茎盘中央抽出花茎(即蒜薹)。顶端生有伞形花序,密生珠芽,即气生鳞茎,俗称"天蒜"。地下鳞茎(蒜头),多为扁圆形或扁球形,外包灰白或淡紫色膜质外皮,内有肉质蒜瓣,由茎盘上每个叶腋中的腋芽膨大而成。大蒜品种很多,按鳞茎皮色分为紫皮蒜及白皮蒜2类,前者作蒜苗及蒜薹栽培,后者作蒜头栽培用。按蒜瓣大小又分为大瓣种及小瓣种。大蒜原产于西亚,汉代张骞出使西域时引入我国,较耐寒,幼苗期和蒜头生长期喜湿润。一般用蒜瓣繁殖,也可用气生鳞茎繁殖。蒜头、蒜薹及蒜苗都是重要的调味品和酱菜加工原料。大蒜除直接食用和作为香辛调味料外,也可加工成蒜油和蒜素,作为食品添加剂,能起到调味增香、刺激食欲、帮助消化的作用。大蒜含挥发油0.1%~0.25%,具有辣味和特殊的臭味,主要是含硫化合物(约130种)所致。大蒜精油的有效成分包括大蒜辣素、新素及多种烯丙基硫醚化合物,它们是大蒜食疗的主要物质基础。大蒜性温,增进食欲,促进血液循环,在饮食烹饪中具有很重要的作用,被广泛用于汤料、卤汁、佐料、辅料等。此外,大蒜还有解寒、化湿、杀虫、解毒等功效,可供药用。挥发性的大蒜素,具有抗菌、抗滴虫作用,并有调节血脂、抗突变等保健功能,同时大蒜也是一种抗诱变剂,能使处于癌变情况下的细胞正常分解,阻断亚硝酸胺的合成,减少亚硝酸胺前体物的生成,具有一定的抗癌作用。

第二节　调味料

一、调味料的定义

调味料是用以调和食品风味、使之更迎合人们的嗜好、促进食欲的一类物质的总称。要烹调或加工风味良好的食品,离不开调味料的合理选择与使用。所有调味料都是通过其所含成分对人体感官的刺激而发挥其作用,某些调味料主要含有呈味物质,它们溶解于水或唾液后与舌头表面的味蕾接触,刺激味蕾中的味觉神经,并通过味觉神经将信息传至大脑,从而产生味觉。也有一些调味料,主要含有呈香或其他特殊风味成分,它们具有较强的挥发性,经鼻腔刺激人的嗅觉神经,然后传至中枢神经而感到香气或其他气味。需要指出的是,调味料与常用香料不同,除鼻子产生嗅感外,还包括从口腔进入鼻腔产生的嗅感,这类香味调料,不仅有增香、赋香的作用,而且还可以掩盖一些菜肴中的不良气味,如腥气、膻气、臭气等,因而具有矫臭、抑臭的作用。由于加热可以促进香气物质的挥发,因此,在加热条件下,使香味变得更为浓郁。名菜佳肴必然以其色、香、味、形俱佳为条件,除味、香外,菜肴和面点等食品的色泽也是评定其质量的重要因素。因此,在调味料中有一类是以呈色为目的,除赋予食品味、香外,同时还具有着色性。

二、调味料的分类

按味道分类,有甜味料、咸味料、酸味料、鲜味料、辣味料等。

按性质分为天然调味料及化学调味料。而天然调味料又可依其生产方法的不同,分为抽提型、发酵型、分解型、混合型等。

按用途分类,随着人们饮食生活日益丰富多彩,调味料按其用途又可分为复合调味料、方便食品调味料、火锅调料、西式调味料、快餐调味料等。

综上所述,可以从不同角度对调味料进行分类。下面将按味道四大类分别加以阐述。

(一)咸味调料

咸味在肉制品加工中是能独立存在的味道,主要存在于食盐中。与食盐类似,具有表达咸味作用的物质有苹果酸钠、谷氨酸钾、葡萄糖碳酸钠和氯化钾等,它们与氯化钠的作用不同,味道也不一样,其他还有腐乳、豆豉等。

1. 食盐

食盐是易溶于水的无色结晶体,具有吸湿性。通过食盐腌制,可以提高肉制品的保水性和黏结性,并可以提高产品的风味,抑制细菌繁殖。

(1)食品品质的鉴别

食盐素有"百味之王"的美称。因此,在选购食盐时,要能鉴别其品质的优劣。

①色泽纯净的食盐,色泽洁白,呈透明或半透明状。如果色泽晦暗,呈黄褐色,证明含硫酸钙、碳化氢等水溶性杂质和泥沙较多,品质低劣。

②晶粒品质纯净的食盐,晶粒很齐,表面光滑而坚硬,晶粒间缝隙较少（复制盐应洁白

干燥,呈细粉末状)。如果食盐晶粒疏松,晶粒乱杂,粒间缝隙较多,会促进卤水过多地藏于缝隙,带入较多的水溶性杂质,造成品质不好。

③咸味纯净的食盐应具有正常的咸味,如果咸味带有苦涩味,或者牙碜的感觉,即说明钙、镁等水溶性杂质和泥沙含量过大,品质不良,不宜直接食用,可用于腌制食品。

④水分质量好的食盐,颗粒坚硬、干燥,但在雨天或湿度过大时,容易发生"返卤"现象。食盐含有硫酸镁、氯化镁、氯化钾等。水溶性杂质越多,越容易吸潮。

（2）食盐在肉制品加工中的作用

①调味作用。添加食盐可增加和改善食品风味。在食盐的各种用途中,当首推其在饮食上调味功用,即能去腥、提鲜、解腻、减少或掩饰异味、平衡风味,又可突出原料的鲜香之味。因此,食盐是人们日常生活中不可缺少的食品之一。

②提高肉制品的持水能力、改善质地。氯化钠能活化蛋白质,增加水合作用和结合水的能力,从而改善肉制品的质地,增加其嫩度、弹性、凝固性和适口性,使其成品形态完整,质量提高。增加肉糜的黏液性,促进脂肪混合以形成稳定的乳状物。

③抑制微生物的生长。食盐可降低水分活度,提高渗透压,抑制微生物的生长,延长肉制品的保质期。

④生理作用。食盐是人体维持正常生理功能所必需的成分,如维持一定的渗透压平衡。

食盐在肉制品中的用量:肉制品中适宜的含盐量可呈现舒适的咸度,突出产品的风味,保证满意的质构。用量过小则产品寡淡无味,如果超过一定限度,就会造成原料严重脱水,蛋白质过度变性,味道过咸,导致成品质地老韧干硬,破坏了肉制品所具有的风味特点。另外,出于健康的需求,低食盐含量(< 2.5%)的肉制品越来越多。所以无论从加工的角度,还是从保障人体健康的角度,都应该严格控制食盐的用量,且使用盐时必须注意均匀分布,不使它结块。

我国肉制品的食盐用量一般规定:腌腊制品 6%~10%,酱卤制品 3%~5%,灌肠制品2.5%~3.5%,油炸及干制品 2%~3.5%,粉肚制品 3%~4%。同时根据季节不同,夏季用盐量比春、秋、冬季要适量增加 0.5%~1.0%,以防肉制品变质,延长保存期。

2. 酱油

酱油是富有营养价值、独特风味和色泽的调味品。含十几种复杂的化合物,其成分为盐、多种氨基酸、有机酸、醇类、酯类、自然生成的色泽和水分等。酱油是肉制品加工中重要的咸味调味料,一般含盐量 18% 左右,并含有丰富的氨基酸等风味成分。

酱油在肉制品生产所起的作用是多方面的。酱油中所含食盐能起调味和防腐作用;所含的氨基酸(主要是谷氨酸)能增加肉制品的鲜味;所含的多种酯类和醇类能增加肉制品的香味;其自然生成的色素对肉制品有良好的着色作用。此外,在香肠等制品中,还有促进成熟发酵的良好作用。

选择酱油以具有正常色泽、气味、滋味,无酸、苦、涩、酶等异味,不浑浊,无沉淀,无酶花,浓度不低于 22° Be′ ,食盐含量为 16%~18%,细菌总数不超过 50 000 个 /mL,大肠菌群低于 30/100 mL,无肠道致病菌者为好。

酱油在肉制品加工中的作用主要是:第一,为肉制品提供咸味和鲜味;第二,添加酱油的肉制品多具有诱人的酱红色,是由酱色的着色作用和糖类与氨基酸的美拉德反应产生;第三,酿制的酱油具有特殊的酱香气味,可使肉制品增加香气;第四,酱油生产过程中产生少量的乙醇和乙酸等,具有解除腥腻的作用。

在肉制品加工中以添加酿制酱油为最佳,为使产品呈美观的酱红色应合理地配合糖类的使用,在香肠制品中还有促进成熟发酵的良好作用。

3. 豆豉酱

豆豉酱作为调味品,在肉制品加工中主要起提鲜味、增香味的作用。酱按其原料不同分为黄豆酱、甜面酱和虾酱等,其中黄豆酱又根据水分及磨碎程度分为干黄酱、稀黄酱、豆瓣酱。酱的营养成分比酱油高,除含有蛋白质、脂肪、碳水化合物外,还含有较丰富的矿物质和一定量的维生素。

选择具有正常酿造酱的色泽、气味、滋味、无酸苦煳味的、大肠菌群不超过 30 个 /100 g、无肠道致病菌的酱作调料,豆豉除作调味和食用外,医疗功用也很多。豆豉在应用中要注意其用量,防止压抑主味。另外,要根据制品要求进行颗粒或蓉泥的加工,在使用保管中,若出现生霉,应视含水情况,酌量加入食盐、白酒或香料,以防止变质,保证其风味质量。中医认为,豆豉性味苦、寒,经常食用豆豉有助于消化,增强脑力,减缓老化,提高肝脏解毒功能,防止高血压和补充维生素,消除疲劳,预防癌症,减轻醉酒,解除病痛等。

4. 腐乳

腐乳是豆腐经微生物发酵制成的。按色泽和加工方法不同,分为红腐乳、青腐乳、白腐乳等。在肉制品加工中,红腐乳的应用较为广泛,质量好的红腐乳,应是色泽鲜艳,具有浓郁的酱香及酒香味、细腻无渣、入口即化、无酸苦等怪味。腐乳在肉制品加工中的主要应用是增味、增鲜、增加色彩。

(二)甜味调料

肉制品加工中应用的甜味料主要是食糖、蜂蜜、饴糖、红糖、冰糖、葡萄糖以及淀粉水解糖浆等。高浓度的溶液虽然有抑制微生物的作用,但实际上还存在着一部分耐糖的微生物,其中对高浓度溶液抵抗力最强的是酵母。此外,真菌的耐糖性也较强。因此,肉品保藏防止霉变成为主要问题。

1. 食糖

在肉制品加工中赋予甜味并具有矫味,去异味,保色,缓和咸味,增鲜,增色作用,在肉制品中使肉质松软、适口。由于糖在肉加工过程中能发生羰氨反应以及焦糖化反应从而能增添制品的色泽,尤其是中式肉制品的加工中更离不开食糖,目的都是使产品各自具有独特的色泽和风味。添加量在原料肉的 0.5%~1.0% 较合适,中式肉制品中一般用量为肉重的 0.7%~3%,甚至可达 5%,高档肉制品中经常使用绵白糖。

糖在人们日常生活中占有很重要的地位。化学上把糖分为单糖(如葡萄糖、果糖)、双糖(如蔗糖和麦芽糖)和多糖(如淀粉、纤维素)。商业上,从形状上看可分为砂糖、绵糖、冰糖。从颜色上看,又可分为白糖、黄糖、红糖。从制作来源上看,则可分为蔗糖、果糖、饴糖、蜂糖等。糖是多羟基醛或多羟基酮及其衍生物的总称。由于其组成为 C、H、O 三种元素，所以人们又习惯称之为碳水化合物。糖是重要的风味改良剂。在肉制品中起赋予甜味和助解的作用，并能增添制品的色泽。尤其是中式肉制品加工中也要添加一些糖，以增加产品的特色和风味。

糖与肉保藏的关系。一般认为浓的糖溶液对微生物有抑制作用，因为它能够降低水的活性，减少微生物生长所需的自由水，并由于渗透压力的作用，导致细胞壁分离，从而获得杀菌防腐效果。一些实验指出，稀糖溶液反而有助于微生物的生长。一般认为，为了保藏制品，糖液的浓度至少要达到 50%~75%。不同的糖类在各种浓度时的抑制作用并不同。例如，抑制中毒葡球菌，需要的葡萄糖浓度为 40%~50%，而蔗糖的为 60%~70%，依据是葡萄糖相对分子质量小（180），而蔗糖分子相对质量大（342），其生化活动随相对分子质量的增加而降低。

2. 砂糖

砂糖以蔗糖为主要成分，色泽白亮，含蔗糖量高（99% 以上），甜度较高且味醇正，易溶于水。在肉制品中使用能保色，缓和咸味、增色、适口，肉质松软。用在腌制时间很长的肉制品中，添加量在肉重的 0.5%~1% 较合适。中式肉制品中一般用量为 0.7%~3%，甚至可达 5%。砂糖的保管要注意卫生，防潮，单独存放。否则易返潮、熔化、干缩、结块、发酵和变味。

3. 红糖

红糖也称黄糖。它有黄褐、赤红、红褐、青褐等颜色，但以色浅黄红、甜味浓厚的为佳。红糖除含蔗糖（约 8.4%）外，所含果糖、葡萄糖较多，甜度较高。但因红糖未脱色精炼，其水分（2%~7%）、色素、杂质较多，容易结块、吸潮，甜味不如白糖纯厚。其保管同上。

4. 冰糖

冰糖是白砂糖的再制品，结晶组织紧密，杂质较少，味甜纯正。冰糖有润肺止咳、健胃生津的功效。冰糖以白色明净（或微黄）、透明味浓为上品。保管同上。

5. 饴糖

饴糖主要是麦芽糖（50%）、葡萄糖和糊精（30%）。饴糖味甜柔爽口，有吸湿性和黏性。中医认为可治中虚腹痛，能清肺止咳。肉制品加工中，用于增色和辅助剂。饴糖以颜色鲜明、汁稠味浓、洁净不酸为上品。宜用缸盛装，注意降温，防止溶化。

6. 蜂蜜

蜂蜜在肉制品加工中的应用主要起提高风味、增香、增色、增加光亮度及增加营养的作用。将蜂蜜涂在产品表面，淋油或油炸，是重要的赋色工序。蜂蜜的营养价值很高，其含葡萄糖 42%、果糖 35%、蔗糖 20%、蛋白质 0.3%、淀粉 1.8%、苹果酸 0.1%，以及脂肪、酶、芳香物质、无机盐和多种维生素。蜂蜜甜味纯正，不被直接吸收利用，能增加血红蛋白，提高人的抵抗力，蜂蜜为白色或黄色透明、半透明液体或凝固成脂状，无杂质、味甜纯、无酸味者为佳。

7. 葡萄糖

葡萄糖在肉制品加工中的应用除了作为调味品、增加营养的目的以外，还有调节 pH 值和氧化还原的目的。对于普通的肉制品加工，其使用量为 0.3%~0.5% 比较合适。

葡萄糖为白色晶体或粉末,甜度稍低于砂糖。对于肉制品加工中的使用量以0.3%~0.5%最合适。葡萄糖除作为调味外,还有调节pH和氧化还原作用。葡萄糖应用于发酵的香肠制品,因为它提供了发酵细菌转化为乳酸所需的碳源。为此目的而加入的葡萄糖量为0.5%~1.0%,葡萄糖在肉制品中还作为助发色和保色剂用于熏制肉中。

(三)鲜味调料

鲜味调料是指能提高肉制品鲜美味的各种调料。鲜味是不能在肉制品中独立存在的,需在成味基础上才能使用和发挥。但它是一种味别,是许多复合味型的主要调味品之一,品种较少,变化不大。

1. 味精

肉制品加工中主要使用的是味精,在使用中,应恰当掌握用量,不能掩盖制品全味或原料肉的本味,应按"淡而不薄"的原则使用。

(1)强力味精

强力味精的主要作用除了强化味精鲜味外,还有增强肉制品滋味,强化肉类鲜味,协调甜、酸、苦、辣味等作用,使制品的滋味更浓郁,鲜味更丰厚圆润,并能降低制品中的不良气味,这些效果是任何单一鲜味料所无法达到的。

强力味精不同于普通味精,在加工中,要注意尽量不要与生鲜原料接触,或尽可能地缩短其与生鲜原料的接触时间,这是因为强力味精中的肌苷酸钠或鸟苷酸钠很容易被生鲜原料中所含有的酶分解,失去其呈鲜效果,导致鲜味明显下降,最好是在加工制品的加热后期添加强力味精,或者添加在已加热在80℃以后冷却下来的熟制品中,总之,应该应可能避免与生鲜原料接触的机会。

(2)复合味精

复合味精可直接作为清汤和浓汤的调味料,由于有香料的增香作用,因此用复合味精进行调味的肉汤其肉香味很醇厚,可作为肉类嫩化剂的调味料,使老韧的肉类组织变为柔嫩,但有时味道显得不佳,此时添加与这种肉类风味相同的复合味精,可弥补风味的不足,可作为某些制品的涂抹调味料。

(3)营养强化型味精

营养强化型味精是为了更好地满足人体生理的需要,同时也为了某些病理上和某些特殊方面的营养需要而生产的,如赖氨酸味精、维生素A强化味精、营养强化味精、低钠味精、中草药味精、五味味精、芝麻味精、香菇味精、番茄味精等。

2. 肌苷酸钠

肌苷酸钠是白色或无色的结晶性粉末。近年来几乎都是通过合成法或发酵法制成的。性质稳定,在一般食品加工条件下加热100℃1h无分解现象。但在动植物中磷酸酯酶作用下分解而失去鲜味。肌苷酸钠鲜味是谷氨酸钠的10~20倍,与谷氨酸钠对鲜味有相乘效应,所以一起使用,效果更佳。往肉中加0.01%~0.02%的肌苷酸钠与之对应就要加1/20左右的谷氨酸钠。使用时,由于遇酶容易分解,所以添加酶活力强的物质时,应充分考虑之后再使用。

3. 鸟苷酸钠、胞苷酸钠和尿百酸钠

这三种物质与肌苷酸钠一样是核酸关联物质。它们都是白色或无色的结晶或结晶性粉末。其中鸟苷酸钠是蘑菇香味的,由于它的香味很强,所以使用量为谷氨酸钠的 1%~5% 就足够。

4. 琥珀酸、琥珀酸钠和琥珀酸二钠

琥珀酸具有海贝的鲜味,由于琥珀酸是呈酸性的,所以一般使用时以一钠盐或二钠盐的形式出现。对于肉制品来说,使用范围在 0.02%~0.05%。

5. 鱼露

鱼露又称鱼酱油,它是以海产小鱼为原料,用盐或盐水浸渍,经长期自然发酵,取其汁液滤清后而制成的一种成鲜味调料。鱼露的风味与普通酱油有很大区别,它带有鱼腥味,是广东、福建等地区常用的调味料。鱼露在肉制品加工中的应用主要起增味、增香及提高风味的作用。在肉制品加工中应用比较广泛,形成许多独特风味的产品。

鱼露由于是鱼类作为生产原料,所以营养十分丰富,蛋白质含量高,其呈味成分主要是呈鲜物质肌苷酸钠、鸟苷酸钠、谷氨酸钠等。咸味是以食盐为主。鱼露中所含的氨基酸也很丰富,主要是赖氨酸、谷氨酸、天门冬氨酸、丙氨酸、甘氨酸等含量较多。鱼露的质量鉴别应以橙黄色和棕色,透明澄清,有香味、不浑浊、不发黑、无异味为上乘。

(四)酸味调料

酸味在肉制品加工中是不能独立存在的味道,必须与其他味道合用才起作用。但是酸味仍是一种重要的味道,是构成多种复合味的主要调味物质。

1. 食醋

醋是以粮食为主体的米、麦、麸等经过发酵酿制而成的。醋含有多种氨基酸,包括醋酸、乳酸、苹果酸、柠檬酸等 8 种有机酸,选择食醋宜采用粮食醋。具有正常食醋色泽、气味、滋味,不浑浊,无霉花、浮沫、沉淀,细菌总数不超过 5 000 个 /mL,大肠菌群小于 3 个 /100 mL,无肠道致病菌者为好。

醋不但增加食物味道、软化植物纤维、增进消化,同时还能溶解动物性食物的骨质,促进钙、磷的吸收作用。酸味调味料品种有许多,在肉制品加工中经常使用的有醋、番茄酱、番茄汁、山楂酱、草莓酱、柠檬酸等。酸味调料在使用中应根据工艺特点及要求去选择,还需注意到人们的习惯、爱好、环境、气候等因素。

食醋在肉制品加工中的作用如下。

(1)食醋的调味作用

食醋与糖可以调配出一种很适口的甜酸味——糖醋味的特殊风味,如"糖醋排骨""糖醋咕老肉"等。实验中发现,任何含量的食醋中加入少量的食盐后,酸味感增强,但是加入的食盐过量以后,则会导致食醋的酸味感下降。与此相反,在具有咸味的食盐溶液中加入少量的食醋,可增加咸味感。

(2)食醋的去腥作用

在肉制品加工中有时往往需要添加一些食醋,用以去除腥气味,尤其鱼类肉原料更具有

代表性。在加工过程中,适量添加食醋可明显减少腥味。如用醋洗猪肚,既可保持维生素和铁少受损失,又可去除猪肚的腥臭味。

(3)食醋的调香作用

这是因为食醋中的主要成分为醋酸。同时还有一些含量低的其他低分子酸,而制作某些肉制品往往又要加入一定量的黄酒和白酒,酒中的主要成分是乙醇,同时还有一些含量低的其他醇类。当酸类与醇类同在一起时,就会发生酯化反应,在风味化学中称为"生香反应"。炖牛肉、羊肉时加点醋,可使肉加速熟烂及增加芳香气味;骨头汤中加少量食醋可以增加汤的适口感及香味,并利于骨中钙的溶出。

2. 柠檬酸

柠檬酸用于处理的腊肉、香肠和火腿,具有较强的抗氧化能力。柠檬酸也可作为多价螯合剂用于提炼动物油和人造黄油的过程。柠檬酸可用于密封包装的肉类食品的保鲜。柠檬酸在肉制品中的作用还是降低肉糜的 pH 值。在 pH 值较低的情况下,亚硝酸盐的分解愈快愈彻底。当然,对香肠的变红就愈有良好的辅助作用。但 pH 值的下降,对于肉糜的持水性是不利的。因此,国外已开始在某些混合添加剂中使用糖衣柠檬酸。加热时糖衣溶解,释放出有效的柠檬酸,而不影响肉制品的质构。

第三节　肉制品加工添加剂

为了增强或改善食品的感官性状,延长保存时间,满足食品加工工艺过程的需要或某种特殊营养需要,常在食品中加入天然的或人工合成的无机或有机化合物,这种添加的有机或无机物统称为添加剂。添加这些物质有助于提高食品的质量,改善食品色、香、味、形,保持食品的新鲜度,增强营养价值等。肉制品加工中经常使用的添加剂包括发色剂、发色助剂、着色剂、防腐剂、抗氧化剂、品质改良剂等。

我国食品添加剂技术委员会要求食品添加剂必须达到五点要求:一是要求添加剂无毒性、无公害、不污染环境;二是添加剂必须无异味、无臭、无刺激性;三是添加量不能影响食品的色、香、味及营养价值;四是食品添加剂与其他助剂复配,不应产生不良后果,要求具有良好的配伍性;五是要求添加剂使用方便,价格低廉。

肉制品加工中经常使用的添加剂包括以下几种。

一、发色剂

(一)发色剂的发色机理

原料肉的红色是由肌红蛋白(Mb)和血红蛋白(Hb)呈现的一种感官性状。由于肉的部位不同和家畜品种的差异,其含量和比例也不一样。一般来说,肌红蛋白占 70%~90%,血红蛋白占 10%~30%。由此可见,肌红蛋白是使肉类呈色的主要成分。

鲜肉中的肌红蛋白为还原型,呈暗紫色,很不稳定,易被氧化变色。还原型肌红蛋白分子中二价铁离子上的结合水被分子状态的氧置换,形成氧合肌红蛋白(MbO_2),色泽鲜红。此时的铁仍为二价,因此这种结合不是氧化而称氧合。当氧合肌红蛋白在氧或氧化剂的存在下进一步将二价铁氧化成三价铁时，则生成褐色的高铁肌红蛋白。

为了使肉制品呈现鲜艳的红色，在加工过程中常添加硝酸盐与亚硝酸盐。它们往往是肉类腌制时混合盐的成分。硝酸盐在亚硝酸菌的作用下还原成亚硝酸盐，亚硝酸盐在酸性条件下可生成亚硝酸。一般宰后成熟的肉因含乳酸，pH 值为 5.6~5.8，故不需外加酸即可生成亚硝酸，其反应为：

$$NaNO_2 + CH_3CHOHCOOH \rightarrow HNO_2 + CH_3CHOHCOONa \tag{1}$$

亚硝酸很不稳定，即使在常温下，也可分解产生亚硝基（NO）：

$$HNO_2 \rightarrow H^+ + NO^{-3} + NO + H_2O\cdots\cdots \tag{2}$$

所生成的亚硝基很快与肌红蛋白反应生成鲜艳的、亮红色的亚硝基肌红蛋白（$MbNO_2$）：

$$Mb + NO \rightarrow MbNO \tag{3}$$

亚硝基肌红蛋白遇热后放出巯基（-SH），生成较稳定的具有鲜红色的亚硝基血色原。由（2）式可知，亚硝酸分解生成 NO 时，也生成少量硝酸，而 NO 在空气中还可被氧化成 NO_2，进而与水反应生成硝酸。

$$NO + O_2 \rightarrow NO_2 \tag{4}$$

$$NO_2 + H_2O \rightarrow HNO_2 + HNO_3 \tag{5}$$

如式（4）（5）所示，不仅亚硝基被氧化生成硝酸，而且还抑制了亚硝基肌红蛋白的生成。硝酸有很强的氧化作用，即使肉中含有很强的还原性物质，也不能防止肌红蛋白部分氧化成高铁肌红蛋白。因此，在使用硝酸盐与亚硝酸盐的同时，常用 L- 抗坏血酸及其钠盐等还原性物质来防止肌红蛋白氧化，且可把氧化型的褐色高铁肌红蛋白还原为红色的还原型肌红蛋白，以助发色。此外，烟酰胺可与肌红蛋白结合生成很稳定的烟酰胺肌红蛋白，难以被氧化，故在肉类制品的腌制过程中添加适量的烟酰胺，可以防止肌红蛋白在从亚硝酸到生成亚硝基期间的氧化变色。

如果在肉制品的腌制过程中，同时使用 L- 抗坏血酸或异抗坏血酸及其钠盐与烟酰胺，则发色效果更好，并能保持长时间不褪色。

（二）常用的发色剂及发色助剂

1. 亚硝酸钠

亚硝酸钠为白色或微黄色结晶或颗粒状粉末，无臭，味微咸，易吸潮，易溶于水，微溶于乙醇，在空气中可吸收氧而逐渐变为硝酸钠。

本品是食品添加剂中急性毒性较强的物质之一，是一种剧药（在药物学中，根据毒性试验结果，把毒性较强的物质称为剧药，如亚硝酸钠、氢氧化钠等；把毒性更强的称为毒药，如三氯化二砷等）。过量的亚硝酸盐进入血液后，可使正常的血红蛋白（二价铁）变成高铁血红蛋白（三价铁），失去携氧的功能，导致组织缺氧。潜伏期仅为 0.5~1 h，症状为头晕、恶心、呕吐、全身无力、皮肤发紫，严重者会因呼吸衰竭而死。ADI（每日允许摄入量）为 0~0.2 mg/kg。我国规定：本品可用于肉类罐头和肉制品，最大使用量为 0.15 mg/kg。残留量以亚硝酸钠计，肉类罐头不得超过 0.05 mg/kg，肉制品不得超过 0.03 mg/kg。此外，还规定亚硝酸盐可用于盐水火腿,但应控制其残留量为 70 ppm。

2. 硝酸钠

硝酸钠的毒性作用主要是因为它在食物中、水或胃肠道,尤其是在婴幼儿的胃肠道中,易被还原为亚硝酸盐所致,其 ADI 为 0~5 mg/kg。我国规定:本品可用于肉制品,最大使用量为 0.5 g/kg,其残留量控制同亚硝酸钠。

3. 亚硝酸钾

亚硝酸钾的毒性作用参照亚硝酸钠,其 ADI 为 0~0.2 mg/kg。

4. 硝酸钾

硝酸钾的毒性作用参照硝酸钠,在硝酸盐中,本品毒性较强,其 ADI 为 0~5 mg/kg。本品可代替硝酸钠,用于肉类腌制,其最大用量同硝酸钠。

5. 抗坏血酸和烟酰胺

用亚硝酸盐作为肉类的发色剂时,同时加入适量的 L- 抗坏血酸及其钠盐、烟酰胺作为发色助剂使用。抗坏血酸的使用量一般为原料肉的 0.02%~0.05%,烟酰胺的用量为 0.01%~0.02%,在腌制或斩拌时添加,也可把原料肉浸渍在这些物质的 0.02% 的水溶液中。

(三)亚硝酸盐的安全性问题

近年来,人们发现亚硝酸盐能与多种氨基化合物(主要来自蛋白质分解产物)反应,产生致癌的 N- 亚硝基化合物,如亚硝胺等。亚硝胺是目前国际上公认的一种强致癌物,动物试验结果表明,不仅长期小剂量作用有致癌作用,而且一次摄入足够的量,也有致癌作用。因此,国际上对食品中添加硝酸盐和亚硝酸盐的问题十分重视,在没有理想的替代品之前,把用量限制在最低水平。

(四)关于亚硝酸盐替代品问题

许多世纪以来,人们一直使用亚硝酸盐来保存肉类。到 19 世纪末,才认识到亚硝酸盐可使腌肉产生颜色。后来,人们发现亚硝酸盐可抑制引起肉类变质的微生物生长,特别是对肉毒梭菌有很强的抑制作用。有些国家在没有使用亚硝酸盐之前,肉毒梭菌中毒率很高,使用后,肉毒梭菌中毒才得到了控制。亚硝酸盐除抗菌作用外,还有抗氧化及增强风味的作用。尽管如此,由于亚硝酸盐的安全性即致癌问题,使其应用越来越受到限制,全世界都在寻找理想的替代品。

目前人们使用的亚硝酸盐替代品有两类:一类是替代亚硝酸盐的添加剂,斯威特(1991)报道,这种替代物由发色剂、抗氧化剂 / 多价螯合剂和抑菌剂组成,发色剂用的是赤鲜红,抗氧化剂 / 多价螯合剂为磷酸盐 / 多聚磷酸盐,抑菌剂用的是对羟基苯甲酸和山梨酸及其盐类;另一类是在常规亚硝酸盐浓度下阻断亚硝胺形成的添加剂,Mirrish 等报道,抗坏血酸能与亚硝酸盐作用以减少亚硝胺的形成。此外,山梨酸、山梨酸醇、鞣酸、没食子酸等也可抑制亚硝胺的形成。

二、着色剂

着色剂也称食用色素,系指为使食品具有鲜艳而美丽的色泽,改善感官性状以增进食欲而加入的物质。食用色素按其来源和性质分为食用天然色素和食用合成色素两大类。用于肉制品加工中的天然色素以红曲米和红曲色素最为普遍。

(一)红曲米

红曲米是由红曲霉菌接种于蒸熟的米粒上,经培养繁殖后所产生的红曲霉红素。使用时,可将红曲米研磨成极细的粉末直接加入。我国国家标准规定,红曲米使用量不受限制,但在使用中应注意不能使用太多,否则将使制品的口味略有苦酸味,并且颜色太重而发暗。

(二)红曲色素

肉制品加工中常用的有天然的红曲米、红曲色素及人工合成的胭脂红和苋菜红色素。红曲米毒性很低,是一种安全性比较高、化学性稳定的色素。红曲色素是由红曲霉菌菌丝体分泌的次级代谢物,具有对酸碱稳定,耐光耐热化学性强,不受金属离子影响,对蛋白质着色性好以及色泽稳定、安全无害等优点。试验证明,它是一种安全性比较高、化学性质稳定的色素。胭脂红是水溶性的,无毒作用剂量为 0.05%,规定使用的剂量不超过 0.125 mg / kg。人工合成色素对人体不利,应尽量避免使用。在肉制品加工中,红曲色素常用于酱卤制品类、灌肠制品类、火腿制品类、干制品和油炸制品类等。另外,使用红曲米和红曲色素时添加适量的食糖,用以调和酸味,减轻苦味,使肉制品的滋味达到和谐。

三、防腐剂

导致肉制品腐败变质的主要原因是各种细菌对肉制品的污染。防腐剂具有杀死微生物或抑制其生长繁殖的作用,不同于一般的消毒剂。目前世界上使用的食品防腐剂品种较多,美国有 50 多种,日本有 43 种,中国香港有 27 种,到目前为止,我国《食品添加剂使用卫生标准》中批准使用的防腐剂有 29 种。作为防腐剂的物质应具备三个必要条件:一是在肉制品加工过程中原有结构能被分解而形成无害的物质;二是不影响肉制品的色、香、味、形,不破坏肉制品的营养成分;三是对人体健康无害。在肉制品加工中普遍使用苯甲酸及其钠盐、山梨酸及其钾盐、乳酸钠等作为防腐剂。

食品防腐剂分为化学防腐剂和天然防腐剂两大类,化学防腐剂又分为无机防腐剂和有机防腐剂。其中允许在肉制品中使用的只有山梨酸及其钾盐、双乙酸钠、乳酸链球菌素、纳他霉素和单辛酸甘油酯五种,另外还存在一些添加剂以其他目的加入,但对肉制品存在防腐作用。下面就对这些防腐剂在肉制品中的应用做一下简要介绍。

(一)山梨酸及其盐

山梨酸为不饱和六碳酸,无色针状结晶或白色结晶粉末,无味无臭,其分子式为 $C_6H_8O_2$,分子量为 112.1。可溶于多种有机溶剂,微溶于水,其钾、钠盐极易溶解于水使用时,可先溶于乙醇,再加入食品。溶解时注意不要使用铜、铁制容器。山梨酸钾是山梨酸的钾盐,白色,几乎无气味的粉末,或是颗粒状,因此粉尘极低。山梨酸钙是山梨酸的钙盐,几乎无气味的白色粉末。

山梨酸及其盐类山梨酸钾在肉制品中的应用很广,抑菌作用主要在于它能与微生物酶系统中的硫基结合,从而破坏微生物酶的活性,达到抑制微生物增殖和防腐的目的。山梨酸和山梨酸钾对细菌、酵母菌和真菌均有抑制作用,对革兰阳性菌也有一定的抑制作用,但对厌气性微生物和嗜酸乳杆菌几乎无效。其防腐作用较苯甲酸广,pH 值在 5 以下时适宜使用,抑菌效果随 pH 值增高而减弱,当 pH 值为 3 时的抑菌效果最好。山梨酸钾在鲜肉保鲜中可单独作用,也可与磷酸盐和乙酸结合作用。

用山梨酸钾浸泡过的鲜猪肉和鲜鸡肉,可延长有效期,而且对其煮熟后的感官特征无不良影响。由于山梨酸及其盐对肉毒杆菌有显著的抑制作用,将它应用于香肠、咸肉制品中可减少亚硝酸盐的用量。在腌熏肉制品中加入山梨酸钾,可减少亚硝酸钠含量,这样可以降低形成致癌的亚硝胺的潜在危险性。同时对制品的色泽和香味都无不利影响。干硬的香肠、烟熏的火腿和肉干以及类似的产品可用 5%~20% 的山梨酸钾溶液浸泡,以防真菌的腐蚀。

使用时要注意食品的卫生状况,如食品已严重污染,虽加入山梨酸盐也起不了防腐作用,而且细菌可利用山梨酸盐作为营养,使食品腐败更快。由于山梨酸在有机体内被新陈代谢产生二氧化碳和水,故对人没有危害,一般认为是最适宜的食品防腐剂。

(二)双乙酸钠

双乙酸钠(Sodium Diacetate,简称 SDA),又名二乙酸草钠盐,或二醋酸一钠,分子式为 CH_3COONa、CH_3COOH、XH_2O 或 $NaH(CH_3COO)_2$,无水物分子量为 142.09,是乙酸和乙酸钠的分子化合物。双乙酸钠是一种广谱、高效、无毒、不致癌的防腐剂,又可作为食品的调味料、营养剂(可提高食品的生物效价)。通常双乙酸钠的使用量为 0.3~3 g/kg。双乙酸钠不改变食品特性,不受食品本身 pH 值的影响,它参与人体的新陈代谢,产生二氧化碳和水,可看成食品的一部分,能够保持食品原有的色香味和营养成分。由于它安全、无毒、无残留、无致癌、无致畸变,被列为国际组织开发的食品防霉保鲜剂。在我国双乙酸钠是一种新型的多功能绿色食品添加剂,已在各类食品及水产品中广泛应用。

鲜肉中含有丰富的营养成分,且水分活性很高,极易受微生物污染和其他因素的影响,即使是肉类加工过程中 GMP、HACCP 等现代化管理模式,也很难完全防止细菌污染和控制肉品腐败变质。因此,对未包装鲜肉进行抑菌预处理,对延长其保质期是一项重要措施,在肉中加入有机酸及其盐是改善鲜肉品质、延长保质期的一个有效途径。如用有机酸盐双乙酸钠单独用于牛肉保鲜,双乙酸钠保鲜浓度为 0.6%,喷淋 30 s,有效地抑制了牛肉中细菌等微生物的生长繁殖,延长了货架期。

(三)乳酸链球菌素

乳酸链球菌素是从乳酸链球菌发酵液中制备的一种多肽物质,它们是血清学 N 群中的一些乳酸菌产生的抑菌物质,被命名为 Nisin(取自 Ninhibitory substance)。Nisin 由 34 个肽链氨基酸残基组成,它是一种高效、无毒、安全、无副作用的天然生物防腐剂,食入胃肠道后易被蛋白酶所分解。除具有多肽的一般性质外,还具有在酸性条件下,溶解度增加;其耐酸、耐热性能优良;能抑制引起食品腐败的许多革兰阳性菌,如明串珠菌、乳杆菌、葡萄球菌、小球菌等,特别是对产芽孢的细菌,如芽孢杆菌、梭状芽孢杆菌。

Nisin 很早就已在国外应用于肉制品中。美国联邦肉类检验法规建议 Nisin 作为干香肠和半干香肠的防腐剂。Nisin 是迄今研究最为广泛的细菌素,它能抑制大部分革兰阳性菌的生长,包括产芽孢杆菌(如肉毒芽孢杆菌)、耐热腐败菌(如嗜热脂肪芽孢杆菌)、生孢梭菌等,而对酵母菌和真菌无效。但近期研究表明,在一定的条件下(如冷冻、加热、降低 pH 值和经 EDTA 及其他表面活性剂处理)对部分革兰阴性菌也有致死作用。

研究表明在巴氏杀菌食品中添加 500~1 000 读数单位/g 的 Nisin 可有效地抑制 A、B 型肉毒杆菌菌株的生长及毒素的产生。因此 Nisin 可作为腌制肉制品中硝酸盐的替代剂或佐剂,以减少或避免亚硝胺类物质对人体健康的威胁。添加 Nisin 到香肠中可降低亚硝酸盐的用量,又能有效地延长香肠的保质期。

Nisin 在我国肉制品的应用较晚。目前,常被用于鱼类和肉类,在不影响肉的色泽和防腐效果的情况下,可明显降低硝酸盐的使用量,达到有效防止肉毒梭状芽孢杆菌毒素形成的目的。

对于 Nisin 的作用机制,有人认为和它上面的两个脱水氨基酸有关,它们分别是脱水丙氨酸和脱水丁氨酸;还有人认为细菌素的作用机制主要是消耗细菌细胞的质子驱动力(PMF, Proton motive force);目前则认为 Nisin 的靶标是细胞膜,在一定膜电位的存在下,吸附于感受菌的细胞膜上,侵入膜内形成通透孔道,可允许分子量为 0.5 ku 的亲水溶液通过,导致 K+ 离子从胞浆中流出、细胞膜去极化及 ATP 泄漏,细胞外水分子流入,细胞因自溶而死亡,因这种作用需膜电位的存在,通过在膜上形成通道,降低膜电位和 pH 梯度,导致细胞内溶物外泄而抑菌,故此类细菌素又称为能量依赖型细菌素。

由于 Nisin 是窄谱抗菌素,它只能杀死或抑制革兰阳性菌,对于革兰阴性菌、酵母和真菌均无作用,所以单独使用 Nisin 未必起到好的作用。通常将 Nisin 和其他几种灭菌或抑菌方法联合使用。①Nisin 与热处理结合,加入少量 Nisin,就可大幅度降低杀菌温度和时间,并提高腐败微生物的热敏感性,延长肉品货架期。②Nisin 与山梨酸等化学防腐剂联合使用。山梨酸主要抑制真菌、酵母,与需氧细菌配合使用可以克服 Nisin 作为窄谱抗菌剂的缺点。③Nisin 与辐射、紫外线、微波等灭菌方式结合,可以增强抑菌效果。而且,Nisin 是一种疏水性的多肽,肉中的脂类成分如磷脂,能与 Nisin 发生强烈的作用而影响到 Nisin 在这类产品中的分布。

(四)纳他霉素

纳他霉素也称游链霉素(Pimaricin),是一种重要的多烯类抗菌素,可以由纳塔尔链霉菌和恰塔努加链霉菌等链霉菌发酵生成的。是一种高效、安全的新型生物防腐剂,对许多食品如肉制品、饮料、水果、烘焙食品等有广泛而强效的抑菌防腐作用。1982 年美国 FDA 正式批准纳他霉素可用作食品防腐剂。1985 年,FDA/WHO 给出纳他霉素的 ADI 值,规定每日膳食许可量为 0.3mg/kg。1997 年,我国食品添加剂使用卫生标准 GB2760—1996 将纳他霉素作为增补品种批准使用。

纳他霉素是一种白色至乳白色的无臭无味的结晶性粉末。相对分子量 665.7,分子是一种具有活性的环状四烯化合物,其熔点约为 280 ℃,难溶于水和多种有机溶剂。在室温下,1 L 纯水可溶大约 50 mg 的纳他霉素。溶于稀酸、冰醋酸及二甲基甲酰胺,pH 值低于 3 或高于 9 时,溶解度会有增高。

在肉类保鲜方面,可采用浸泡和喷涂的方法,来达到防止真菌生长的目的。每平方厘米含有 4 μg 的纳他霉素时,即可达到安全而有效的抑菌水平。一般将纳他霉素配制成(150~300)mg/kg 的悬浮液对肉制品的表面浸泡和喷涂,可达到安全有效的抑菌目的。在香肠方面,在制作香肠时将纳他霉素悬浮液浸泡或喷涂已填好馅料的香肠表面,可以有效地防止香肠表面长霉。在腌腊制品中,如腊鸡、腊肉等制品可以在腌制时配成一定浓度的溶液与腌制剂混合使用,也可以在腌制后干燥前用 0.1% 的纳他霉素悬浮液进行喷洒。

值得一提的是,目前这些天然的或生物的防腐剂中有一部分在我国尚处于实验室或中试研究阶段,甚至有些产品还没有工业化生产,这给食品工业生产中的批量应用带来一定的不便。

(五)单辛酸甘油酯

单辛酸甘油酯是一种新型无毒高效广谱防腐剂,对细菌、真菌、酵母菌都有较好抑制作用,其效果优于苯甲酸钠和山梨酸钾。它的防腐效果不受 pH 值影响,在体内和脂肪一样能分解代谢,并且其代谢产物均为人体内脂肪代谢的中间产物,分解产生的辛酸可经 B- 氧化途径彻底分解为二氧化碳和水,甘油可经三羧酸循环分解,无任何积蓄和不良反应,是一种安全无毒的防腐剂。急性毒性试验大白鼠口服 LD_{50} 为 15 g/kg。大鼠分别用 150 mg/kg、750 mg/kg、3 750 mg/kg 喂养 90 d,对动物无有害反应。20 世纪 80 年代首先由日本开发成功并投放市场,规定为不需限量的食品防腐剂。FAO/SHOJECFA 也对辛酸甘油酯不做限量。我国于 1995 年试验成功,经多种食品防腐试验,效果明显。它是由 8 个碳的直链饱和脂肪酸辛酸和甘油各 1 g 分子酯化合成,分子式为 $C_{11}H_{22}O_4$,分子量为 218,熔点 40℃,易溶于乙醇等有机溶剂。在生切面中使用 0.04% 时,保质期比对照组从 2 d 增至 4 d。在内酯豆腐中使用有同样效果。在肉制品中添加浓度 0.05%~0.06% 时,对细菌、真菌、酵母菌完全抑制。我国 GB2760—1996 规定可用于肉肠,最大使用量为 0.5 g/kg。

(六)乳酸钠

乳酸钠作为保湿剂、抗氧化增效剂和风味增强剂,已被广泛应用于肉制品中,但越来越多的证据显示乳酸钠具有抑菌作用,并被越来越多的人所认可。乳酸钠是一种最新型的肉制品防腐、保鲜剂,在国外已有 20 多年使用历史,是由乳酸制备得到的衍生物,由粮食为基料,由乳酸菌发酵后经先进的化工工艺加工而成,分子式为 CH3CHOHCOONa,分子量为 112.06,为无色或微黄色透明糖浆状液体,能与水、油及各种食品添加剂充分混合,被美国食品与药品管理局(FDA)批准为"安全无毒物质",可直接应用于食品中。乳酸钠是一种有机弱酸盐,在低温肉制品中却能起到防腐、保鲜、延长货架期和增加食品安全性的作用。

专家认为,它通过降低水分活性以及影响细胞膜的质子通透性来酸化细胞内的结构,抑制微生物的生长,为加工肉制品提供防腐作用。据大量国内外研究结果显示,在西式香肠中单独使用乳酸钠,防腐效果与亚硝酸钠相当,用 2.5% 乳酸钠和 150 ppm 乳酸链球菌素配合使用,比用亚硝酸钠保存期延长一倍。乳酸钠略有温和的咸味,生产过程中应适当减少用盐量,约减少乳酸钠用量的 10%。

四、抗氧化剂

抗氧化剂能防止油脂氧化酸败的原理是由于抗氧化剂能提供氢原子,能与脂肪酸自由基结合,使自由基转化为惰性化合物,中止自由基连锁反应,即中止油脂的自动氧化。其作用模式如下:

$$AH(抗氧化剂) + ROO·(油脂过氧化自由基) \rightarrow ROOH + A·$$

$$AH(抗氧化剂) + R·(油脂自由基) \rightarrow R\text{-}H + A.$$

抗氧化剂本身产生的自由基(A·)是没有活性的。因为常用的酚类抗氧化剂产生的醌式自由基,可通过分子内部的电子共振而重新排列,呈现比较稳定的结构。这种醌式自由基不再具备争取食品中油脂的氢原子所需的能量,从而起到保护油脂食品的作用。从抗氧化剂的作用机制可见,提供氢原子的抗氧化剂只能阻碍氧化作用,延缓食品开始败坏的时间,但绝不能改变已经酸败的后果。因此,使用抗氧化剂时必须在开始阶段,即油脂开始氧化以前,才能发挥抗氧化的作用。只有尽早使用抗氧化剂才能及时切断氧化反应链。

有一些物质,其本身虽没有抗氧化的作用,但与抗氧化剂混合使用,却能增强抗氧化的效果,这些物质统称为抗氧化剂的增效剂。现已被广泛使用的增效剂有柠檬酸、磷酸、酒石酸、抗坏血酸等。这些物质之所以具有增强抗氧化的效果,主要是由于增强剂(用 SH 表示)与油脂中存在的微量金属离子能形成金属盐,使金属不再具有催化作用。有的学者认为增效剂与抗氧化剂的自由基作用,而使抗氧化剂获得再生。

$$SH(增效剂) + A· \rightarrow AH(抗氧化剂) + S·$$

一般酚型抗氧化剂,可用其使用量的 1/4~1/2 的柠檬酸、抗坏血酸或其他有机酸作为增效剂。由于用量很少,必须充分地分散在食品中,才能较好地发挥作用。

在肉制品中抗氧化剂使用应注意:①抗氧化剂通过游离基反应而起作用,它不能清除氧或吸收氧;②抗氧化剂不能使氧化了的油脂复原;③抗氧化剂必须尽早使用,过氧化物大量存在时会降低其使用效果;④复合使用几种抗氧化刑效果强于单独使用一种抗氧化剂;⑤ BHA、BHT、PG 在肉制品中应用广泛,其使用量一般应为:干制香肠中若单独使用应 < 0.003%,若使用两种以上应 < 0.006%;鲜香肠中单独使用应 < 0.01%,若使用两种以上应 < 0.02%。

(一)亚硝酸盐类

亚硝酸盐是一种非常有效的抗氧化剂,它几乎能够完全抑制加热肉制品的氧化作用。亚硝酸盐能够抑制脂肪氧化包括多种的抗氧化机制。由于亚硝酸盐的限量使用,大量其他的肉制品抗氧化剂的有效性已被试验出来。

(二)酚类抗氧化剂

大量的人工或是合成酚类抗氧化剂都能抑制脂肪的氧化作用。但酚类化合物的总抗氧化能力取决于它们失活自由基的能力(抑制氧化作用)和还原过渡金属的能力(促进氧化作用)的对比。另外,酚类的脂溶性可以增强它的抗氧化性。

1. 合成的酚类

合成的酚类如丁基化氢基苯甲醚、丁基化羟基甲苯、培酸丙醋和叔丁基对苯二酚等,可以用来控制食品中的氧化反应。这些脂溶性酚类通过清除自由基而抑制脂类的氧化。人工合成的酚类能有效抑制脂类氧化,但对"全天然"产品的要求促使其他抗氧化剂的使用。

(1)丁基羟基茴香醚

丁基羟基茴香醚又称为叔丁基 -4- 羟基茴香醚、丁基大茴香醚,简称 BHA。BHA 在我国允许使用,也是国外广泛使用的油溶性抗氧化剂。其抗氧化作用,0.005% 的浓度可使猪油脂延缓酸酸期 4~5 倍,0.01% 的 BHA 可稳定生牛肉的色素和抑制脂类化合物氧化。BHA 可防止各种干香肠的褪色和变质。

BHA 用量一般应≤ 0.02%,用量在 0.02% 时比 0.01% 时的抗氧化效果增高 10% 左右,但超过 0.02% 以上抗氧化效果反而下降。BHA 同时具有较强的抗微生物作用,其抗菌效果好于 BHT、TBHQ,使用方便,但成本较高。使用时为了和食品混合均匀,可先用少量油脂溶解后再加入。

(2)二丁基羟基甲苯

二丁基羟基甲苯又称 2,6- 二特丁基对甲酚,简称 BHT。BHT 也是我国和国外广泛使用的油溶性抗氧化剂。BHT 的安全性高于 BHA。但为保证安全,1986 年 FAO/WHO 联合食品添加剂专家委员会将 ADI 值从每千克体重摄入量由 0~0.5 mg 降为 0~0.125 mg。我国因 BHT 抗氧化能力较强,耐热及稳定性高,没有 BHA 那样特异臭,而且价格低廉(仅为 BHA 的 1/8~1/5),因此作为主要抗氧化剂使用。猪油中加入 0.01%,氧化诱导期可延长约 2 倍。同时可用于猪排、鱼肉、鸡肉、熏肉和各种干肠。和 BHA 并用,效果更好。使用时为了和食品混合均匀,也可先用少量油脂溶解后再加入。

(3)没食子酸丙酯

没食子酸丙酯又称棓酸丙酯,简称 PG。0.001%~0.01%PG 对动物油的抗氧化很有效,且效果强于 BHA、BHT。PG 能保护新鲜牛肉色泽和脂类化合物,也可延长鸡肉的保存期。PG 与铁离子生成紫色络合物,可引起食品变色,所以 PG 也是国内外普遍使用的油溶性抗氧化剂,其抗氧化性能较 BHT 和 BHA 强,且耐热好,但遇金属离子变色。例如,遇高铁离子反应呈紫色,因此使用时应避免用铁、铜容器。使用时也可先用油脂将其溶解,再加入全部食品中混合均匀。一般与一种金属螯合剂配合使用,如柠檬酸、酒石酸、EDTA,既可增效,又可防变色。在油脂、油炸食品、干鱼制品中加入量不超过 10^{-4}g(0.1 g/kg)(以脂肪总重计)。

(4)叔丁基对苯二酚

叔丁基对苯二酚简称 TBHQ,为油溶性抗氧化剂,白色结晶,微溶于水,溶于乙醇、乙醚等有机溶剂。TBHQ 对高温稳定,且挥发性比 BHA、BHT 小。1972 年批准用于食品,对油脂尤其是对不饱和植物油脂很有效。在肉制品中 TBHQ 可有效延长冷冻馅饼的腐败气味产生的时间,和 BHA 配合使用可防止块状猪肉和牛肉褪色,同时对鱼肉制品有效。另外它有一个最大的特点就是在铁离子存在下不变色,添加于任何油脂和含油食品中也没有异味和异臭。油溶性良好,对植物油的效果比 BHA、BHT 和 PG 都好。其安全性已由 FAO / WHO 评价,暂定每日允许摄入量 ADI 为每千克体重 0.75 mg。

2. 生育酚

生育酚即维生素 E，为淡黄色黏稠的油状液，基本上无味。可与丙酮、乙醚或植物油混溶，易溶于乙醇，几乎不溶于水，是油溶性抗氧化剂。在天然的维生素 E 中，已知存在 α-、β-、γ-、δ- 等 7 种异构体。植物种类不同，其主要成分也不同。同分异构体的抗氧化作用以 α 型最强，依次为 β 型、γ 型和 δ 型。维生素 E 耐热性高，在较高温度下仍有较好的抗氧化效果，而且耐光、耐紫外线、耐放射性较强（BHA 和 BHT 较差），这对于用透明薄膜包装的食品很有意义。

维生素 E 在各种植物油中均有存在，所以植物油比动物油脂稳定性好、耐贮存。在奶油、猪油中加入 0.02%~0.03% 维生素 E 抗氧化效果十分显著。但不能过量，否则会加速油脂氧化酸败。现发现在动物油中加入适量大豆油，其抗氧化效果不亚于 PG 等合成氧化剂，可能原因就是其中维生素 E。近年来国外的研究结果表明，维生素 E 还在阻止咸肉中产生亚硝胺方面有一定的效果。在肉制品、水产品、冷冻食品及方便食品中，其用量一般为食品油脂含量的 0.01%~0.2%。

3. 天然提取物抗氧化酚类

天然提取物抗氧化酚类同样可以从各种植物的抽提物中获得，抗氧化酚类的最普通的商业来源是迷迭香。据报道，当迷迭香的抽提物浓度在占总重的 0.02%~0.5% 范围内时，能够抑制牛肉、猪肉、火鸡、小鸡和小熏肠中的脂肪氧化作用。迷迭香提取物中有抗氧化活性的酚类包括昆尾草酚、昆尾草酸和玫红酸。

（三）螯合剂

螯合剂肉制品中的脂肪氧化可以通过控制氧化强化金属的活性来控制。肉制品中最常用的螯合剂是柠檬酸和磷酸盐。与一磷酸盐相比，多磷酸盐是更为有效的螯合剂和抗氧化剂，能够抑制 85% 以上脂肪氧化。但使用多磷酸盐作为抗氧化剂时，肉制品的加热状态必须考虑。

（四）维生素 C

维生素 C 能够维持还原态和肌红蛋白的红色，而潜在地误导消费者对肉的新鲜度的看法，故而维生素 C 在许多肉制品中的使用受到限制。维生素 C 既能充当氧化强化剂又能作为抗氧化剂。据报道，低浓度（0.02%~0.03%）下的维生素 C 要么是无效的，要么是作为氧化强化剂，只有在高浓度（0.5%）时才能够显示抗氧化活性。

另外，异抗坏血酸也可防止肉制品、鱼制品的变质，肉制品中添加量为 0.5~0.8g/kg。

（五）复配抗氧化剂

已经发现一些复配型抗氧化剂对肉制品脂肪氧化具有显著增效抑制作用。人参皂苷，山茱萸皂苷、油茶总皂苷等都具有很好的抗氧化作用。单宁，是一种多羟基酚，众多酚羟基使单宁具有很强的还原性，对各种氧自由基、脂质自由基、含氮自由基都有较强的清除能力。其抗氧化性表现在两个方面：一是通过还原反应降低环境中的氧含量，二是通过作为氢供体释放出氢与环境中的自由基结合，中止自由基引发的连锁反应，从而阻止氧化过程的继续进行。

五、品质改良剂

在肉制品生产中,为了使制品形态完整、色泽好、肉质嫩、切面有光泽,需加入一些品质改良剂,对增加肉的保水性、提高黏结性、改善制品的鲜嫩口感、增强制品的弹性、提高出品率等具有一定的作用。

(一)磷酸盐

为了改善肉制品的保水性能,提高肉的结着力、弹性和赋形性,通常往肉中添加磷酸盐。在我国食品添加剂使用卫生手册中规定可用于肉制品使用的磷酸盐有焦磷酸钠、三聚磷酸钠和六偏磷酸钠。

1. 焦磷酸钠

焦磷酸钠系无色或白色结晶性粉末,溶于水,不溶于乙醇,能与金属离子络合。对稳定制品起很大作用,可增加与水的结着力和产品的弹性,并有改善食品口味和抗氧化作用,常用于灌肠和西式火腿等肉制品中,用量不超过 1 g/kg,多与三聚磷酸钠混合使用。

2. 三聚磷酸钠

三聚磷酸钠系无色或白色玻璃状块或片,或白色粉末,有潮解性,水溶液呈碱性,对脂肪有很强的乳化性。另外还有防止变色、变质、分散作用,增加黏着力的作用也很强。其最大用量应控制在 2 g/kg 以内。

3. 六偏磷酸钠

六偏磷酸钠系无色粉末或白色纤维状结晶或玻璃块状,潮解性强。对金属离子螯合力、缓冲作用、分散作用均很强,能促进蛋白质凝固。可与其他磷酸盐混合成复合磷酸盐使用,也可单独使用。最大使用量为 1 g/kg。

磷酸盐溶解性较差,因此在配制腌制液时要先将磷酸盐溶解后再加入其他腌制料。各种磷酸盐混合使用比单独使用好,混合的比例不同,效果也不一样。在肉制品加工中,使用量一般为肉重的 0.1%~0.4%。

(二)大豆分离蛋白

为了提高肉制品的感官质量和营养价值,在制品中添加大豆分离蛋白作为改良品质的乳化剂。大豆分离蛋白的蛋白质含量高达 40%,是瘦肉蛋白质含量的 2.5 倍,同时具有优良的乳化、保水、吸水和黏合的作用。

粉末状大豆分离蛋白有良好的保水性。当浓度为 12% 时,加热温度超过 60 ℃,黏度就急剧上升,加热到 80~90 ℃时静置、冷却,就会形成光滑的沙状胶质。这种特性使大豆分离蛋白加入肉组织时,能改善肉的质地。其在肉制品加工中的使用量因制品不同而有差异,一般为 2%~7.5%。

(三)卡拉胶

卡拉胶是从海洋中红藻科的多种红色海藻中提炼出的一种可溶于水的白色细腻粉状、含有多糖不含蛋白质的胶凝剂。卡拉胶具有深入肉组织的特点,在肉中结合适量的水,能与蛋白质结合形成综合的黏胶"网状"结构,可保持制品中的大量水分,减少肉汁的流失,并且具有良好的弹性、韧性。

在肉制品加工中添加 0.6% 的卡拉胶,即可使肉馅保水率从 80% 提高到 88% 以上,并可降低蒸煮损失。卡拉胶还具有很好的乳化效果,能稳定脂肪,提高制品的出品率,防止盐溶性蛋白及肌动蛋白的损失,抑制鲜味成分的溶出。

(四)酪蛋白酸钠

酪蛋白酸钠又名酪朊酸钠,也称奶蛋白、乳蛋白质,是牛乳中的主要蛋白质酪蛋白的钠盐,是一种安全无害的增稠剂和乳化剂,呈白色或淡黄色的微粒或粉末,无臭,无味,可溶于水。因为酪蛋白酸钠含有人体所需的各种氨基酸,营养价值很高,因而也作为营养强化剂使用。

酪蛋白酸钠具有很强的乳化、增稠作用,所以在肉制品生产中添加,可增进脂肪和水的保持力,防止脱水收缩,并有助于肉制品中各成分的均匀分布,从而进一步改善制品的质地和口感,一般用量为 1.5%~2%。

(五)淀粉

在肉制品生产中,普遍使用淀粉作为增稠剂,加入淀粉后,对于制品的持水性、组织形态均有良好的效果。这是由于在加热过程中,淀粉颗粒吸水、膨胀、糊化。当淀粉糊化时,肌肉蛋白的变性作用已经基本完成,并形成网状结构,网眼中尚存在一部分不够紧密的水分,被淀粉粒吸取固定;同时淀粉粒变得柔软而富有弹性,起到黏着和保水的双重作用。

淀粉存在于谷类、根茎(如薯类、玉米、藕等)和某些植物种子(豌豆、蚕豆、绿豆等)中,一般可经过原料处理、浸泡、破碎、过筛、分离、洗涤、干燥和成品整理等工艺过程而制得。淀粉的种类很多,价格较便宜。常用的有绿豆淀粉、小豆淀粉、马铃薯淀粉、白薯淀粉、玉米淀粉。

在肉糜类的香肠制品生产中,一般都要加入一定量的淀粉,对于改善制品的保水性、组织状态均有明显的效果。

在中式肉制品中,淀粉能增强制品的感官性能,保持制品的鲜嫩,提高制品的滋味,对制品的色、香、味、形等方面均有很大的影响。

在常见的油炸制品中,原料肉如不经挂糊、上浆,在旺火热油中,水分会很快蒸发,鲜味也随水分跑掉,因而质地变老。原料肉经挂糊、上浆后,糊浆受热立即凝成一层薄膜而形成保护,不仅能保持原料原有鲜嫩状态,而且表面糊浆色泽光润,形态饱满,能增加制品的美观度。

在低档肉品中,淀粉的主要作用是保持水分,膨胀体积,降低成本,增加经济效益。在中高档肉品中则可增加黏着性,使产品结构紧密、富有弹性、切面光滑、鲜嫩可口。淀粉使用得当,不但不会影响质量,经济效果也显著。

通常情况下,制作灌肠时使用马铃薯淀粉或玉米淀粉,加工肉糜罐头时用玉米淀粉,制作肉丸等肉糜制品时用小麦淀粉。肉糜制品的淀粉用量视品种而不同,可在 5%~50% 的范围内,如午餐肉罐头中约加入 6% 淀粉,炸肉丸中约加入 15% 淀粉,粉肠约加入 50% 淀粉。高档肉制品则用量很少,并且使用玉米淀粉。

淀粉的回生也称老化和凝沉,淀粉稀溶液或淀粉糊在低温下静置一定时间,混浊度增加,溶解度减小,在稀溶液中会有沉淀析出,如果冷却速度快,特别是高浓度的淀粉糊,就会变成凝胶体(凝胶长时间保持时,即出现回生),好像冷凝的果胶或动物胶溶液,这种现象称为淀粉的回生或老化。淀粉回生的一般规律有以下几个方面。

①含水量为30%~60%时易回生,含水量小于10%或大于65%时不易回生。

②回生的适宜温度为2~4 ℃,高于60 ℃或低于-20 ℃不会发生回生现象。

③偏酸(pH值为4以下)或偏碱的条件下,也易发生回生现象。

(六)变性淀粉

变性淀粉是将原淀粉整理、经化学处理或酶处理后,改变原淀粉的理化性质,从而使其无论加入冷水或热水,都能在短时间内膨胀、溶解于水,具有增黏、保形、速溶等优点,是肉制品加工中一种理想的增稠剂、稳定剂、乳化剂和赋形剂。

多年来,在肉制品加工中一直用天然淀粉作增稠剂来改善肉制品的组织结构,作赋形剂和填充剂来改善产品的外观和成品率。但在某些产品加工中,天然淀粉却不能满足某些工艺的要求。因此,用变性淀粉代替原淀粉,在灌肠制品及西式火腿制品加工中应用,能收到满意的效果。

变性淀粉的性能主要表现在其耐热性、耐酸性、黏着性、成糊稳定性、成膜性、吸水性、凝胶性以及淀粉糊的透明度等方面的变化。可以明显改善肉制品、灌肠制品的组织结构、切片性、口感和多汁性,提高产品的质量和出品率。

变性淀粉的种类主要有环状糊精、有机酸裂解淀粉、氧化淀粉与交联淀粉。

第六章　肉制品加工设备

第一节　肉制品预加工设备

随着现代生活节奏的加快,人们已越来越趋向于接受现代化的肉类制品。因此,无论是肉制品加工业,还是快餐食品连锁业,都把生产安全卫生、营养健康、食用方便的肉制品作为发展趋势,以满足消费者的需求。

肉制品加工机械设备对肉制品加工的重要性,主要体现在保证所加工食品的质量与安全方面。它不仅需要满足肉制品加工工艺对设备的要求,如对温度、时间等重要工艺参数的有效控制,更重要的是设备本身还必须具有安全和卫生的特点。要正确地选择和利用肉制品加工机械设备来研发和加工所要求的产品,就必须清楚肉制品加工机械的用途,要求使用者掌握设备的特性,对设备结构、运行原理及所能达到的控制能力都要充分了解,以确认其是否能达到加工目的。同时,还应特别注意一些名称相同而内部结构和控制目的不同的加工设备,以避免因选用不当达不到加工工艺要求或造成设备损坏,影响产品的研发和生产。

一、解冻设备

在肉制品加工中,冷却肉是首选的原料肉。随着肉制品生产量的逐年增加,肉制品加工企业对原料肉的需求量不断增大,使得冷却肉供不应求,肉制品加工企业只能采用能远距离运输的冷冻肉。冷冻肉的大批量使用,就要求加工企业必须对肉类原料进行预加工。"解冻"又称化冻,是指将冷冻食品的温度从深度冻结状态上升至低于零度某一数值。一般为 -5 ℃左右,此时食品可切片、分割。解冻则必须将温度升至常温或高于 0 ℃,使食品脱离冰冻状态。经预加工的产品可以被进一步加工成肉制品,也可以在超市、商场进一步加工后直接销售。因此,近年来随着市场上预加工肉类产品需求量的逐渐增大,肉类预加工设备的使用也越来越广泛。

(一)微波解冻设备

使用微波技术比常规方法加工时间大大缩短,容易控制产品质量、色泽和鲜度都能保持、营养成分及水分损失少,含菌量低,同时,高效低成本、耗能少、占地面积小、劳动条件及环境得到改善。

微波解冻流程:食品速冻 -20 ℃左右,微波解冻加热至 -4 ℃使其晶体破碎。微波是频率在 300 MHz 到 300 kMHz 范围的一种电磁波,它是利用物料的介电特性来进行加热解冻化冻的,食品物料中的极性分子(称为偶分子)在做杂乱无规则的运动,例如,冰就是极性分子。当处于电磁场中时,极性分子将重新排列,带正电的一端朝向负极,带负电的一端朝向正极。若改变电磁场的方向,则极性分子的取向也随着改变,若电磁场迅速交替地改变方向,则极性分子也随着做迅速的摆动。由于分子的热运动和相邻分子间的相互作用,极性分子随着电磁场方向改变而做的规则摆动将受到干扰和阻碍,即产生了类似摩擦的作用,使分子获得能量,并以热的形式表现出来,表现为物料的温度升高。由于微波均以每秒数亿次的速度(24.5 亿 /s)周期性改变电磁场的方向,从而产生大量的热能。

1. 设备用途

微波解冻设备是用于将冻结食品解冻的一类专用设备。微波解冻是指在一定频率的电磁波作用下将冻结食品解冻的方法。与传统的自然解冻、水浸或水淋解冻相比,它具有解冻时间短、内外受热均匀、肉损耗减少、营养成分无损失、解冻环境清洁、产品卫生标准高等突出优点。

2. 主要结构与特点

微波解冻设备是由隧道式微波发生箱体和输送带组成,输送速度采用变频调速,以适应不同大小肉块解冻时所需的速度。

微波化冻机的特点:

①微波化冻迅速,冷冻产品可在 5~10 min 内解冻完毕,从而保证了对产品需求的迅速对应,方便卫生和加工作业。

②减少滴水损失。由于采用的是冷冻产品内部发热解冻方法,解冻品内外温度均一,所以不易出现滴水现象,并且能最大程度保持产品的品质。

③可实现从冷冻保存→解冻→后处理工序的连续式作业。

④不需要打开包装即可解冻。

⑤由于在微波化冻时不需要用水,故能保证作业环境干燥清洁,作业环境优良,容易实现 HACCP。

⑥通过设定产品的解冻条件,任何人都可以进行解冻作业并保证产品解冻后的品质稳定性。

⑦微波化冻安全卫生,由于不使用水,所以不会产生细菌污染,另外也能节约用水成本。

⑧节约人力及减少作业空间占用。

3. 注意事项

(1)解冻时应避免肉块表面有水,以节约能耗。

(2)原料肉在进入解冻设备前需经过金属检测器,禁止夹杂金属进入机器。

(二)热风循环解冻设备

1. 设备用途

热风循环解冻设备是用于将冻结食品解冻的一类专用设备。

这是一种快速的风循环解冻方法,与微波解冻相比,不但节约投资,而且使用效果也较好,适用于大批量冷冻原料肉的解冻。

2. 主要结构与特点

热风循环解冻设备主要是由箱体、解冻架、热交换系统和空气循环系统组成。被解冻食品放入解冻架后,受单向热风作用,能快速解冻。热风循环解冻比常温货架解冻能缩短一半以上的解冻时间。虽然资金投入上增加了风机及热交换器等设备,但与微波解冻设备相比成本低很多。其最大的优势是提高了解冻效率,所以是一种经济、快速的解冻设备。

3. 注意事项

解冻时肉块不能重叠堆放,解冻温度不能过高。

二、冻肉切割设备

冻肉切割设备是目前肉制品加工企业使用最广的冷冻肉加工设备。该设备是在冷冻状态下切割肉类,所以能保证肉的质量,减少肉的营养成分损失,降低肉制品加工能源损耗。目前常用的冻肉切割设备大致上有以下几种类型。

(一)冻肉刨肉机

1. 圆盘型冻肉刨肉机

(1)设备用途

圆盘型冻肉刨肉机是用于冻肉块切割的一类专用设备。该机通过调整切割刀片位置,可以将不同规格的冻肉块切成不同厚度的肉片,适合各种肉类生产企业加工冻肉。

(2)主要结构与特点

圆盘型冻肉刨肉机主要由机架、切割机构、电控箱、传动机构和电机组成。不锈钢机身,刀盘上装有两把切刀,切刀的安装位置可以伸缩调整,以适应不同厚度的切割要求。进、出料口均有安全保护罩。

(3)操作要点

使用前,消毒、清洗机器。检查进料斗、刀盘处是否有异物,将盛料容器放在出料口下方,并将前盖关好。此时放入冻肉原料,按下启动按钮,机器即可开始工作。

(4)注意事项

①原料肉在进入设备前需经过金属检测器,禁止夹杂金属进入机器。

②使用前先试机,检查刨肉机运转是否正常。

③随时保持刨肉机的外观清洁。

④根据具体状况及时打磨刀刃,保证切片效果。

⑤断点状况下每周一次对刨肉机拆装、清洗、调试,并检查机械传动部分及线路是否正常。

⑥机器运转过程中严禁将手或任何物件伸入进料斗和防护罩。

⑦清洗刨肉机严禁水冲、水淋。

2. 滚刀型冻肉刨肉机

(1)设备用途

滚刀型冻肉刨肉机主要用于将不同大小的冻肉块刨成无规格要求的小块或小片,以满足后序加工要求。该冻肉刨肉机常与斩拌机、绞肉机等对冻肉片的大小规格无特殊要求的加工设备配套使用。

（2）主要结构与特点

滚刀型冻肉刨肉机主要由电控箱、机架、安全装置、切割及传动组件和电机组成。刀具拆卸、清洗方便，刨削厚度可调。

（3）操作要点

使用前首先需要根据刨削厚度要求调节好刀的间距，然后将冻肉块放入冻肉投料槽内，肉块自动下滑，与刀具定位接触。开机后，旋转的刀具会将冻肉刨成小片，直至被完全刨完。

（二）冻肉切割机

1. 设备用途

冻肉切割机是用于将大块冻肉切割成小块冻肉的专用设备。该机可选择与输送提升机连接，组成自动加工生产线。

2. 主要结构与特点

冻肉切割机主要由安全装置、切割机构、机架、控制面板和液压系统组成。整机由优质不锈钢制成，机器采用液压传动。冻肉块的进料推送机构采用步进电机或气动，能保证肉块的切割厚度和安全输送。出料口有安全开关，冻肉切割机可与肉车或输送提升机连接。

3. 操作要点

工作时，将冻肉块放在切割机工作平台上。启动机器后，进料推送机会将冻肉块往刀的方向步进式推进，切割刀自动上下往复运动，将冻肉块切成小块或小片。

4. 注意事项

①每天检查安全装置和切割刀紧固状况，定期磨刃。

②原料肉在进入设备前需经过金属检测器，禁止夹杂金属进入机器。

③机器运转过程中严禁将手或任何物件伸入切割区域。

（三）带锯

1. 设备用途

带锯是一种多用途的锯割加工设备，不仅可以锯割冻肉，还可以锯割骨头、带骨肉等，被广泛应用于肉制品加工业、水产品加工业、快餐业、超市及肉类专卖店。

2. 主要结构与特点

带锯主要由传动机构、锯条、制动电机和机架等组成。整机由优质不锈钢制成，传动电机带制动功能，上下保护门的微小开启都将制动带锯。锯条张紧部分有人工张紧和自动张紧两种结构。自动张紧使锯条张力均匀，能延长锯条的使用寿命。

3. 操作要点

工作时，肉块必须放在肉料推进工作台上锯割。肉块的锯割厚度可以根据工作台面上的刻度和可移动挡板来调节。确定锯割厚度后，必须锁紧挡板。

4. 注意事项

①操作前应根据锯割对象选择正确的锯条。例如，锯割无骨冻肉类应选用无尖齿的圆弧形锯条，锯割带骨冷却肉时选用齿形小、节距短的锯条。

②检查安全装置和带轮的紧固状况，严禁随意拆除安全保护装置。

③机器运转过程中严禁将手或其他任何物件伸入锯割位置。

第二节 肉制品加工设备

一、冷却肉切割设备

在工厂内将肉类加工成肉片、肉丝、肉丁等半成品,甚至将其腌制、调味做成冷却或冷冻的方便食品已成为肉类消费市场的发展趋势。冷却肉又称排酸肉,是活牲畜屠宰经自然冷却至常温后,将两分胴体送入冷却间,在一定的温度、湿度和风速下将肉中的乳酸成分分解为二氧化碳、水和乙醇,然后挥发掉,同时细胞内的大分子三磷酸腺苷在酶的作用下分解为鲜味物质基苷 IMP(味精的主要成分),经过排酸后的肉的口感得到了极大改善,味道鲜嫩,肉的酸碱度被改变,新陈代谢产物被最大程度地分解和排出,从而达到无害化,同时改变了肉的分子结构,有利于人体的吸收和消化。随着各地配送中心和加盟快餐店的快速发展,肉类预加工设备的应用也越来越多。冷却肉切割设备主要有切片机、切片切丝机、切丁机、大排切割机、切条机、圆盘锯等。

切片机的用途就是将原料肉均匀地切成肉片,这些被切片的原料可以是生肉也可以是熟肉制品,但是切生原料肉的切片机绝对禁止用于切熟肉制品。冻肉切片机适用于将不同形状和大小的冻肉制品切成厚度均匀的薄片,配装输送带后可与包装线连接提高生产效率。冻肉切片机操作要点:使用前先需要调整两侧导料板,调至肉块能自由通过;然后调整压肉架高度,调整压板比肉块厚度高 5 mm 左右为宜。

台式切片机是餐厅、食堂、超市最常用的切片设备。其最佳切片温度范围是在 -2~2 ℃。目前很多火锅店将其用于切冷冻的涮羊肉片,这是对该机用途的又一拓展。工作时将需切肉制品或肉块放入圆刀上方的持肉板架上。用压锤压住肉块调节好切片厚度,然后启动机器圆刀转动,持肉板架就会在圆道上来回运动,随着压锤的下落作用,持续压住肉块切下肉片。

立式切片机主要由切割机构、磨刀器、机架调速机构、调控按钮和厚度调节机构等组成。同样由圆刀转动切片,可根据产品加工量或包装的需求与输送机、自动称重、自动包装、喷码等设备配套使用,形成全自动定量切片、包装、喷码、加工生产线。

二、斩拌机

斩拌机在利用斩刀高速旋转的斩切作用,将肉及辅料在短时间内斩成肉馅或肉泥状,还可以将肉、辅料、水一起搅拌成均匀的乳化物,是肉制品生产工艺中的关键设备。斩拌机的一般功能是斩切和搅拌。高速旋转的斩拌刀可把原料肉斩拌成细腻的糜状,同时可以把其他辅料搅拌均匀,具有乳化功能。斩拌机利用斩刀高速旋转的斩切作用,物料的斩切时间短、温升小,提高了物料的细腻度,可充分提取蛋白,使产品具有弹性强、乳化效果好、出品率高等特点,是宾馆、酒家、食堂、肉类加工场等所不可缺少的肉类加工机械。

斩拌机的工作原理就是用固定位置旋转的刀具,将相对旋转的原料肉切碎、搅拌均匀。

斩拌机的类型较多,有真空与非真空之分,有的还具备蒸煮功能。一般大型斩拌机带有装卸料装置,中型斩拌机带有自卸料装置,而小型斩拌机则完全采用人工装卸料。斩拌刀是斩拌机的核心部件,在一定的速度范围内,肉类的斩切功效完全取决于刀具的形状和质量,斩切中随着斩拌锅的旋转,锅内的原料肉将对刀具产生一个侧向推力。斩拌刀在加工过程中呈弯曲状态。因此斩拌刀本身的质量非常重要,不但要保证不生锈,刀片锋利,还应具有良好的刚性和韧性。

斩拌刀有多种类型结构,机器上所安装的数量也有区别。小型斩拌机一般安装 3~4 片。中、大型斩拌机就必须安装 6 片刀,甚至更多。斩拌刀的刃口类型有弯曲形刀、多边形直刃刀、圆弧形刀等常见形状。

斩拌机根据工作状态分为两类,真空斩拌机和非真空斩拌机。真空斩拌机的用途与普通斩拌机类似,区别仅在于装配了真空系统,由于该机结构相对复杂,配置更加昂贵,一般只有大型肉制品加工厂或加工特定产品时才会采用真空肉斩拌机。真空斩拌机设备采用变频技术,刀速调整范围大,具有高效节能的功能,与普通斩拌机相比,真空斩拌机增加了真空泵,即与之相适应的机械结构真空斩拌机,除了具有普通斩拌机的固有特点外,还具有以下优点。

①能避免转半时将空气带入肉糜中。

②能减少产品中的含菌量,适当延长产品保质期。

③能防止脂肪氧化,保证产品风味。

④能使肉馅融出更多蛋白质得到最佳乳化效果。

⑤能稳定肌红蛋白的转化,以保持产品的最佳色泽。

⑥能相应减少约 8% 的肉糜体积,减少灌肠中的孔洞。

三、绞肉机

绞肉机是肉食生产中最常用的切割设备,是将原料肉绞切成颗粒大小不同的专用设备,其种类有普通型,也有特殊加工型。铰刀和孔板是绞肉机的核心部件,目前在世界各地基本上都采用欧洲型和北美型两种不同结构的铰刀和孔板来与绞肉机配合。

欧洲型铰刀结构由预切孔板、铰刀、大孔板、铰刀和小孔板等两刀、三板组成,其中在加工时,三个板是不转动的,两个刀刃则随着搅龙轴转动。铰刀是双面开刃口的刀刃与孔板接触形成双面切割,在绞肉加工时。可以根据所加工的肉类或产品的要求更换刀板组合。北美型铰刀结构由铰刀和孔板一刀一板组成,而且铰刀只有单面刃可与孔板接触形成单面切割。

绞肉机的作用就是将原料肉按香肠产品肉馅儿颗粒的要求绞碎。一般要求肉的绞切温度为 2~4 ℃,普通型绞肉机禁止用于绞切冷冻肉。绞肉机由机架、送料机构、切割机构、传动系统及电控系统组成。工作时,送料机构、绞龙主轴通过减速机带动低速旋转,将物料推至切割机构处,利用旋转的切刀刃和孔板上的孔眼刃形成的剪切力将肉块切碎,并在绞龙的推挤力作用下流出出肉口。

冻肉绞肉机是将各种块状冷冻肉不经解冻,直接绞切到专用设备,不仅节约了冻肉缓化的时间,而且最主要的是减少了肉在缓化过程中流失的营养成分以及蛋白质的损失,从而保持了肉的鲜味与营养。冻肉绞肉机可将未解冻的肉块(-18 ℃)或鲜肉直接进行绞切,利用该机加工冻肉可以减少原料肉的解冻损失提高生产效率,但由于该机所需的动力较大,所以只在大型肉制品加工厂加工大批量冷冻肉食使用。该机常与提升输送机配套形成连续加工生产线,它能连续地把块状原料肉按要求切成各种尺寸的颗粒状肉料。

四、搅拌机

搅拌机的用途就是将绞碎的肉馅与各种添加剂、辅料等混合均匀,满足各种生产的加工要求。搅拌机是搅拌物料的必备设备,经过搅拌的产品黏度增加,有弹性,可进行馅状、散状、酱状物料的搅拌混合。经过搅拌的馅黏度增加,富有弹性,特质的扇形搅拌器,在搅拌的同时又对馅料起嫩化作用,是制作风干肠类产品、粒状、泥状混合肠类产品、肉丸类产品的首选设备。搅拌机结构分为:单搅拌轴、双搅拌轴,真空、非真空,带加热装置、带冷却装置,箱体可以翻转出料、箱体不能翻转卧式出料等。另外搅拌桨也有很多形式。使用者应根据不同的加工要求选用不同种类的搅拌机和搅拌桨。

一般设备主轴采用双轴承结构,提高搅拌效率及搅拌效果,搅拌尺为扇形尺,且可自由拆卸,使物料搅拌更加均匀。有的搅拌机可以逆运转,可满足不同搅拌工艺的要求。

第三节　中式肉制品加工辅助设备

中式肉制品是指按中国传统习惯和风味加工而成的肉制品,与西式肉制品最大的区别在于大部分中式肉制品很少采用机械设备加工,需要热加工后才能食用。而西式肉制品则完全由机械设备加工而成,大部分肉制品不需要热加工就可以直接食用。随着西式肉制品加工工艺技术的引进,很多中式肉制品已借鉴或采用了西式肉制品的加工理念及设备,使得我国传统肉制品在风味、口感、出品率等方面产生了很大的变化,加工设备也逐渐增多,并趋于现代化和标准化。

我国传统肉制品一直沿用盐腌、酱卤、风干、熏烤等加工方法,基本上不用机械加工完成。现在,随着西方工艺技术的引进和加工工艺的改进,部分传统肉制品已使用了加工机械设备,有些产品还已采用了工业化的连续加工生产线。

一、中式肉制品分类

为了更清楚地了解加工设备能否满足中式肉制品的加工要求,就必须了解中式肉制品的分类、命名方法和传统的加工工艺,以便能更切实际地结合其加工工艺来选择合适的加工设备。

目前市场上较受欢迎的中式肉制品大致可分为以下几类。

1. 腌腊风干制品

腌腊风干制品,如金华火腿、腊肠、腊肉、风鹅、板鸭等。

2. 肉干制品

肉干制品,如肉干、肉丁、肉松、肉脯、肉条、牛干巴等。

3. 烧烤制品

烧烤制品,如烤鸭、烤鸡、烤肉串、叉烧肉等。

4. 酱卤制品

酱卤制品,如酱排骨、酱鸭、酱肘子、烧鸡、酱牛肉等。

对于同一类产品或类似产品,其加工设备和工艺基本上是通用的,只要掌握其中几种产品的原理和加工方法后,就可以研发出更多的产品。

二、加工设备组成

现代中式肉制品的加工已逐步采用了机械设备,这对于中式肉制品的标准化生产有着重要意义。根据不同产品种类,可采用如下加工设备来满足相应的工艺要求。

1. 腌腊风干制品加工设备

金华火腿的生产已部分采用了欧洲发酵火腿的加工设备,主要为火腿挤压机及发酵室等;腊肉、风鹅、板鸭等风干制品则已使用烘房;腊肠加工设备与低温香肠加工设备类似。分析该类产品的加工工艺,除了腊肠加工外,大部分腌腊风干制品都需要一种混合盐。这种盐要加入一些其他添加剂,而且添加剂在盐内的均匀性对所加工成品的质量影响很大。因此,需要采用粉状搅拌机来加工混合盐。

2. 肉干制品加工设备

此类产品的加工设备相对较多,主要有蒸煮桶、切片机、切丁机、切条机、拉丝机、炒松机、混合调味机、烘箱等。

3. 烧烤制品加工设备

烧烤制品的主要加工设备是烘房,近年来已增加了烘箱、烟熏箱和连续烧烤机。另外,在叉烧肉或类似产品的加工上已采用了盐水注射机和真空滚揉机。

4. 酱卤制品加工设备

酱卤制品加工使用的设备很少。最常用的是夹层煮锅和搅拌煮锅。西式加工工艺引入后,我国一些生产企业已开始使用蒸煮桶和连续卤制机。

5. 肉丸加工设备

肉丸加工设备系近年研发完成,现已完全实现机械化连续生产。故设备配置较多,除前道斩拌或绞肉加工外,整个生产线由搅拌擂溃机、肉丸成型机、肉丸定型机、肉丸蒸煮机、肉丸冷却机等组成。

6. 油炸制品加工设备

在中式肉制品加工中,很多产品需进行油炸或"过油"处理,以前大多采用夹层锅油炸,现已采用油炸锅或小型连续式油炸设备。

第四节　肉制品加工辅助设备

肉制品加工辅助设备种类很多,其用途都是为了更好地配合肉制品加工主要设备提高生产效率和卫生等级,保证产品质量。而且其中大部分还是肉制品加工生产中必不可少的设备。这些辅助设备主要包括清洗消毒设备、提升输送设备、检测包装设备等。

一、清洗消毒设备

清洗消毒设备是肉制品加工企业必备的辅助设备,其用途是对肉制品加工过程中与肉类直接接触的生产人员和工器具等进行清洗消毒,以避免交叉污染。使用清洗消毒设备的主要目的是为了满足肉制品加工卫生安全、降低清洗消毒成本和保证消毒质量等要求。

随着肉制品加工业的发展,食品卫生安全问题日趋严峻,消费者对食品卫生安全的要求也越来越高。政府出台的相关法律法规,特别是市场准入制度(SC认证)的引入,要求食品加工企业不仅要提高对食品原辅材料的检测标准,更要对生产流程进行卫生安全控制。这就使得食品加工企业必须采取相应措施,从多方面考虑提高食品加工过程中卫生和安全的控制,以避免食品安全在肉制品加工过程中,除了原料、辅料、添加剂、设备和包装材料外,安全问题的产生。

在肉制品的卫生安全还受到空气、人员、工器具等外界环境的影响。特别是操作人员在生产中处于动态状态,工器具需要反复使用,若不能很好地清洗消毒,就可能给产品带来交叉污染,影响产品质量。因此,对保证食品加工卫生安全来说,清洗消毒设备显得尤为重要。

清洗、消毒是肉制品加工过程中的必要工序,由此带来的清洗消毒成本和消毒质量要求就是加工企业必须重视的问题。尤其是消毒质量,对食品的卫生安全有着非常重要的影响。由于人工成本在肉制品加工企业的生产成本中所占的比例越来越高,人工清洗消毒的质量又受人为因素影响较大,存在着严重的安全隐患。因此,目前很多企业已改变了传统的手工清洗、消毒模式,开始以设备代替人工来提高清洗、消毒工效,并降低生产成本。清洗消毒设备的应用,不仅能够使清洗、消毒过程规范化、标准化,还能通过参数控制和计量设定,确保达到清洗、消毒要求,避免人工操作的弊端。

(一)常用清洗消毒设备

适用于肉制品加工企业的清洗消毒设备有单机设备,也有组合设备。最常用的有风淋室、洗靴器、干靴器、洗箱机等。

1. 风淋室

(1)设备用途

风淋室是使用强风将通过该室的人员及物品进行表面除尘的专用设备。

(2)主要结构与特点

风淋室由箱体、风机、喷嘴和电控系统所制成,为通道式箱体结构,大小有单人或多人同时风淋。风淋方式有单侧、双侧和三侧吹风,还有人淋和货淋之分。该机安装在工作区域入口,能有效地隔离洁净与非洁净区。

(3)操作要点

人员或物品进入风淋室,关闭入口室门后风机自动开启,达到设定风淋要求时间后,出口门自动开启,结束风淋。

（4）注意事项

①在风淋过程中，人员或物品应适当转动，保证各个部位均能接受风淋。

②风淋室前后两个门是互锁的，即进入风淋室后，若没有达到预设的风淋时间，则无法开启另一个门。

2.水靴清洗机

（1）设备用途

水靴清洗机是对进出肉制品加工车间人员所穿水靴外表面进行清洗和消毒的专用设备。根据水靴帮高矮不同、生产场地不同及人流量不同，水靴清洗机有单靴清洗、通道式清洗、靴底清洗、多功能清洗等多种形式，使用者应根据要求予以选择。

（2）主要结构与特点

通道式水靴清洗机由水循环系统、机身、电控箱、消毒液桶、电机、毛刷和传动机构等组成。整机由优质不锈钢制造，清洗感应开关控制毛刷的转动和消毒液的喷射。毛刷为可拆卸式安装，能方便地取出清洗。该机安装于车间出口处，要求工作人员从车间外出时将水靴清洗干净。

（3）操作要点

使用前先设置好消毒液泵的喷射工作时间和人员离开机器后机器的延迟工作时间，时间长短根据实际需求设定。接通电源后，打开"控制电源"开关，机器即进入待机工作状态，人员进入时开机，离开时关机。

（4）注意事项

①毛刷应定期拆卸清洗，消毒液需经常检查补充。

②机器完全依靠光电感应开关进行工作，无须手动操作。

③每天工作结束后，由保洁人员对设备进行清洗。

④单靴清洗机、通道式靴底清洗机、多功能水靴清洗机的工作原理类同。

3.干靴器

（1）设备用途

干靴器是用于清洗后水靴内部干燥和消毒的专用设备。

（2）主要结构与特点

干靴器由底座、箱体、挂靴管、电热管和风机等组成。整机由优质不锈钢制造，电热管加热，风机送风，工作时间和加热温度可以设定，挂靴管自动控风对水靴内部进行干燥，能大大改善车间工人的工作条件及环境。该设备安装于工人休息室，工人下班后，将已洗净的水靴挂于干靴器上。

（3）操作要点

设定加热温度和工作时间，按"启动"按钮，风机和加热器均开始工作，但挂靴管只有水靴压住时才送风干燥。时间到达后，自动停机。

（4）注意事项

①使用时必须注意挂靴管的长度，否则压不住出风口，达不到干燥水靴的目的。

②可根据水靴内的潮湿程度来自行设定温度。

③水靴在干燥前必须洗净外表面,并应清除靴内可能的颗粒状杂物,以防止堵塞挂靴管端部的出气小孔,影响干燥效果。

4. 洗箱机

(1)设备用途

洗箱机的用途是清洗周转箱及其他类似的盘状容器和模具,变换输送结构也可以用于其他容器的清洗。

(2)主要结构与特点

洗箱机由电热管组件、电控箱、输送机构、箱体、水循环系统和电机组成。整机由优质不锈钢制造,输送速度可调,蒸汽或电加热,水循环过滤,高压喷淋。根据清洗要求,可以有多个单独的喷淋系统,以适应清洗液清洗、消毒液清洗和清水清洗。

(3)操作要点

使用前,往各水箱注入清水,根据要求分别加入消毒液、清洗液,加热达到清洗温度,启动输送电机和各管道泵,运转正常后即可放入周转箱清洗。

(4)注意事项

①工作时要注意含清洗液或消毒液水箱的水位,及时补充。

②要经常检查水循环滤网,去除脏物。

③工作结束后应及时清洗机器,使用一定时间后须检查清洗喷嘴。

(二)其他清洗消毒设备

1. 洗手盆

该设备用于工作人员手部清洗、消毒,一般置于员工进出车间的通道口,便于人员进出时按卫生要求洗手。洗手盆有多种规格,有单工位洗手盆和带刀具消毒器的组合洗手盆,也有带消毒槽的多工位洗手盆。进水开关有脚踏式、膝顶式和光电感应式等不同方式。

洗手盆一般都配有皂液盒,内装洗手液。多工位洗手盆的消毒槽内放的是经配制的消毒水。

2. 刀具消毒设备

该设备有刀具消毒器和刀具消毒柜,适用于肉制品加工剔骨刀具和磨刀棒的消毒、杀菌。刀具消毒器采用电加热,可根据消毒要求设定水温。刀具消毒器常与洗手盆安装在一起,是为了方便工作人员洗手时,同时对刀具、磨刀棒等进行清洗和消毒。刀具消毒柜采用电热管和臭氧发生器消毒,柜内设有搁刀架,分别用于插挂洗净的刀具和磨刀棒,一次性消毒刀具较多,故适用于车间刀具的集体消毒。工作结束后,员工将刃磨、清洗好的刀具和磨刀棒交给刀具保管员,统一放入刀具消毒柜内,关门后,开启消毒按钮,电热管和臭氧发生器就会自动完成消毒工作。

3. 自动感应手消毒器

其用途是对车间工作人员,特别是对从事食品包装的人员在进入车间工作前进行手部消毒。使用时将手伸入消毒孔,红外感应器即开始往手上免接触喷洒消毒液,把手移开后即停止喷洒,能有效地进行手部消毒,使用稳定。该设备采用芯片控制,可按需调节喷液量,高压泵和雾化喷嘴将所喷液体完全雾化,喷洒均匀。机内装有液位显示和缺液报警,底部配有接液盒,能有效避免消毒液外泄。

二、真空包装机

真空包装机的用途就是根据产品包装要求,将装有食品的包装袋内的空气抽掉,达到一定的真空度后,完成封口工序。抽掉氧气的目的是为了抑制需氧微生物的生长和防止食品的氧化。但是真空环境不能抑制厌氧菌的繁殖和酶反应引起的食品变质和变色,所以在很多加工场合采用充入氮气或其他混合气体来解决这一问题。食品经过真空包装后能够适当延长保存期,还能防止产品破损,因而真空包装机在食品加工业中应用非常普遍。

(一)单、双室系列真空包装机

1. 设备用途

单、双室系列真空包装机是利用真空泵获取真空,并在真空状态下完成对装有食品的塑料包装袋进行热封口的专用设备。

2. 主要结构与特点

单、双室真空包装机由机身、真空系统、传动系统、真空室和电器控制系统等部分组成。整机由优质不锈钢制造,包装袋的热封温度和物品包装所需的真空度均可调节。除小型台式机外,大多数单、双室真空包装机都带有充气功能。为了包装大型产品,很多用于肉制品包装的单、双室真空包装机都采用了加深(高)型真空室。双室机带有自动翻盖功能,相比单室机工作效率提高一倍。

3. 操作要点

使用前应检查真空泵工作状况,设定好真空度和封口温度,然后开机,使设备处于工作状态。真空包装操作流程为:放入真空袋,将压条压住封口边,关盖,机器就会开始抽真空,接着热封、回气和开盖,完成一次包装循环。

4. 注意事项

①经常检查真空泵油位及封口条使用状况。

②保持真空包装机卫生、洁净。

(二)全自动拉伸膜真空包装机

1. 主要用途

全自动拉伸膜真空包装机适用于各种食品的包装,可与其他机械联动,形成连续真空包装生产线。该机非常适合大批量、同产品的真空包装,更换成型模具后,又能适应不同规格产品的真空包装,应用范围极广。

2. 主要结构与特点

该机主要由废料回收区、纵切区、横切区、打码区、真空区、电控箱、放产品区和成型区等组成。该机由优质不锈钢和高强度铝合金制造,控制采用可编程控制器和触摸屏,能根据产品包装要求输入相关参数并储存。还能自动显示工作状态和故障状况。上下膜封口采用光电跟踪系统,自动调整误差。

3. 操作要点及说明

工作前,先检查上、下膜安装状况,点动输入上下膜至工作位置,在试成型和包装无误后即可投入生产。用人工将需包装产品放入预成型的下膜盒,机器就会连续自动完成产品的真空包装并剪切。

4. 注意事项

①包装机运转时,严禁把手或硬物插入包装机内,尤其是上下工作室之间、上下刀具之间。否则会造成人身伤害。

②放置被包装产品时,要注意避免产品的汤汁污染下膜盒口,影响封口质量。

(三)履带式连动真空包装机

1. 设备用途

履带式连动真空包装机也是一种连续式真空包装设备,但真空封口的是装有食品的塑料包装袋,而不是薄膜。

2. 主要结构与特点

该机由机架、履带式输送系统、真空室、加热系统和电气控制系统等组成。整机由优质不锈钢制造,采用可编程控制器控制,输送速度和各项真空、封口参数均能根据所包装产品设定和储存,再次包装同类产品时可以调出使用。该机工作时机架可呈不同角度倾斜,以方便操作者摆放包装袋,更可避免带汤料产品的溢出。封口操作采用瞬时加热和水冷却,封口线相对比较牢固。真空室盖可以上翻,以方便真空室腔的清洗和加热丝的更换。

3. 操作要点及说明

工作前,先检查真空泵状况,点动封口试机,在试机包装无误后即可投入生产。工作时,用人工将需包装封口的装有食品的塑料包装袋放在履带搁物条上,用压条压住,履带式输送系统便会在上一个真空封口工序完成后,自动将真空包装袋送入真空室抽真空和热封,完成一次真空包装循环。

4. 注意事项

①包装机运转时,严禁将手或硬物伸入封口室内,避免造成人身伤害。

②放置被包装产品时,应注意避免产品汤汁溢出,影响封口质量。

③机器必须保持卫生、洁净,排除故障时必须切断电源。

第七章　腌腊肉制品加工

腌腊肉制品是我国传统的肉制品之一,指原料肉经预处理、腌制、脱水、保裁成熟而成的一类肉制品。所谓"腌腊",是指畜(禽)肉类通过加盐(或盐卤)和香料进行腌制,又经过了一个寒冬腊月,使其在较低的气温下自然风干成熟,形成独特腌腊风味而得名。腌腊肉制品特点:肉质细致紧密,色泽红白分明,滋味咸鲜可口,风味独特诱人,便于携带和贮藏。今天,腌腊肉早已不单是保藏防腐的一种方法,而成了肉制品加工的一种独特工艺。腌腊肉制品主要包括腊肉、咸肉、板鸭、中式火腿、西式火腿等。

第一节　腌制的基本原理

肉的腌制是肉品贮藏的一种传统手段,也是肉品生产常用的加工方法。腌腊制品是我国的一类传统制品,自古以来腌制就是肉的一种防腐贮藏方法,古代多为民间家庭自制。直到现在,肉类腌制仍很普遍,但现在的腌制目的已经不仅限于防腐贮藏,它还具有改善肉的风味和颜色的作用,以达到提高肉品质的目的,从而使腌制成为许多肉类制品加工过程中一个重要的工艺环节。

肉的腌制通常用食盐或以食盐为主并添加硝酸钠、蔗糖和香辛料等辅料对原料肉进行浸渍的过程。近年来,随着食品科学的发展,在腌制时常加入品质改良剂如磷酸盐、异维生素C、柠檬酸等以提高肉的保水性,获得较高的成品率。同时腌制的目的已从单纯的防腐贮藏发展到主要为了改善风味和色泽,提高肉制品的质量。

一、腌制的成分及其作用

肉类腌制使用的主要腌制为食盐、硝酸盐(或亚硝酸盐)、糖类、抗坏血酸盐、异抗坏血酸盐和磷酸盐等。

(一)食盐的作用

食盐是腌腊肉制品的主要配料,也是唯一不可缺少的腌制材料。

1. 食盐具有防腐作用

食盐不能灭菌,但一定浓度的食盐(10%~15%)能抑制许多腐败微生物的繁殖,因而对腌腊制品具有防腐作用。腌制过程中食盐的防腐作用主要表现在:①食盐较高的渗透压,引起微生物细胞的脱水、变形,同时破坏水的代谢;②影响细菌酶的活性;③钠离子的迁移率小,能破坏微生物细胞的正常代谢;④氯离子比其他阴离子(如溴离子)更具有抑制微生物活动的作用;⑤食盐溶解于水后发生解离,减少了游离水分,破坏了水的代谢,导致微生物难以生长。此外,食盐的防腐作用还在于食盐溶液减少了氧的溶解度,氧很难溶于食盐水中,由于缺氧减少了需氧性微生物的繁殖。

2. 突出鲜味作用

肉制品中含有大量的蛋白质、脂肪等成分,但其鲜味要在一定浓度的咸味下才能表现出来。

3. 渗透作用

食盐能促使硝酸盐、亚硝酸盐、糖向肌肉深层渗透。

(二)硝酸盐和亚硝酸盐作用

肉品腌制过程中常加入硝酸盐、亚硝酸盐,其具有如下作用。

1. 抑菌作用

硝酸盐和亚硝酸盐可以抑制肉毒棱状芽孢杆菌的生长,也可以抑制许多其他类型腐菌的生长。这种作用在硝酸盐浓度为 0.1% 和亚硝酸盐浓度为 0.01% 左右时最为明显。肉毒棱状芽孢杆菌能产生肉毒棱菌毒素,这种毒素具有很强的致死性,对热稳定,大部分肉制品进行热加工的温度仍不能杀灭它,而硝酸盐能抑制这种毒素的生长,防止食物中毒事故的发生。

硝酸盐和亚硝酸盐的防腐作用受 pH 值的影响很大,在 pH 值为 6 时,对细菌有明显的抑制作用,当 pH 值为 6.5 时,抑菌能力有所降低,在 pH 为 7 时,则不起作用,但其机制尚不清楚。

2. 抗氧化作用

抗氧化作用,延缓腌肉腐败,这是由于它本身有还原性。

3. 增味作用

有助于腌肉独特风味的产生,抑制蒸煮味产生。

4. 呈色作用

硝酸盐和亚硝酸盐有优良的呈色作用。

亚硝酸盐是唯一同时能起上述几种作用的物质,至今还没有发现能有一种物质能完全取代它。对其替代物的研究仍是个热点。

亚硝酸很容易与肉中蛋白质分解产物二甲胺作用,生成二甲基亚硝胺,亚硝胺可以从各种腌肉制品中分离出,这类物质具有致癌性,因此在腌肉制品中,硝酸盐的用量尽可能降到最低限度。美国农业部食品安全检察署仅允许在肉的干腌品(如干腌火腿或干香肠)中使用硝酸盐,干腌肉的最大使用量为 2.2 g/kg,干香肠为 1.7 g/kg,培根中使用亚硝酸盐不得超过 0.12 g/kg,与此同时须有 0.55 g/kg 的抗坏血酸钠作为助发色剂,成品中亚硝酸盐残留量不得超过 40 mg/kg。

(三)食糖的作用

腌制时常用的糖类有葡萄糖、蔗糖和乳糖。糖类的主要作用为以下几种。

1. 调味作用

糖和盐有相反的滋味,糖可使腌制品增加甜味,减轻由食盐引起的涩味,也可在一定程度上可缓和腌肉咸味。

2. 助色作用

还原糖(葡萄糖等)能吸收氧而防止肉脱色;糖为硝酸盐还原菌提供能源,使硝酸盐转变为亚硝酸盐,加速 NO 的形成,是发色效果更佳。

3. 增加嫩度

在肉制品加工中,由于腌制过程食盐的作用,使腌肉因肌肉收缩而发硬且咸。添加白糖则具有缓和食盐的作用,由于糖受微生物和酶的作用而产生酸,促进盐水溶液中 pH 值下降而使肌肉组织变软。

4. 增加风味

糖和含硫氨基酸之间产生美拉德反应,产生醛类等羰基化合物及含硫化合物,增加肉的风味。

5. 发酵作用

在需发酵成熟的肉制品中添加糖,有利于发酵的进行。

(四)磷酸盐的保水作用

肉制品中使用磷酸盐的主要目的是提高肉的保水性。使肉在加工过程中仍能保持其水分,减少营养成分损失,同时也保持了肉的柔嫩性,增加了出品率。前面已述,可用于肉制品的磷酸盐有三种:焦磷酸钠、三聚磷酸钠和六偏磷酸钠。磷酸盐提高肉保水性的作用机理为以下几种。

1. 提高肉的 pH 值

焦磷酸盐和三聚磷酸盐呈碱性反应,加入肉中可提高肉的 PH 值。这一反应在低温下进行得较缓慢,但在烘烤和熏制时会急剧加快。

2. 整合肉中金属离子

聚磷酸盐有与金属离子整合的作用,加入聚磷酸盐后,则与肌肉的结构蛋白质结合的钙镁离子,被聚磷酸盐螯合,肌肉蛋白中的羟基游离,由于羧基之间静电力的作用,使蛋白质结构松弛,可以吸收更多量的水分。

3. 增加肉的离子强度

聚磷酸盐是具有多价阴离子的化合物,因而在较低的浓度下可以具有较高的离子强度。由于加入聚磷酸盐使肌肉的离子强度增加,有利于肌球蛋白的解离,因而提高了保水性。

4. 解离肌动球蛋白

焦磷酸盐和三聚磷酸盐有解离肌肉蛋白质中肌动球蛋白为肌动蛋白和肌球蛋白的特异作用。而肌球蛋白的持水能力强,因而提高了肉的保水性。

磷酸盐在肉制品加工中的作用,主要是提高肉的保水性,增加黏着力。由于磷酸盐呈碱性反应,加入肉中能提高肉的 pH 值,使肉膨胀度增大,从而增强保水性,增加产品的黏着力和减少养分流失,防止肉制品的变色和变质,有利于调味料浸入肉中心,使产品有良好的外观和光泽。

(五)抗坏血酸盐和异抗坏血酸盐

在肉的腌制中使用抗坏血酸钠和异抗坏血酸钠主要有以下几个目的。

1. 助色

抗坏血酸盐可以同亚硝酸发生化学反应,增加 NO 的形成,使发色过程加速。如在法兰克福香肠加工中,使用抗坏血酸盐可使腌制时间减少 1/3。

2. 加速

抗坏血酸盐有利于高铁肌红蛋白还原为亚铁肌红蛋白,因而加快了腌制的速度。

3. 稳定

抗坏血酸盐能起到抗氧化剂的作用,因而稳定腌肉的颜色和风味。

亚硝胺的形成,但确切的机制还未知。目前许多腌肉都同时使用 120 mg/kg 的亚硝酸盐和 550 mg/kg 的抗坏血酸盐。通过向肉中注射 0.05%~0.1% 的抗坏血酸盐能有效地减轻由于光线作用而使腌肉褪色的现象。

(六)水

浸泡法腌制或盐水注射法腌制时,水可以作为一种腌制成分,使腌制配料分散到肉或肉制品中,补偿加工(如烟熏、煮制)的水分损失,且使得制品柔软多汁。

二、腌制过程中的呈色变化

(一)硝酸盐和亚硝酸盐对肉色的作用

肉在腌制时食盐会加速血红蛋白(Hb)和肌红蛋白(Mb)氧化,形成高铁血红蛋白(MetHb)和高铁肌红蛋白(MetMb),使肌肉丧失天然色泽,变成紫色调的淡灰色。为避免颜色变化,在腌制时常使用发色剂——硝酸盐和亚硝酸盐,常用的有硝酸钠和亚硝酸钠。加入硝酸钠或亚硝酸钠后,由于肌肉中色素蛋白质和亚硝酸钠发生化学反应形成鲜艳的亚硝基肌红蛋白和亚硝基血红蛋白,这种化合物在烧煮时变成稳定粉红色,使肉呈现鲜艳的色泽。

发色机制:首先硝酸盐在肉中脱氮菌(或还原物质)的作用下,还原成亚硝酸盐;然后与肉中的乳酸产生复分解作用而形成亚硝酸;亚硝酸再分解产生氧化氮;氧化氮与肌肉纤维细胞中的肌红蛋白(或血红蛋白)结合而产生鲜红色的亚硝基(NO)肌红蛋白(或亚硝基血红蛋白),使肉具有鲜艳的玫瑰红色。

$$NaNO_3 \xrightarrow{\text{脱氮菌还原(+2H)}} NaNO_2 + H_2O$$

$$NaNO_2 + CH_3CH(OH)COOH \longrightarrow HNO_2 + CH_3CH(OH)COONa$$

$$2HNO_2 \longrightarrow NO + NO_2H_2O$$

$$NO + 肌红蛋白(血红蛋白) \longrightarrow NO\,肌红蛋白(血红蛋白)$$

亚硝酸是提供一氧化氮的最主要来源。实际上获得色素的程度,与亚硝酸盐参与反应的量有关。亚硝酸盐能使肉发色迅速,但呈色作用不稳定,适用于生产过程短而不需要长期贮藏的制品,对那些生产周期长和需长期保存的制品,最好使用硝酸盐。现在许多国家广泛采用混合盐料。用于生产各种灌肠时混合盐料的组成:食盐 98%,硝酸盐 0.83%,亚硝酸盐 0.17%。

(二)发色助剂抗坏血酸盐对肉色的稳定作用

肉制品中常用的发色助剂有抗坏血酸和异抗坏血酸及其钠盐、烟酚胺等。其助色机制与硝酸盐或亚硝酸盐的发色过程紧密相连。

如前所述硝酸盐或亚硝酸盐的发色机制是其生成的亚硝基(NO)与肌红蛋白或血红蛋

白形成显色物质,其反应如下。

$$KNO_3 \xrightarrow{\text{肉中硝酸还原菌}} KNO_2 + H_2O \tag{1}$$

$$KNO_2 + CH_3CHOHCOOH \longrightarrow HNO_2 + CH_3CHOHCOOK \tag{2}$$

亚硝酸钾　　　乳酸　　　　　亚硝酸　　　乳酸钾

$$3HNO_2 \xrightarrow{\text{不稳定分解}} H^+ + NO_3^- + 2NO + H_2O \tag{3}$$

$$NO + Mb(Hb) \longrightarrow NO\text{-}Mb(NO\text{-}Hb) \tag{4}$$

由反应(4)可知,NO 的量越多,则呈红色的物质越多,肉色则越红。从反应式(3)

可知,亚硝酸经自身氧化反应,只有一部分转化成 NO,而另一部分则转化成了硝酸。硝酸具有很强氧化性,使红色素中的还原型铁离子(Fe^{2+})被氧化成氧化型铁离子(Fe^{3+}),而使肉的色泽变褐。同时,生成的 NO 可以被空气中的氧氧化成亚硝基(NO_2),进而与水生成硝酸和亚硝酸:

$$2NO + O_2 \longrightarrow 2NO_2$$

$$2NO_2 + H_2O \longrightarrow HNO_3 + HNO_2$$

反应结果不仅减少了 NO 的量,而且又生成了氧化性很强的硝酸。

发色助剂具有较强还原性,其助色作用通过促进 NO 生成,防止 NO 及亚铁离子的氧化。抗坏血酸盐容易被氧化,是一种良好的还原剂。它能促使亚硝酸盐还原成一氧化氮,并创造厌氧条件,加速一氧化氮肌红蛋白的形成,完成肉制品的发色作用,同时在腌制过程中防止一氧化氮再被氧化成二氧化氮,有一定的抗氧化作用。若与其他添加剂混合使用,能防止肌肉红色褐变。

腌制液中复合磷酸盐会改变盐水的 pH,会影响抗坏血酸的助色效果,因此往往加抗坏血酸的同时加入助色剂烟酰胺。烟酰胺也能形成稳定的烟酰胺肌红蛋白,使肉呈红色,且烟酰胺对 pH 值的变化不敏感。据研究,同时使用抗坏血酸和烟酰胺助色效果好,且成品的颜色对光的稳定性要好得多。

目前世界各国在生产肉制品时,都非常重视抗坏血酸的使用。其最大使用量为 0.1%,一般为 0.025%~0.05%。

(三)影响腌制肉制品色泽的因素

1. 发色剂的使用量

肉制品的色泽与发色剂的使用量密切相关,用量不足时发色效果不明显。为了保证肉色呈红色,亚硝酸钠的最低用量为 0.05 g/kg;用量过大时,过量的亚硝酸根的存在又能使血红素物质中的咔啉环的 α-甲炔键硝基化,生成绿色的衍生物。为了确保食用安全,我国国家标准规定:在肉制品中硝酸钠最大使用量为 0.05%;亚硝酸钠的最大使用量为 0.15 g/kg,在这个安全范围内使用发色剂的多少和原料肉的种类、加工工艺条件及气温情况等因素有关。一般气温越高,呈色作用越快,发色剂可适当少添加些。

2. 肉的 pH

肉的 pH 也影响亚硝酸盐的发色作用。亚硝酸钠只有在酸性介质中才能还原成一氧化氮,所以当 pH 呈中性时肉色就淡,特别是为了提高肉制品的保水性,常加入碱性磷酸盐,加入后会引起 pH 升高,影响呈色效果,所以应注意其用量。在过低的 pH 环境中,亚硝酸盐的消耗量增大,如使用亚硝酸盐过量,又易引起绿变,发色的最适 pH 范围一般为 5.6~6.0。

3. 温度

生肉呈色的过程比较缓慢,但经烘烤、加热后,反应速度加快。而如果配好料后不及时处理,生肉就会褪色,特别是灌肠机中的回料,因氧化而褪色,这就要求操作迅速,及时加热。

4. 腌制添加剂

添加蔗糖和葡萄糖由于其还原作用,可影响肉色强度和稳定性;加烟酸、烟酰胺也可形成比较稳定的红色,但这些物质无防腐作用,还不能代替亚硝酸钠。另一方面香辛料中的丁香对亚硝酸盐还有消色作用。

5. 其他因素

微生物和光线等也会影响腌肉色泽的稳定性,正常腌制的肉,切开后置于空气中切面会逐渐发生褐变,这是因为一氧化氮肌红蛋白在微生物的作用下引起卟啉环的变化。一氧化氮肌红蛋白不但受微生物影响,对可见光也不稳定,在光的作用下 NO- 血色原失去 NO,在氧化成高铁血色原,高铁血色原在微生物等的作用下,使得血色素中的卟啉环发生变化,生成绿、黄、无色衍生物,这种褪变现象在脂肪酸败、有过氧化物存在时可加速发生。有时制品在避光的条件下贮藏也会褪色,这是由于 NO- 肌红蛋白单纯氧化所造成。如灌肠制品由于灌得不紧,空气混入馅中,气孔周围的颜色变成暗褐色。肉制品的褪色与温度有关,在 2~8 ℃温度条件下褪色速度比在 15~20 ℃以上的温度条件下要慢一些。

综上所述,为了使肉制品获得鲜艳的颜色,除了要有新鲜的原料外,必须根据腌制时间长短,选择合适的发色剂,掌握适当的用量,在适宜的 pH 条件下严格操作。此外,要注意低温、避光,并采用添加抗氧化剂,真空包装或充氮包装,添加去氧剂脱氧等方法避免氧的影响,保持腌肉制品的色泽。

三、腌制过程中的保水变化

腌制除了改善肉制品的风味,提高保藏性能,增加诱人的颜色外,还可以提高原料肉的保水性和黏结性。

(一)食盐的保水作用

食盐能使肉的保水作用增强。Na^+ 和 Cl^- 与肉蛋白质结合,在一定的条件下蛋白质立体结构发生松弛,使肉的保水性增强。此外,食盐腌肉使肉的离子强度提高,肌纤维蛋白质数量增多,在这些纤维状肌肉蛋白质加热变性的情况下,将水分或脂肪包裹起来凝固,使肉的保水性提高。

肉在腌制时由于吸收腌制液中的水分和盐分而发生膨胀。对膨胀影响较大的是 pH、腌制液中盐的浓度、肉量与腌制液的比例等。肉的 pH 越高膨润度越大;盐水浓度在 8%~10% 时膨润度最大。

(二)磷酸盐的保水作用

磷酸盐有增强肉的保水性和黏结性作用。其作用机制有以下几点。

①磷酸盐呈碱性反应,加入肉中可提高肉的 pH,从而增强肉的保水性。

②磷酸盐的离子强度大,肉中加入少量即可提高肉的离子强度,改善肉的保水性。

③磷酸盐中的聚磷酸盐可使肌肉蛋白质的肌动球蛋白分离为肌球蛋白、肌动蛋白,从而使大量蛋白质的分解粒子因强有力的界面作用,成为肉中脂肪的乳化剂,使脂肪在肉中保持分散状态。此外,聚磷酸盐能改善蛋白质的溶解性,在蛋白质加热变性时,能和水包在一起凝固,增强肉的保水性。

④聚磷酸盐有除去与肌肉蛋白质结合的钙和镁等碱土金属的作用,从而能增强蛋白质亲水基的数量,使肉的保水性增强。磷酸盐中以聚磷酸盐即焦磷酸盐的保水性最好,其次是三聚磷酸钠、四聚磷酸钠。

生产中常使用几种磷酸盐的混合物,磷酸盐的添加量一般在 0.1%~0.3% 范围,添加磷酸盐会影响肉的色泽,并且过量使用有损风味。

四、肉的腌制方法

肉在腌制时采用的方法主要有四种,即干腌法、湿腌法、混合腌制法和注射腌制法,不同腌腊制品对腌制方法有不同的要求,有的产品采用一种腌制法即可,有的产品则需要采用两种甚至两种以上的腌制法。

(一)干腌法

用食盐或盐硝混合物涂擦肉块,然后堆放在容器中或堆叠成一定高度的肉垛。操作和设备简单,在小规模肉制品厂和农村多采用此法。腌制时由于渗透和扩散作用,由肉的内部分泌出一部分水分和可溶性蛋白质与矿物质等形成盐水,逐渐完成其腌制过程,因而腌制需要的时间较长。干腌时产品总是失水的,失去水分的程度取决于腌制的时间和用盐量。腌制周期越长,用盐量越高,原料肉越瘦,腌制温度越高,产品失水越严重。

干腌法生产的产品有独特的风味和质地,中式火腿、腊肉均采用此法腌制;国外采用干腌法生产的比例很少,主要是一些带骨火腿如乡村火腿。干腌的优点是操作简便,不需要多大的场地,蛋白质损失少,水分含量低,耐贮藏。缺点是腌制不均匀,失重大,色泽较差,盐不能重复利用,工人劳动强度大。

(二)湿腌法

湿腌法即盐水腌制法。就是在容器内将肉品浸没在预先配制好的食盐溶液内,并通过扩散和水分转移,让腌制剂渗入肉品内部,并获得比较均匀的分布,直至它的浓度最后和盐液浓度相同的腌制方法。

湿腌法用的盐溶液一般是 15.3~17.7° Be′,硝石不低于 1%,也有用饱和溶液的,腌制液可以重复利用,再次使用时需煮沸并添加一定量的食盐,使其浓度达 12° Be′,湿腌法腌制肉类时,每千克肉需腌 3~5 d。

湿腌法的优点是腌制后肉的盐分均匀,盐水可重复使用,腌制时降低工人的劳动强度,肉质较为柔软,不足之处是蛋白质流失严重,所需腌制时间长,风味不及干腌法,含水量高,不易贮藏。

(三)混合腌制法

采用干腌法和湿腌法相结合的一种方法。可先进行干腌放入容器中后,再放入盐水中腌制或在注射盐水后,用干的硝盐混合物涂擦在肉制品上,放在容器内腌制。这种方法应用最为普遍。

干腌和湿腌相结合可减少营养成分流失,增加贮藏时的稳定性,防止产品过度脱水,咸度适中,不足之处是较为麻烦。

(四)注射腌制法

为加速腌制液渗入肉内部,在用盐水腌制时先用盐水注射,然后再放入盐水中腌制。盐水注射法分动脉注射腌制法和肌肉注射腌制法。

1. 动脉注射腌制法

此法使用泵将盐水或腌制液经动脉系统压送入分割肉或腿肉内的腌制方法,为扩散盐腌的最好方法。但一般分割胴体的方法并不考虑原来的动脉系统的完整性,故此法只能用于腌制前后腿。腌制液一般用 16.5~17°Be′。此法的优点在于腌制液能迅速渗透肉的深处,不破坏组织的完整性,腌制速度快;不足之处是用于腌制的肉必须是血管系统没有损伤,刺杀放血良好的前后腿,同时产品容易腐败变质,必须进行冷藏。

2. 肌肉注射腌制法

肌肉注射腌制法分单针头和多针头两种,肌肉注射用的针头大多为多孔的,但针头注射法适合于分割肉,一般每块肉注射 3~4 针,每针腌制液注射量为 85 g 左右,一般增重 10%,肌肉注射可在磅秤上进行。

多针头肌肉注射最适合用于形状整齐而不带骨的肉类,肋条肉最为适宜。带骨或去骨肉均可采用此法。多针头机器,一排针头可多达 20 枚,每一针头中有小孔,插入深度可达 26 cm,平均每小时注射 60 000 次,由于针头数量大,两针相距很近,注射时肉内的腌制液分布较好,可获得预朗的增重效果。肌肉注射时腌制液经常会过多地聚集在注射部位的四周,短时间难以散开,因而肌肉注射时就需要较长的注射时间,以便充分扩散腌制液而不至于聚集过多。

盐水注射法可以降低操作时间,提高生产效益,降低生产成本,但其成品质量不及干腌制品,风味稍差,煮熟后肌肉收缩的程度比较大。

五、腌制过程中的质量控制

(一)食盐的纯度及用量

1. 食盐的纯度

食盐中含有镁盐、钙盐等杂质,腌制中会影响食盐向肉中渗透的速度。所以为了保证食盐迅速地渗入肉中,应尽可能选用纯度高的食盐以阻止肉品向腐败变质方向发展。另外,食盐中不应有铜、铁、铬等微量元素存在,否则会严重影响脑制品中脂肪的氧化;食盐中硫酸镁、硫酸钠过多会使腌制品具有苦味。

2. 食盐的用量

腌制液中食盐的浓度常用波美表确定。由于腌肉使用的是混合盐,其中含糖、亚硝酸盐等,对波美表读数会存影响。食盐的用量根据腌制目的、环境条件、腌制对象和产品特点来确定。肉品中盐分浓度至少在 7% 以上,才能达到防腐的目的。腌制时气温低,食盐用量可少些;气温高,食盐用量可多些。腌制过程中,还可加入硝酸盐防腐。但是食盐浓度过高会使产品难以食用,从消费者能接受的腌制品咸度而言,盐分以 2%~3% 为宜。

(二)硝酸盐、亚硝酸盐使用量

肉制品的色泽与发色剂的使用量相关,用量不足时发色效果不理想。因此,在腌肉制品中,硝酸盐与亚硝酸盐用量应尽可能降低到最低限度。目前,按国家食品卫生标准规定,为确保使用安全,硝酸盐最大使用量为 0.5 g/kg,亚硝酸钠的最大使用量为 0.15 g/kg。在这个安全范围内使用发色剂的多少和原料肉的种类、加工工艺条件及气温情况等因素有关,一般气温越高,呈色作用越快,发色剂可适当少添加些。

(三)腌制温度

原料肉在腌制过程中,腌制温度越高,腌制速度就越快。但就肉类产品而言,温度高的条件下容易腐败。为防肉类产品在食盐渗入以前出现腐败现象,腌制应在低温下,即 10 ℃以下进行。具备冷藏库的企业,肉品宜在 2~4 ℃条件下进行腌制。为此,历来我国传统中式肉制品的腌制都在立冬后、立春前进行。

(四)肉的 pH 值

肉的 pH 值会影响发色效果,亚硝酸钠只有在酸性介质小才能还原成 NO,所以当肉呈中性时肉色就淡。为了提高肉制品的保水性,常加入碱性磷酸盐,加入后会引起 pH 值升高,影响呈色效果,所以应注意其用量。在过低的 pH 值环境中,亚硝酸盐的消耗量增大,如使用亚硝酸盐过量,又易引起绿变,发色的最适 pH 值范围一般为 5.0~6.0。

综上所述,为使肉制品获得鲜艳的颜色,除了要有新鲜的原料外,必须根据腌制时间长短,选择合适的发色剂,掌握适当的用量,在适宜的 pH 值条件下严格操作。另外,要注意低温、避光,并采用添加抗氧化剂、真空包装或充氮包装、添加去氧剂脱氧等措施,保持腌肉制品的色泽。

六、腌制成熟的标志

在肉制品加工过程中,腌制工序对腌制效果有很大的影响,品种不同腌制方法也不同,无论怎样选择都要求将原料肉腌制成熟。腌制液完全渗透到原料肉内即为腌制成熟的标志。

(一)色泽变化

肉类经过腌制后,色泽会发生变化。猪肉腌制后变硬,断面变得致密,外表色泽变深,为暗褐色,中心断面变为鲜红色。牛肉腌制后,外表变为紫红色或深红色,肉质变硬,中心断面色泽为深红色。

经注射法腌制后的肉类,中断面的色泽为玫瑰红色,牛肉比猪肉色泽深,一般为深红色。

脂肪腌制成熟后,断面呈青白色,切成薄片时略透明。

(二)弹性变化

肉类经腌制后,质地变硬,组织紧密。猪肉断面用指压手感稍硬,有弹性,牛肉断面用指压手感硬,有弹性。采用注射法腌制肉类,可起到嫩化、乳化的作用,由于肉浆、水及盐等相互作用,注射法腌制不像干腌或湿腌那样肉质发硬,而是使肉变得柔软、表面有黏性,指压凹陷处能很快恢复,有弹性。

(三)黏性变化

采用干腌或湿腌法腌制肉类后,肉块表面湿润、无黏性。采用注射法腌制肉类后,肉块表面有一层肉浆状物,有黏性。

第二节　腌腊肉制品的加工

一、咸肉的加工

咸肉是以鲜肉为原料,用食盐腌制而成的肉制品。咸肉也分为带骨和不带骨两种,带骨肉按加工原料的不同,有"连片""段片""小块""咸腿"之别。咸肉在我国各地都有生产,品种繁多,式样各异,其中以浙江咸肉、如皋咸肉、四川咸肉、上海咸肉等较为有名。如浙江咸肉皮薄、颜色嫣红、肌肉光洁、色美味鲜、气味醇香、又能久藏。咸肉加工工艺大致相同,其特点是用盐量多。

(一)工艺流程

原料选择→修整→开刀门→腌制→成品包装。

(二)操作要点

1. 原料选择

鲜猪肉或冻猪肉都可以作为原料,肋条肉、五花肉、腿肉均可,但需肉色好,放血充分,且必须经过卫生检验部门检疫合格,若为新鲜肉,必须摊开凉透;若是冻肉,必须解冻微软后再行分割处理。

2. 修整

先削去血脖部位污血,再割除血管、淋巴、碎油及横膈膜等。

3. 开刀门

为了加速腌制,可在肉上割出刀口,俗称"开刀门"。刀口的大小深浅和多少取决于腌制时的气温和肌肉的厚薄。一般气温在 10~15 ℃时应开刀门,道口可大而深,加速食盐的渗透,缩短腌制时间;气温在 10 ℃以下时,少开或不开刀门。

4. 腌制

在 3~4 ℃条件下腌制。温度高,腌制过程快,但易发生腐败;温度低,腌制慢,风味好。干腌时,用盐量为肉重的 14%~20%,硝石 0.05%~0.75%,以盐、硝混合涂抹于肉表面,肉厚处多擦些,擦好盐的肉块堆垛腌制。第一层皮面朝下,每层间再撒一层盐,依次压实,最上一层皮面向上,于表面多撒些盐,每隔 5~6 d,上下互相调换一次,同时补撒食盐,经 25~30 d 即成。若用湿腌法腌制时,用开水配成 22%~35% 的食盐液,再加 0.7%~1.2% 的硝石,2%~7% 食糖(也可不加)。将肉成排地堆放在缸或木桶内,加入配好冷却的澄清盐液,以浸没肉块为度。盐液重为肉重的 30%~40%,肉面压以木板或石块。每隔 4~5 d 上下层翻转一次,15~20 d 即成。出品率为 90%。

(三)质量标准

咸肉的质量标准有感官指标和理化指标,分别见表 7-1、表 7-2。

表 7-1　咸肉感官指标

项目	一级鲜度	二级鲜度
外观 色泽	外表干燥清洁 有光泽,肉质呈红色或暗红色,脂肪切面为白色或微红色	外表湿润、发黏,有时有霉点 光泽较差,肉质呈咖啡色或暗红色,脂肪微带黄色
组织形态 气味	肉质紧密而坚实,切面平整 具有咸肉固有风味	肉质稍软,切面尚平整 脂肪有轻度酸败味,骨周围组织稍具酸味

表 7-2　咸肉理化指标

项目	一级鲜度	二级鲜度
挥发性盐基总氮(mg/100g)	≤ 20	≤ 45
亚硝酸盐(以 $NaNO_2$ 计)	≤ 70	≤ 70

(四)贮藏

咸肉的贮藏方法有堆垛法和浸卤法两种。堆垛法是在咸肉水分干燥后,堆放在 -5 ℃冷库中,贮藏 6 个月,损耗量为 2%~3%。浸卤法是将咸肉浸放于 24~25 ℃的盐水中,延长保藏期时肉色保持红润,没有重量损失。

二、腊肉的加工

腊肉指我国南方冬季(腊月)长期贮藏的腌肉制品。用猪肋条肉经剔骨、切割成条状后用食盐及其他调料腌制,经长期风干、发酵或经人工烘烤而成,使用时需加热处理。腊肉的品种很多,选用鲜猪肉的不同部位都可以制成各种不同品种的腊肉,以产地分为广东腊肉、四川腊肉、湖南腊肉等,其产品的品种和风味各具特色。广东腊肉以色、香、味、形俱佳而享誉中外,其特点是选料严格,制作精细,色泽美观,香味浓郁,肉质细嫩,芬芳醇厚,甘甜爽口;四川腊肉的特点是色泽鲜明,皮肉红黄,肥膘透明或乳白,腊香带咸。湖南腊肉肉质透明,皮呈酱紫色,肥肉亮黄,瘦肉棕红,风味独特。

(一)工艺流程

腊肉的生产在全国各地生产工艺大同小异,一般工艺流程为:

原料选择→修整　→配制调料　→腌制→风干、烘烤或熏烤→成品→包装。

（二）操作要点

1. 原料选择

最好采用皮薄肉嫩、肥膘在 1.5 cm 以上的新鲜猪肋条肉为原料,也可选用冰冻肉或其他部位的肉。原料肉的肥瘦比例以 5 ∶ 5 或 4 ∶ 6 为宜。

2. 修整

根据品种不同和腌制时间长短,猪肉修割大小也不同,广式腊肉切成长 38~50 cm,每条重约 180~20 g 的薄肉条;四川腊肉则切成每块长 27~36 cm,宽 33~50 cm 的腊肉块。家庭制作的腊肉肉条,大都超过上述标准,而且多是带骨的,肉条切好后,用尖刀在肉条上端 3~4 cm 处穿一小孔,便于腌制后穿绳吊挂。

3. 配制调料

不同品种所用的配料不同,同一种品种在不同季节生产配料也有所不同。消费者可根据自行喜好的口味进行配料选择。

4. 腌制

一般采用干腌法、湿腌法和混合腌制法。

（1）干腌

取肉条和混合均匀的配料在案上擦抹,或将肉条放在盛配料的盆内搓揉均可,搓擦要求均匀擦遍,对肉条皮面适当多擦,擦好后按皮面向下,肉面向上的顺序,一层层放叠在腌制缸内,最上一层肉面向下,皮面向上。剩余的配料可撒布在肉条的上层,腌制中期应翻缸一次,即把缸内的肉条从上到下,依次转到另一个缸内,翻缸后再继续进行腌制。

（2）湿腌

腌制去骨腊肉常用的方法,取切好的肉条逐条放入配制好的腌制液中,湿腌时应使肉条完全浸泡在腌制液中,腌制时间为 15~18 h,中间翻缸两次。

（3）混合腌制

干腌后的肉条在浸泡腌制液中进行湿腌,使腌制时间缩短,肉条腌制更加均匀。混合腌制时食盐用量不得超过 6%,使用陈的腌制液时,应先清除杂质,并在 80 ℃温度下煮 30 min,过滤后冷却备用。

腌制时间视腌制方法、肉条大小、室温等因素而有所不同,腌制时间最短腌 3~4 h 即可,腌制周期长的也可达 7 d 左右,以腌好腌透为标准。

腌制腊肉无论采用哪种方法,都应充分搓擦,仔细翻缸,腌制室温度保持在 0~10 ℃。

有的腊肉品种,像带骨腊肉,腌制完成后还要洗肉坯。目的是使肉皮内外盐度尽量均匀,防止在制品表面产生白斑（盐霜）和一些有碍美观的色泽。洗肉坯时用铁钩把肉皮吊起,或穿上线绳后,在装有清洁的冷水中摆荡漂洗。

肉坯经过洗涤后,表层附有水滴,在烘烤、熏烤前需把水晾干,可将漂洗干净的肉坯连钩或绳挂在晾肉间的晾架上,没有专设晾肉间的可挂在空气流通而清洁的地方晾干。晾干的时间应视温度和空气流通情况适当掌握,温度高、空气流通,晾干时间可短一些,反之则长一些。有的地方制作的腊肉不进行漂洗,它的晾干时间根据用盐量来决定,一般为带骨腊肉不超过 0.5 d,去骨腊肉在 1 d 以上。

4. 烘烤或熏烤

在冬季家庭自制的腊肉常放在通风阴凉处自然风干。工业化生产腊肉常年均可进行,就需进行烘烤,使肉坯水分快速脱去而又不能使腊肉变质发酸。腊肉因肥膘肉较多,烘烤时温度一般控制在 45~55 ℃,烘烤时间因肉条大小而异,一般 48~72 h 不等。根据皮、肉色可判断烘烤终点,此时皮干,瘦肉呈玫瑰红色,肥肉透明或呈乳白色。

烘烤过程中温度不能过高以免烤焦、肥膘变黄;也不能太低,以免水分蒸发不足,使腊肉发酸。烤房内的温度要求恒定,不能忽高忽低,影响产品质量。经过一定时间烘烤,表面干燥并有出油现象,即可出烤房。

烘烤后的肉条,送入干燥通风的晾挂室中晾挂冷却,等肉温降到室温即可。如果遇雨天应关闭门窗,以免受潮。

熏烤是腊肉加工的最后一道工序,有的品种不经过熏烤也可食用。烘烤的同时可以进行熏烤,也可以先烘干完成烘烤工序后再进行熏制,采用哪一种方式可根据生产厂家的实际情况而定。熏制常用木炭、锯木粉、糠壳和板栗壳等作为烟熏燃料,在不完全燃烧条件下进行熏制,使肉制品具有独特的香味。也可以在烘烤的同时进行熏烤,具体方式可根据企业的实际情况而定。

5. 成品

烘烤后的肉坯悬挂在空气流通处,散尽热气后即为成品。成品率为 70% 左右。

6. 包装

现多采用真空包装,250 g、500 g 不同规格包装较多,腊肉烘烤或熏烤后待肉温降至室温即可包装。真空包装腊肉保质期可达 6 个月以上。

(三)质量标准

广式腊肉的质量标准有感官指标和理化指标,分别见表 7-3、表 7-4。

表 7-3 广式腊肉的感官指标

项目	一级鲜度	二级鲜度
色泽	色泽鲜明,肌肉呈现红色,脂肪透明或呈乳白色	色泽稍暗,肌肉呈暗红色或咖啡色,脂肪乳白色,表面可以有霉点,但摸擦后无痕迹
组织形态	肉身干爽、结实	肉身稍软
气味	具有广式腊肉固有风味	风味略减,脂肪有轻度酸败味

表 7-4 广式腊肉的理化指标

项目	指标
水分(%)	≤ 25
食盐(以 NaCl 计)(%)	≤ 10
酸价(脂肪以 KOH 计)(mg/g)	≤ 4
亚硝酸盐(以 $NaNO_2$ 计)	≤ 70

三、板鸭的加工

板鸭是我国传统禽肉腌腊制品,始创于明末清初,至今有 300 多年的历史,著名的产品有南京板鸭和南安板鸭,前者始创于江苏南京,后者始创于江西大余县(古时称南安)。南京板鸭又称"贡鸭",可分为腊板鸭和春板鸭两类。腊板鸭是从小雪到立春,即农历十月到十二月底加工的板鸭,这种板鸭品质最好,肉质细嫩,可以保存三个月时间;而春板鸭是用从立春到清明,即由农历一月至二月底加工的板鸭,这种板鸭保存时间较短,一般一个月左右。板鸭因其风味鲜美而久负盛名,成为我国著名特产。

南京板鸭的特点是外观体肥、皮白、肉红骨绿(板鸭的骨并不是绿色的,只是一种形容的习惯语);食用时具有香、酥、板(板的意义是指鸭肉细嫩紧密,南京俗称发板)、嫩的特色,余味回甜。

(一)工艺流程

原料选择→宰杀→浸烫褪毛→开膛取出内脏→清洗→腌制→晾挂→成品。

(二)操作要点

1. 原料选择

选择健康、体长、身宽、胸腿肉发达、无损伤的肉用型活鸭,以两翅下有"核桃肉",尾部四方肥为佳,活重在 1.5 kg 以上。活鸭在宰杀前要用稻谷(或糠)饲养一个时期(15~20 d)催肥,使膘肥、肉嫩、皮肤洁白,这种鸭脂肪熔点高,在温度高的情况下也不容易滴油,变哈喇;若以糠麸、玉米为饲料则体皮肤淡黄,肉质虽嫩但较松软,制成板鸭后易收缩和滴油变味,影响气味。所以以稻谷(或糠)催肥的鸭品质最好。

2. 宰杀

(1)宰前断食

将育肥好的活鸭赶入待宰场,并进行检验将病鸭挑出。待宰场要保持安静状态,宰前 12~24 h 停止喂食,充分饮水。

(2)宰杀放血

有口腔宰杀和颈部宰杀两种,以口腔宰杀为佳,可保持商品完整美观,减少污染。由于板鸭为全净膛,为了易拉出内脏,目前多采用颈部宰杀,宰杀时要注意以切断三管为度,刀口过深易掉头和出次品。

3. 浸烫褪毛

(1)烫毛

鸭宰杀后 5 min 内褪毛,烫毛水温以 63~65 ℃为宜,一般 2~3 min。

(2)褪毛

其顺序为:先拔翅羽毛,次拔背羽毛,再拔腹胸毛、尾毛、颈毛,此称为抓大毛。拔完后随即拉出鸭舌,再投入冷水中浸洗,并拔净小毛、绒毛,称为净小毛。

4. 开膛取内脏

鸭毛褪光后立即去翅、去脚、去内脏。在翅和腿的中间关节处两翅和两腿切除。然后再在右翅下开一长约 4 cm 的直形口子,取出全部内脏并进行检验,合格者方能加工板鸭。

5. 清洗

用清水涑洗体腔内残留的破碎内脏和血液，从肛门内把肠子断头、输精管或输卵管拉出剔除。清膛后将鸭体浸入冷水中 2 h 左右，浸出体内淤血，使皮色洁白。

6. 腌制

（1）腌制前的准备工作

食盐必须炒熟、磨细，炒盐时每百千克食盐加 200~300 g 茴香。

（2）干腌

滤干水分，将鸭体人字骨压扁，使鸭体呈扁长方形。擦盐要遍及体内外。一般用盐量为鸭重的 1/15。擦腌后叠放在缸中进行腌制。

（3）制备盐卤

盐卤出食盐水和调料配制而成，因使用次数多少和时间长短的不同而有新卤和老卤之分。

①新卤的配制。

采用浸泡鸭体的血水，加盐配制，每 100 kg 血水，加食盐 75 kg，放大锅内煮成饱和溶液，撇去血污与泥污，用纱布滤去杂质，再加辅料，每 200 kg 卤水放入大片生姜 100~150 g，八角 50 g，葱 150 g，使卤具有香味，冷却后成新卤。

②老卤。

新卤经过腌鸭后多次使用和长期贮藏即成老卤，盐卤越陈旧腌制出的板鸭风味更佳，这是因为腌鸭后一部分营养物质渗进卤水，每烧煮一次，卤水中营养成分浓厚一些，越是老卤，其中营养成分愈浓厚，而鸭在卤中互相渗透、吸收，便鸭味道更佳。盐卤腌制 4~5 次后需要重新煮沸，煮沸时可适当补充食盐，使卤水保特咸度，通常为 22~25° Be′。

（4）抠卤

擦腌后的鸭体逐只叠入缸中，经过 12 h 后，把体腔内盐水排出，这一工序称抠卤。抠卤后再叠大缸内，经过 8 h，进行第二次抠卤，目的是腌透并浸出血水，使皮肤肌肉洁白美观。

（5）复卤

抠卤后进行湿腌，从开口处灌入老卤，再浸没老卤缸内，使鸭尸全部腌入老卤中即为复卤，经 24 h 出缸，从泄殖腔处排出卤水，挂起滴净卤水。

（6）叠坯

鸭尸出缸后，倒尽卤水，放在案板上用手掌压成扁形，再叠入缸内 2~4 d，这一工序称叠坯，存放时，必须头向缸中心，再把四肢排开盘入缸中，以免刀口渗出血水污染鸭体。

（7）排坯晾挂

排坯的目的是使鸭肥大好看，同时也便鸭子内部通气。将鸭取出，用清水净体，挂在木档钉上，用手将颈拉开，胸部拍平，挑起腹肌，以达到外形美观，置于通风处风干，至鸭子皮干水净后，再收后复排，在胸部加盖印章，转到仓库晾挂通风保存，2 周后即成板鸭。

7. 成品

成品板鸭体表光洁，黄白色或乳白色，肌肉切面平而紧密，呈玫瑰色，周身干燥，皮面光滑无皱纹,胸部凸起,颈椎露出,颈部发硬,具有板鸭固有的气味。

（三）质量标准

南京板鸭理化标准:水分 30.2%,蛋白质 12%,脂肪 45.2%,灰分 6.4%,盐（以 NaCl）计）5.8%。感官标准:表皮光白,肉红,有香味,全身无毛,无皱纹。

第三节 中式火腿的加工

中式火腿用整条带皮猪腿为原料经腌制,水洗和干燥,长时间发酵制成的肉制品。产品加工期近半年,成品水分低,肉紫红色,有特殊的腌腊香味,食前需熟制。中式火腿分为三种:南腿,以金华火腿为代表;北腿,以如皋火腿为代表;云腿,以云南宣威火腿为代表。南北腿的划分以长江为界。

一、金华火腿的加工

金华火腿历史悠久,驰名中外。相传起源于宋朝,早在公元 1 100 年间,距今 900 多年前民间已有生产,它是一种具有独特风味的传统肉制品。产品特点:脂香浓郁,皮色黄亮,肉色似火,红艳夺目,咸度适中,组织致密,鲜香扑鼻。以色、香、味、形"四绝"为消费者称誉。

金华火腿又称南腿,素以造型美观、做工精细、肉质细嫩、味淡清香而著称于世。相传起源于宋代,距今已有 800 余年的历史。早在清朝光绪年间,已畅销日本、东南亚和欧美等地。1915 年在巴拿马国际商品博览会上荣获一等优胜金质大奖。1985 年又荣获中华人民共和国金质奖。

（一）工艺流程

鲜腿的选择→修整腿坯→上盐→腌制（上盐 6~7 次）→洗腿 2 次→晒腿→整形→发酵→修整→堆码→成品保藏。

（二）操作要点

1. 鲜腿的选择

原料是决定成品质量的重要因素,没有新鲜优质的原料,就很难制成优质的火腿。选择金华"两头乌"猪的鲜后腿,皮薄爪细,腿心饱满,瘦肉多,肥膘少,腿坯重 5~7.5 kg,平均 6.25 kg 左右的鲜腿最为适宜,如图 7-1。腿坯过大,不易腌透或腌制不均匀;腿坯过小,肉质太嫩,腌制时失水量大,不易发酵,肉质咸硬,滋味欠佳。

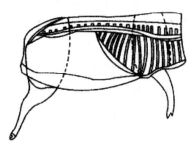

图 7-1 原料肉的切割方法

2. 修割腿坯

金华火腿对外形的要求很严格,必须初步整形后再进入腌制工序。修整的目的,一是使火腿有完美的外观;二是对腌后火腿的质量及加速食盐的渗透都有一定的作用,修整时要特别注意不损伤肌肉面,仅露出肌肉表面为限。

修整前,先用刮刀刮去皮面上的残毛和污物,使皮面光滑整洁。然后用削骨刀削平耻骨,修整坐骨,除去尾椎,斩去脊骨,使肌肉外露,再把过多的脂肪和附在肌肉上的浮油割去,将腿边修成弧形,腿面平整。再用手挤出大动脉内的淤血,最后使猪腿成为整齐的柳叶形,如图 7-2 所示。

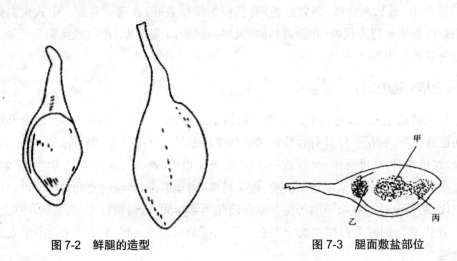

图 7-2　鲜腿的造型　　　　　　　　图 7-3　腿面敷盐部位

3. 腌制

修整好腿坯后,即进入腌制过程。腌制是加工火腿的主要工艺环节,也是决定火腿质量的重要过程。金华火腌制系采用干腌堆叠法,用食盐和硝石进行腌制,胎制时需擦盐和倒堆 6~7 次,总用盐量占腿重的 9%~10%,约需 30 d。根据不同气温,适当控制加盐次数、腌制时间、翻码次数,是加工金华火腿的技术关键。腌制火腿的最佳温度在 0~10 ℃之间。以 5 kg 鲜腿为例,说明其具体加工步骤。

①(1)第一次上盐俗称小盐。目的是使肉中的水分、淤血排出。用 100g 左右的盐撒在脚面上,敷盐要均匀。敷盐之际,要在腰椎骨节(甲)、耻骨节(乙)以及肌肉厚处(丙)敷少许硝酸钠(如图 7-3),敷盐后堆叠时必须层层平整,上下对齐。堆码的高度应视气候而定。在正常气温下,以 12 ～ 14 层为宜,天气越冷,堆码越高。

②第二次上盐又称大盐。即在小盐的翌日做第二次翻腿上盐。在上盐以前用手压出血管中的淤血。必要时在三签头上放些硝酸钾。把盐从腿头撒至腿心,在腿的下部凹陷处用手指粘盐轻抹,用盐量约为 250 g,用盐后将腿整齐堆叠。

③第三次上盐又称复三盐。第二次上盐 3 d 后进行第三次上盐,根据鲜腿大小及三签处余盐情况控制用盐量。复三盐用量大约 95 g,对鲜腿较大、脂肪层较厚、三签处余盐少者适当增加盐量。

④第四次上盐又称复四盐。第三次上盐后,再过 7 d 左右,进行复四盐。目的是经过下翻堆后调整腿质、温度,并检验三签处上盐溶化程度,如大部分已溶化需再补盐,并抹去腿皮上的黏盐,以防止腿的皮色发白无亮光。这次用盐约 75 g。

⑤第五次或第六次上盐又称复五盐或复六盐。这两次上盐的间隔时间也都是 7 d 左右。目的主要是检查火腿盐水是否用得适当,盐分是否全部渗透。大型腿(6 kg 以上)如三签头上无盐时,应适当补加,小型腿则不必再补。

经过六次上盐后,腌制时间已近 30 d,小型腿已可挂出洗晒,大型腿进行第七次腌制。从上盐的方法看,可以总结口诀为:头盐上滚盐,大盐雪花盐,三盐靠骨头,四盐守签头,五盐六盐保签头。

腌制火腿时应注意以下几个问题。

①鲜腿腌制应根据先后顺序,依次按顺序堆叠,标明日期、只数。便于翻堆用盐时不发生错乱、遗漏。

②4 kg 以下的小火腿应当单独腌制堆叠,避免和大、中火腿混杂,以便控制盐量,保证质量。

③腿上擦盐时要有力而均匀,腿皮上切忌擦盐,避免火腿制成后皮上无光彩。

④堆叠时应轻拿轻放,堆叠整齐,以防脱盐。

⑤如果温度变化较大,要及时翻堆更换食盐。

4. 洗腿

鲜腿腌制后,腿面上留的粘浮杂物及污秽盐渣,经洗腿后可保持腿的清洁,有助于火腿的色、香、味,也能便肉表面盐分散失一部分,使咸淡适中。

洗腿前先用冷水浸泡,浸泡时间应根据腿的大小和咸淡来决定,一般需浸 2 h 左右。浸腿时,肉面向下,全部浸没,不要露出水面。洗腿时按脚爪、爪缝、爪底、皮面、肉面和腿尖下面,顺肌纤维方向依次洗刷干净,不要使瘦肉翘起,然后刮去皮上的残毛,再浸漂在水中,进行洗刷,最后用绳吊起送往晒场挂晒。

5. 晒腿

将腿挂在晒架上,用刀刮去剩余细毛和污物,约经 4 h,待肉面无水微干后打印商标,再经 3~4 h,腿皮微干时肉面尚软开始整形。

6. 整形

所谓整形就是在晾晒过程中将火腿逐渐校成一定形状。整形要求做到小腿伸直,腿爪弯曲,皮面压平,腿心丰满和外形美观,而且使肌肉经排压后更加紧缩,有利于贮藏发酵。整形晾晒适宜的火腿,腿形固定,皮呈黄色或淡黄,皮下脂肪洁白,肉面呈紫红色,腿面平整,肌肉坚实,表面不见油迹。

7. 发酵

火腿经腌制、洗晒和整形等工序后,在外形、质地、气味、颜色等方面尚没有达到应有的要求,特别是没有产生火腿特有的风味,与腊肉相似。因此必须经过发酵过程,一方面使水分继续蒸发,另一方面便肌肉中蛋白质、脂肪等发酵分解,使肉色、肉味、香气更好。将腌制好的鲜腿晾挂于宽敞通风、地势高而干燥库房的木架上,彼此相距 5~7 cm,继续进行 2~3 个月发酵鲜化,肉面上逐渐长出绿、白、黑、黄色霉菌(或腿的正常菌群)这时发酵基本完成,火腿逐渐产生香味和鲜味。因此,发酵好坏和火腿质量有密切关系。

火腿发酵后,水分蒸发,腿身逐渐干燥,腿骨外露,需再次修整,即发酵期修整。一般是按腿上挂的先后批次,在清明节前后即可逐批刷去腿上发酵真菌,进入修整工序。

8. 修整

发酵完成后,腿部肌肉干燥而收缩,腿骨外露。为使腿形美观,要进一步修整。修整工序包括修平耻骨、修正股骨、修平坐骨,并从腿脚向上割去脚皮,达到腿正直,两旁对称均匀,腿身呈柳叶形。

9. 堆码

经发酵整形后的火腿,视干燥程度分批落架。按腿的大小,使其肉面朝上,皮面朝下,层层堆叠于腿床上(见图7-4)。堆高不超过 15 层。每隔 10 d 左右翻倒 1 次,结合翻倒将流出的油脂涂于肉面,使肉面保持油润光泽而不显干燥。

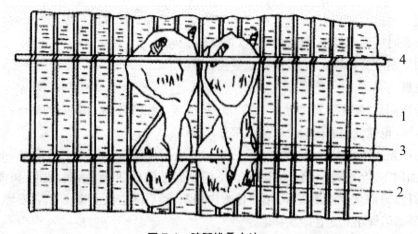

图7-4 腌腿堆叠方法

(1. 篾芭　2. 腌腿　3. 压住血筋　4. 竹片)

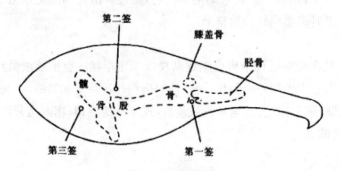

图7-5 火腿三签部位

10. 成品保藏

金华火腿可以较长时间地贮藏,方法可以是悬挂或堆叠。悬挂法易于通风和检查,但占用仓库较多,同时还会因干缩而增大损耗。堆叠法是将火腿交错堆叠成垛。堆叠用的腿床应距离地面 35 cm 左右,约隔 10 天翻倒一次。每次倒堆的同时将流出的油脂涂抹在肉面上,这样不仅可防止火腿过分干燥,而且可以保持肉面油润、有光泽。

11. 质量标准

金华火腿的质量主要从颜色、气味、咸度、肌肉丰满程度、重量、外形等方面来衡量。气味是鉴别火腿品质的主要指标,通常以竹签插入火腿三个肉厚部位的关节处(如图 7-5)嗅其香气程度来确定火腿的品级。打签后随手封闭签孔,以免深部污染,打签时如发现火腿中某处腐败,应立即换签,用过的签用碱水煮沸消毒。金华火腿的质量标准如表 7-5 所示。

表 7-5　金华火腿的质量标准

等级	香味	肉质	重量(kg/只)	外形
特级	三签香	瘦肉多,肥肉少,腿心饱满	2.5~5.0	薄皮、细脚,皮色黄亮,无毛,无红斑,无破损,无虫蛀鼠咬,油头无裂缝
一级	二签香,一签好	瘦肉少,腿心饱满	2.0 以上	出口腿无红斑,内销腿为无大红斑,其他同特级
二级	一签香,二签好	腿心稍偏薄,腿头部分稍咸	2.0 以上	竹叶形,爪弯,脚直稍粗,无鼠咬虫蛀,刀口光洁,无毛,印章清楚
三级	三签中一签有异味(无臭味)	腿质稍咸	2.0 以上	无鼠咬虫咬,刀工略粗,印章清楚

二、宣威火腿的加工

宣威火腿制作技艺是云南省宣威地区的传统手工技艺。宣威火腿是著名的地方传统名特产。历史悠久,驰名中外,属华夏三大名腿之一。其形似琵琶,皮色蜡黄,瘦肉桃红色或玫瑰色,肥肉乳白色,肉质滋嫩,香味浓郁,咸香可口,以色、香味、形著称。孙中山先生曾题词"饮和食德",并在 1915 年的国际巴拿马博览会上荣获了金奖。

(一)工艺流程

鲜腿修割定形→上盐腌制→堆码翻压→洗晒整形→上挂风干→发酵管理。

1. 鲜腿修割定形

鲜腿毛料支重以 7~15 kg 为宜,在通风较好的条件下,经 10~12 h 冷凉后,根据腿的大小形状进行修割,9~15 kg 的修成琵琶形,7~9 kg 的修成柳叶形。修割时,先用刀刮去皮面残毛和污物,使皮面光洁;再修去附着在肌膜与骨盆的脂肪和结缔组织,除净血渍,再从左至右修去多余的脂肪和附着在肌肉上的碎肉,切割时做到刀路整齐,切面平滑,毛光血净。

2. 上盐腌制

将经冷凉并修割定形的鲜腿上盐腌制,用盐量为鲜腿重量的 6.5%~7.5%,每隔 2~3 d 上盐一次,一般分 3~4 次上盐,第一次上盐 2.5%,第二次上盐 3%,第三次上盐 1.5%(以总盐量7% 计)。腌制时将腿肉面朝下,皮面朝上,均匀撒上一层盐,从蹄壳开始,逆毛孔向上,用力揉搓皮层,使皮层湿润或盐与水呈糊状,反复第一次上盐结束后,将腿堆码在便于翻动的地方，2~3 d 后，用同样的方法进行第二次上盐，堆码；间隔 3 天后进行第三次上盐、堆码。三次上盐、堆码，3 d 后反复查，如有淤血排出，用腿上余盐复搓（俗称赶盐），使肌肉变成板栗色，腌透的则淤血排出。

3. 堆码翻压

将上盐后的腌腿置于干燥、冷凉的室内，室内温度保持在 7~10 ℃，相对湿度保持在 62%~82%，堆码按大、中、小分别进行，大支堆 6 层，小支堆 8~12 层，每层 10 支。少量加工采用铁锅堆码，锅边、锅底放一层稻草或木棍做隔层。堆码翻压要反复进行 3 次，每次间隔 4~5 d，总共堆码腌制 12~15 d。翻码时，要使底部的腿翻换到上部，上部的翻换到下部。上层腌腿脚杆压住下层腿部血筋处，排尽淤血。

4. 洗晒整形

经堆码翻压的腌腿，如肌肉面、骨缝由鲜红色变成板栗色，淤血排尽，可进行洗晒整形。浸泡洗晒时，将腌好的火腿放入清水中浸泡，浸泡时，肉面朝下，不得露出水面，浸泡时间看火腿的大小和气温高低而定，气温在 10 ℃左右，浸泡时间约 10 h。浸泡时如发现火腿肌肉发暗，浸泡时间酌情延长。如用流动水应缩短时间。浸泡结束后，即进行洗刷，洗刷时应顺着肌肉纤维排列方向进行，先洗脚爪，依次为皮面、肉面到腿下部。必要时，浸泡洗刷可进行两次，第二次浸泡时间视气温而定，若气温在 10 ℃左右，约 4 h，如在春季约 2 h。浸泡洗刷完毕后，把火腿晾晒到皮层微干肉面尚软时，开始整形，整形时将小腿校直，皮面压平，用手从腿面两侧挤压肌肉，使腿心丰满，整形后上挂在室外阳光下继续晾晒。晾晒的时间根据季节、气温、风速、腿的大小、肥瘦不同确定，一般 2~3 d 为宜。

5. 上挂风干

经洗晒整形后，火腿即可上挂，一般采用 0.7 m 左右的结实干净绳子，结成猪蹄扣捆住庶骨部位，挂在仓库楼杆钉子上，成串上挂的大支挂上，小支挂下，或大、中、小分类上挂，每串一般 4~6 支，上挂时应做到皮面、肉面一致，支与支间保持适当距离，挂与挂之间留有人行道，便于观察和控制发酵条件。

6. 发酵管理

上挂初期至清明节前，严防春风的侵入，以免造成曝干开裂。注意适时开窗 1~2 h，保持室内通风干燥，使火腿逐步风干。立夏节令后，及时开关门窗，调节库房温度、湿度，让火腿充分发酵。楼层库房必要时应楼上、楼下调换上挂管理，使火腿发酵鲜化一致。端午节后要适时开窗，保持火腿干燥结实，防止火腿回潮。发酵阶段室温应控制在月均 13~16 ℃，相对湿度 72%~80%，日常管理工作，应注意观察火腿的失水、风干和真菌生长情况，根据气候变化，通过开关门窗、生火升湿来控制库房温湿度，创造火腿发酵鲜化的最佳环境条件，火腿发酵基本成熟后（大腿一般要到中秋节）仍应加强日常发酵管理工作，直到火腿调出时，方能结束。

7. 成品率

鲜火腿平均重 7 kg，成品腿平均重 5.75 kg，成品率 78%，2 年的老腿成品率 75% 左右，3 年及 3 年以上的老腿，成品率为 74.5% 左右。

(三)宣威火腿的质量规格

成熟较好的宣威火腿,其特点是脚细直伸,皮薄肉嫩,琵琶形或柳叶形,皮面黄色或淡黄色,肌肉切面玫瑰红色;油润而有光泽;脂肪乳白色或微红色;肉面无裂缝,皮与肉不分离;品尝味鲜美酥脆,嚼后无渣,香而回甜,油而不腻,盐度适中;三签清香。一般火腿分为特级、一级和合格品三个等级。

特级火腿:腿心肌肉凸现饱满,跨边小,肥膘薄,肉瘦多肥少;干燥,致密结实,无损伤;三签香气浓郁。

一级火腿:腿心肌肉稍平,跨边、肥膘一般、腿脚细;干燥,致密结实,无损伤;三签清香。

合格品:腿心肌肉扁平,跨边、肥膘较大,腿脚粗;干燥,致密结实,轻度损伤;上签清香,中下签无异味。

宣威火腿的成品规格如下。

1. 感官指标

宣威火腿的色泽、组织状态、气味等感官指标见表7-6所示。

表7-6　宣威火腿的色泽、组织状态、气味等感官指标

项目	特级(一级)	合格品
色泽	肌肉切面玫瑰红色或桃红色;脂肪切面乳白色或微红色,油润而有光泽;骨髓桃红色或蜡黄色,有光泽	肌肉切面深玫瑰红色或暗红色;脂肪切面乳白色或淡黄色,光泽稍差;骨髓桃红色或蜡黄色,光泽较差
组织状态	切面平整,肌肉干燥致密结实,脂肪细嫩光滑,红白分明	切面平整,肌肉干燥致密结实,脂肪细嫩光滑,红白分明,有少量斑点
气味	具有火腿特有的香味	稍有酱味,豆豉味或酸味
煮熟品尝	尝味盐味适度,香而回甜,无其他异味	尝味时允许有轻度酸味,盐味偏咸、香气平淡

2. 理化指标

宣威火腿的理化指标见表7-7所示。

表7-7　宣威火腿的理化指标

项目	指标	
水分(%)(以瘦肉计)	≤48	
食盐含量(%)(以瘦肉计)	≤12.5	
蛋白质含量	≥18	
粗脂肪	≤45	
亚硝酸盐残留量	≤20	
过氧化值含量≤(mg/kg)	一级 20	二级 32
苯甲胺氮含量≤(mg/100g)	一级 1.3	二级 2.5

第八章　香肠制品加工

第一节　肠类制品的种类和特点

一、香肠制品的分类

肠制品是一类方便肉制品,产量几乎占肉制品总量的 50%,其加工方式是最古老的肉品加工方式之一。据考证,在 3 500 年以前,中国和古巴比伦就开始生产和消费肠制品。著名的古希腊荷马史诗《奥德赛》中就有天然肠衣肉肠加工的清晰描述。到了中世纪,肠制品风靡欧洲。由于地理和气候条件的差异,形成了多种产品。在气候温暖的意大利、西班牙、法国南部等区域开始生产干制和半干制香肠,气候比较寒冷的德国、丹麦等国家,由于保存产品比较容易,开始生产鲜肠和熟制香肠。并且随着香料的使用,各类香肠的品种不断增多。现在,全世界有上百种系列的近千种香肠产品可供消费者选择。

肠制品生产与消费的快速发展和肠制品的特点密切相关。香肠的特点可以概括为方便、多样、经济、营养。香肠制品在食用前几乎不需要花时间进行准备,大部分香肠可直接食用或根据习惯在食用前进行回热处理。部分鲜肠类产品也仅仅需要食用前进行简单的加热。香肠的这一特点满足了快节奏生活工作需求。香肠加工工艺的特点使香肠调味方便,易形成风格不同、风味独特的系列产品。这一特点使消费者在香肠消费上有了更多的选择,满足了不同消费人群的偏好。香肠可用相对价廉的分割肉或副产品加工,使香肠制品经济实惠,与其他肉制品相比具有价格优势。肉制品本身就是蛋白质、矿物质、B 族维生素的重要来源,而香肠制品的工艺特点又使其易于进行营养因子的调控,如进行脂肪含量、脂肪酸组成的调节,也可以很方便地在加工过程中加入各种所需的营养素,如膳食纤维等功能性成分,使香肠的营养特点更能满足当代人们的健康需求。

随着现代食品工程高新技术的应用,肠制品的生产已经有了很大改观。在保持传统工艺特色和传统风味特点的基础上,大部分香肠制品的生产已改变了原有的传统手工操作生产方式,实现了标准化、工业化、机械化。有些工厂的肠制品生产已实现了高度机械化和自动化,大大提高了生产效率,同时产品的食用品质、营养品质和安全品质得到了极大保障。

肠类制品的种类繁多,我国各地生产的香肠品种有上百种,法国有 1 500 多个品种,德国仅热烫香肠就有 240 多种。目前,各国对灌肠制品没有统一的分类方法。在我国各地的肠类制品生产中,习惯上将用中国原有的加工方法生产的产品称为香肠或腊肠,把用国外传入的方法生产的产品称为灌肠。

肠类制品现泛指以鲜(冻)畜禽、鱼肉为原料,经腌制或未经腌制,切碎成丁或绞碎成颗粒,或斩拌乳化成肉糜,再混合添加各种调味料、香辛料、黏着剂、充填入天然肠衣或人造肠衣中，经烘烤、烟熏、蒸煮、冷却或发酵等工序制成的肉制品。

（一）我国香肠制品的分类

1. 中式香肠

广式腊肠是这类产品的代表，其以猪肉为主要原料，经切丁，加入食盐、亚硝酸盐、白酒、酱油等辅料腌制后，充填入可食性肠衣中，经过晾晒、风干或烘烤等工艺制成的一类生干制品。食用前需进行熟制加工。中式香肠具有酒香、糖香和腊香，其风味有赖于成熟期间香肠中各种成分的降解、合成产物和特殊的调味料等。腊肠、枣肠、风干肠等是中式香肠的主要产品。

2. 发酵肠类

萨拉米香肠、熏煮香肠是发酵肠类的典型代表，是以牛肉或猪、牛肉混合肉为主要原科，经绞碎或斩拌成颗粒，加入食盐、亚硝酸盐等辅料腌制，以自然或人工接种发酵剂，充填入可食性肠衣内，再经过烟熏、干燥和长期发酵等工艺制成的一类生肠制品。发酵香肠具有发酵的风味，产品的 pH 值为 4.8~5.5，质地紧密，切片性好，弹性适宜，保质期长，深受欧美消费者喜爱。

3. 乳化肠类

乳化肠类是以畜禽肉为主要原料，经切碎、斩拌、腌制等工艺加工，加入动植物蛋白质等乳化剂，以及食盐、亚硝酸盐等辅料，充填入各种肠衣中，经过蒸煮和烟熏等工艺制成的一类熟肠制品。乳化肠类的特点是弹性强、切片性好、质地细致，如哈尔滨红肠、法兰克福香肠等。

4. 肉类粉肠

该产品是以淀粉和肉为主要原料，添加其他辅料，充填入天然肠衣中，经蒸煮和烟熏等工序制成的一类熟肠制品。特点是不为乳化目的而添加非动物性蛋白乳化剂，干淀粉的添加量一般大于肉重的 10%。

（二）美国香肠的分类

因香肠的分类体系很多，至今没有标准的分类方法，其中美国农业部（USDA）的分类方式较具代表性，比其他分类方法得到了更广泛的应用。按 USDA 体系，香肠制品分为生鲜香肠、生熏香肠、熏煮香肠、蒸煮香肠、半干和干香肠午餐肉、肉糕、肉冻产品。该分类体系中，产品划分很细，以它为基础，可将产品概括为以下几种。

1. 生鲜香肠

原料肉（主要是新鲜猪肉，有时添加适量牛肉）不经腌制，绞碎后加入香辛料和调味料充入肠衣内而成。这类肠制品需在冷藏条件下贮藏，食用前需经加热处理，如意大利鲜香肠、德国生产的油煎香肠等。目前国内这类香肠制品的生产量很少。

2. 生熏肠

这类制品可以采用腌制或未经腌制的原料，加工工艺中要经过烟熏处理。赋予产品特殊的风味和色泽，但不经熟制加工，消费者在食用前要进行熟制处理。产品的贮存销售同样要在冷藏条件下进行，保质期一般不超过 7 d。

3. 熟熏肠

经过腌制的原料肉,绞碎、斩拌后充入肠衣中,再经熟制、烟熏处理而成。

4. 干制和半干制香肠

半干香肠最早起源于北欧,是德国发酵香肠的变种,它含有猪肉和牛肉,采用传统的熏制和蒸煮技术制成。其定义为绞碎的肉在微生物的作用下,pH 值达到 5.3 以下,在热处理和烟熏过程中(一般均经烟熏处理)除去 15% 的水分,使产品中水分与蛋白质的比率不超过 3.7 ：1 的肠制品。

干香肠起源于欧洲的南部,是意大利发酵香肠的变种,主要是由猪肉制成,不经熏制或煮制。其定义为经过细菌的发酵作用,使肠馅的 pH 值达到 5.3 以下,然后干燥除去 20%~50% 的水分,使产品中水分与蛋白质的比率不超过 2.3 ：1 的肠制品。

二、灌肠制品常用的原辅材料

(一)原料肉

各种不同的原料肉都可用于不同类型的香肠生产,原料肉的选择与肠类制品的质量好坏有密切的关系。不同的原料肉中各种营养成分含量不同,且颜色深浅、结缔组织含量及所具有的持水性、黏着性也不同。加工灌肠制品所用的原料肉应是来自健康牲畜、经兽医检验合格的鲜肉。

1. 原料肉的种类及胴体部位

动物不同部位的肉均可以用于生产各种类型的灌肠,使制品具有各自的特点。灌肠制品加工中需加入一定比例的牛肉,既可提高制品的营养价值以及肉馅的黏着性和保水性,又可使肉馅的颜色美观,增加弹性。还需加入一定比例的猪脂肪,使肉馅红白分明,增进口味。

灌肠制品加工根据具体情况选择猪、牛肉的品种和等级,以成熟的新鲜猪、牛肉为最好,若无鲜肉,使用解冻好的冻肉也可。

2. pH 值影响灌制品的质量

pH 值是衡量肉质量好坏的一个重要标准,对肉及肉制品颜色、嫩度、风味、保水性、货架期都有一定的影响。pH 值为 5.4~6.2 的肉适合制作法兰克福香肠,pH 值为 4.8~5.2 的肉适合制作快速成熟的干香肠,pH 值为 5.4~6.3 的肉适合制作缓慢成熟的干香肠。

3. 肉的黏合性影响灌肠制品的质量

肉的黏合性是指肉所具有的乳化脂肪的能力,也指其具有的使瘦肉粒子黏合在一起的能力。原料肉按其黏着能力可分为高黏合性、中等黏合性和低黏合性三种。一般认为牛肉中骨骼肌的黏合性最好,如牛小腿肉、去骨牛肩肉等。具有中等黏合能力的肉包括头肉、颊肉和猪瘦肉边角料。具有低黏合性的肉包括含脂肪多的肉、非骨骼肌肉和一般的猪肉边角料、舌肉边角料、牛胸肉、横膈膜肌等。

(二)其他添加成分

灌肠制品生产中,除原料肉外还需添加其他成分增加产品的风味、延长贮存期、提高切片性等。

1. 食盐

除原料肉外,灌肠制品生产中第二个重要的原料就是食盐。食盐具有防腐、提高风味和提高制品黏合性的作用。添加量为原料肉量的 2%~4%。

2. 水

水分在肠类制品配方中常常被忽略,但水分却是一种相当重要的非肉成分。如果肠类制品只含有肉本身所固有的水分,加工出来的制品将非常干燥,口味也很差。在斩拌或绞碎过程中,水常常以冰的形式加入,以防肉馅温度上升过高,确保肉馅的稳定性。更重要的是,添加水分可使产品多汁并可促进盐溶性蛋白溶解,因而能结合更多的脂肪。另外,加水便于灌装,熏烤后灌肠有褶皱。

3. 大豆分离蛋白

在灌肠制品加工中添加大豆分离蛋白,既可改善制品的营养结构,又能大幅度降低成本。美国规定肠类制品中大豆蛋白添加量不得超过 3.5%,目前国内尚无限量规定。

(三)肠衣

香肠肠衣可由多种材料制成,按制备肠衣材料来源分类可分为天然肠衣和人造肠衣两大类,其主要品种如下。

1. 天然肠衣

天然肠衣也叫动物肠衣,动物从食管到直肠之间的胃肠道、膀胱等都可以用来做肠衣,它具有较好的韧性和坚实性,能够承受一般加工条件所产生的作用力,具有优良的收缩和膨胀性能,可以与包裹的肉料产生基本相同的收缩与膨胀。常用的天然肠衣有牛、羊、猪的小肠、大肠、盲肠,猪直肠,牛食管,牛、猪的膀胱及猪胃等。天然肠衣是最早被使用的一种肠衣,是传统的灌制品包装材料。其特点是具有可食性、透过性、热收缩性和对肉馅的黏着性。因此,在香肠加工过程中其内部的水分可通过肠衣排出,进行烟熏时,熏烟中含有的特殊芳香物质能透过肠衣渗入肉馅中,使香肠制品有特殊的风味。但是成品肠衣规格不一,强度也不均匀,用于机械灌馅加工时作业性较差。此外,由于天然肠衣资源有限,其供应数量不能满足灌制品加工业发展的需要。

天然肠衣特点:①能够保持肠馅的适当水分;②能与肠内容物一起收缩和膨胀;③可进行熏烟;④具有韧度和坚实性;⑤可食用。

2. 人造肠衣

人造肠衣主要分为胶原蛋白肠衣、纤维肠衣、塑料肠衣,又分为透气性肠衣和非透气肠衣,可食性和非可食性。

(1)胶原蛋白肠衣

到目前为止,由于肠衣的需求量不断扩大,天然肠衣的供应已远远不能满足市场需要,于是各种人造肠衣应运而生。其中,人造胶原肠衣的性质与天然肠衣非常接近,它具有可食性、较好的水气透过性、热收缩性和对肉馅的黏着性。这种肠衣无味,安全性好,可烟熏着色,肠衣尺寸均匀,并可自由确定规格,适于制作需要熏烟干燥的灌肠制品。此外,人造胶原肠衣的强度比天然肠衣高,适于机器灌肠作业。胶原肠衣以天然可食性物质——胶原蛋白为主要原料,经过与其他物质共混改性,通过高压挤塑成型头形成筒状物,再依次通过凝固、交联等处理后干燥制成。因为其可食,不仅可以减少对环境的污染,而且它本身是富含大量氨基酸成分的营养物质,食用后有益于人体健康。同时也可以通过加入一些风味剂、有色剂、甜味剂等来改善食品的感官性能。

（2）纤维素肠衣

纤维素肠衣是用短棉绒、纸浆作为原料制成的无缝筒状薄膜,具有韧性、收缩性和着色性,规格统一,卫生、透气,可以烟熏,表面可以印刷。这种肠衣小口径的主要用于熏烤无肠衣灌肠及小灌肠,熏煮后,冷水喷淋冷却,去掉肠衣再经过二次包装后销售;大口径的纤维素肠衣可以生产加工烟熏风味的火腿,熏煮冷却后不需要去掉肠衣,直接进行二次包装即可。此肠衣不可食用。

（3）塑料肠衣

塑料肠衣是利用聚乙烯、聚丙烯、聚偏二氯乙烯、聚酯塑料、聚酰胺等为原料制成的单层或多层复合的筒状或片状肠衣。其特点是无味无臭,阻氧、阻水性能非常高,具有一定的热收缩性,可满足不同的热加工要求,机械灌装性能好,安全卫生。这类肠衣被广泛应用于高温蒸煮火腿肠类及低温火腿类产品的包装。非透气性肠衣,此肠衣不可食用。

人造肠衣的特点是口径、规格、标准一致,能适应机械化大生产,生产效率高、省工省时、保质期长等。胶原肠衣兼有天然肠衣和人造肠衣两者的优点,具有非常大的市场前景。在国外已被广泛应用,而我国的人造胶原肠衣主要依赖进口。纤维质肠衣因以高强度纸做基底,质地强韧,可以灌制大直径的香肠,透过性好,可以烟熏。但这种肠衣不能食用。塑料肠衣具有较高的机械强度和密封性能。水汽和空气不易透过,用这种肠衣加工的灌制品杀菌后有较长的贮藏期,但材料不能食用、不能再生,正逐渐被前两种人造肠衣所取代。据统计,目前美国90%已采用人造肠衣;英国、德国、意大利、西班牙等国家已有30%~70%的灌肠采用人造肠衣;日本已有80%的香肠采用若恩准肠衣;中国市场上销售的西式灌肠几乎全部采用人造肠衣,只有中式香肠还采用天然肠衣。虽然如此,到2000年时世界上生产胶原蛋白肠衣的生产厂家却仅15家,生产能力为年产16亿米,但全世界年需求人造肠衣量目前已达30亿米。随着人们生活水平的不断改善,以及人造肠衣应用领域不断扩大,人造肠衣的需求量还会不断增加。

第二节　肠类制品加工要点

一、选料

供肠类制品用的原料肉,应来自健康牲畜,经兽医检验合格的,质量良好、新鲜的肉。凡热鲜肉、冷却肉或解冻肉都可用来生产。

猪肉用瘦肉作肉糜、肉块或肉丁,而肥膘则切成肥膘丁或肥膘颗粒,按照不同配方标准加入瘦肉中,组成肉馅。而牛肉则使用瘦肉,不用脂肪。因此,肠类制品中加入一定数量的牛肉,可以提高肉馅的黏着力和保水性,使肉馅色泽美观,增加弹性。某些肠类制品还应用各种屠宰产品,如肉屑、肉头、食道、肝、脑、舌、心和胃等。

二、腌制

一般认为,在原料中加入 2.5% 的食盐和硝酸钠 25 g,基本能适合人们的口味,并且具有一定的保水性和贮藏性。

将细切后的小块瘦肉和脂肪块或膘丁摊在案板上,撒上食盐用手搅拌,务求均匀。然后,装入高边的不锈钢盘或无毒、无色的食用塑料盘内,送入 0 ℃左右的冷库内进行干腌。腌制时间一般为 2~3 d。

三、绞肉

绞肉系指用绞肉机将肉或脂肪切碎称为绞肉。在进行绞肉操作之前,检查金属筛板和刀刃部是否吻合。检查结束后,要清洗绞肉机。在用绞肉机绞肉时肉温应不高于 10℃。通过绞肉工序,原料肉被绞成细肉馅。

四、斩拌

将绞碎的原料肉置于斩拌机的料盘内,剁至糊浆状称为斩拌。绞碎的原料肉通过斩拌机的斩拌。目的是为了使肉馅均匀混合或提高肉的结着性,增加肉馅的保水性和出品率,减少油腻感,提高嫩度;改善肉的结构状况,使瘦肉和肥肉充分拌匀,结合得更牢固。提高制品的弹性,烘烤时不易“起油”。在斩拌机和刀具检查清洗之后,即可进入斩拌操作。首先将瘦肉放入斩拌机中,注意肉不要集中于一处,宜全面铺开,然后启动搅拌机。斩拌时加水量,一般为每 50 kg 原料加水 1.5~2 kg,夏季用冰屑水,斩拌 3 min 后把调制好的辅料徐徐加入肉馅中,再继续斩拌 1~2 min,便可出馅。最后添加脂肪。肉和脂肪混合均匀后,应迅速取出。斩拌总时间为 5~6 min。

五、搅拌

搅拌的目的是使原料和辅料充分结合,使斩拌后的肉馅继续通过机械搅动达到最佳乳化效果。操作前要认真清洗搅拌机叶片和搅拌槽。搅拌操作程序是先投入瘦肉,接着添加调味料和香辛料。添加时,要洒到叶片的中央部位,靠叶片从内侧向外侧的旋转作用,使其在肉中分布均匀。一般搅拌 5~10 min。

六、充填

充填主要是将制好的肉馅装入肠衣或容器内,成为定型的肠类制品。这项工作包括肠衣选择、肠类制品机械的操作、结扎串竿等。充填操作时注意肉馅装入灌筒要紧要实;手握肠衣要轻松,灵活掌握,捆绑灌制品要结紧结牢,不使松散,防止产生气泡。

七、烘烤

烘烤的作用是使肉馅的水分再蒸发掉一部分,使肠衣干燥,紧贴肉馅,并和肉馅黏合在一起,防止或减少蒸煮时肠衣的破裂。另外,烘干的肠衣容易着色,且色调均匀。烘烤温度为 65~70 ℃,一般烘烤 40 min 即可。目前采用的有木柴明火、煤气、蒸汽、远红外线等烘烤方法。

八、煮制

肠类制品煮制一般用方锅,锅内铺设蒸汽管,锅的大小根据产量而定。煮制时先在锅内加水至锅的容量的 80% 左右,随即加热至 90~95 ℃。如放入红曲,加以拌和后,关闭气阀,保持水温 80 ℃左右,将肠制品一杆一杆的放入锅内,排列整齐。煮制的时间因品种而异。如小红肠,一般需 10~20 min。其中心温度 72 ℃时,证明已煮熟。熟后的肠制品出锅后,用自来水喷淋掉制品上的杂物,待其冷却后再烟熏。

九、熏制

熏制主要是赋予肠类制品以熏烟的特殊风味,增强制品的色泽,并通过脱水作用和熏烟成分的杀菌作用增强制品的保藏性。

传统的烟熏方法是燃烧木头或锯木屑,烟熏时间依产品规格质量要求而定。目前,许多国家采用烟熏液处理来代替烟熏工艺。

第三节　肠类制品加工工艺

一、中式香肠加工

中式香肠的加工工艺,虽大同小异,但也有独到之处,所以了解一般的工艺流程,也要掌握某一产品的工艺特点。中式香肠的工艺流程大体流程如下。

(一)工艺流程

原料肉选择与修整→切丁→拌馅、腌制→灌制→漂洗→晾晒或烘烤→包装→质量检查→成品。

(二)原料辅料

瘦肉 80 kg,肥肉 20 kg。猪小肠衣 300 m,精盐 2.2 kg,白糖 7.6 kg,白酒(50°)2.5 kg,白酱油 5 kg,硝酸钠 0.05 kg。

(三)加工工艺

1. 原料肉选择与修整

冷却肉是加工香肠制品的理想原料,但不能经常得到它,而冻肉在香肠加工中占有很大的比重。使用冷冻肉时,要先进行解冻,无论是悬挂解冻或是水浸解冻都需要掌握相应正确的解冻方法,否则会使原料变成次等肉,降低其利用价值。胴体肉要进行分割剔骨,把骨骼从其他组织中分离出来。剔骨之后,再进行组织分割,将不适于加工香肠的皮、筋、腱等结缔组织及肌肉间的脂肪、遗漏的碎骨、污物、淤血等去除,然后割成一定重量的块,即为精料,方可用于香肠加工。肌肉、脂肪的分割工艺要求比较细致,否则对制品的质量影响很大。

原料以猪肉为主,要求新鲜。瘦肉以腿臂肉为最好,肥膘以背部硬膘为好。加工其他肉制品切割下来的碎肉也可做原料。瘦肉用装有筛孔为 0.4~1.0 cm 的筛板的绞肉机绞碎,肥肉切成 0.6~1.0 cm³ 大小。肥肉丁切好后用温水清洗一次,以除去浮油及杂质,捞起沥干水分待用,肥瘦肉要分别存放。

2. 拌馅与腌制

按选择的配料标准,肥肉和辅料混合均匀。搅拌时可逐渐加入 20% 左右的温水,以调节黏度和硬度,使肉馅更滑润、致密。在清洁室内放置 1~2 h。当瘦肉变为内外一致的鲜红色,用手触摸有坚实感,不绵软,肉馅中汁液渗出,手摸有滑腻感时,即完成腌制,此时加入白酒拌匀,即可灌制。

3. 灌制

将肠衣套在灌嘴上,使肉馅均匀地灌入肠衣中。要掌握松紧程度,不能过紧或过松。肉馅装入灌筒要紧、要实,否则肉馅中就会有空隙,其结果是使成品出现孔洞或使肉馅在肠内断裂松散。为此,必须使肉馅装得紧实、无空隙。

4. 排气

灌饱馅时,很容易带入空气到肠内形成气泡。这种气泡必须用针刺破,以放出空气,否则成品表面不平而且影响成品质量和保存期。刺孔时,须特别注意肠子的两端,因肠的顶端容易滞留空气。

5. 结扎

按品种、规格要求每隔 10~20 cm 用细线结扎一道。

6. 漂洗

将湿肠用 35 ℃左右的清水漂洗一次,除去表面污物,然后依次分别挂在竹竿上,以便晾晒、烘烤。

7. 晾晒和烘烤

将悬挂好的香肠放在日光下暴晒 2~3 d。在日晒过程中,有胀气处应针刺排气。晚间送入烘烤房内烘烤,温度保持在 40~60 ℃。一般经过 3 昼夜的烘晒即完成,然后再晾挂到通风良好的场所风干 10~15 d 即为成品。

8. 包装

中式产品有散装和小袋包装销售两种方式,可根据消费者的需求进行选择。利用小袋进行简易包装或进行真空、气调包装,可有效抑制产品销售过程中脂肪氧化现象,提高产品的卫生品质。

(四)质量标准

香肠质量标准系引用中华人民共和国商业行业标准中式香肠 GB/T 23493—2009(表 8-1 和表 8-2)。

表 8-1　中式香肠感官指标

项目	感官指标
色泽	瘦肉呈红色、枣红色,脂肪呈乳白色,色泽分明,外表有光泽
香气	腊香味纯正浓郁,具有中式香肠(腊肠)固有的风味
滋味	滋味鲜美,咸甜适中
形态	外形完整、均匀,表面干爽呈现收缩后的自然皱纹

表 8-2　中式香肠理化指标

项目	指标		
	特级	优级	普通级
水分(%)	≤ 25	≤ 30	≤ 38
氯化物(以 NaCl 计)(%)	≤ 8		
蛋白质(%)	≤ 22	≤ 18	≤ 14
脂肪(%)	≤ 15	≤ 45	≤ 55
总糖(以葡萄糖计)(%)	≤ 22		
过氧化值(以脂肪计)	按 GB2730 的规定执行		
亚硝酸钠(mg/kg)	按 GB2730 的规定执行		

二、常见中式香肠的加工

(一)腊肠加工

腊肠俗称香肠,是指以肉类为主要原料,经切、绞成丁,配以辅料,灌入动物肠衣经发酵、成熟、干制而成的肉制品,是我国肉制品中品种最多的产品。

腊肠中,广东腊肠是其代表。它是以猪肉为主要原料,经切碎或绞碎成丁,用食盐、硝酸盐、白糖、曲酒、酱油等辅料腌制后,充填入天然肠衣中,经晾晒、风干或烘烤等工艺制成的一类生干制品。食用前需要进行熟加工。我国较有名的腊肠有武汉香肠、天津小肠、哈尔滨风干肠、川式香肠等。由于原材料配制和产地不同,风味及命名不尽相同,但生产方法大致相同。

1. 配料标准

(1)广式香肠

广式香肠:猪瘦肉 35 kg,肥膘肉 15 kg,食盐 1.25 kg,白糖 2 kg,白酒 1.5 kg,无色酱油 750 g,鲜姜 500 g(剁碎挤汁用),胡椒面 50 g,味精 100 g,亚硝酸钠 3 g。

(2)武汉香肠

武汉香肠:猪瘦肉 70 kg,猪肥膘 30 kg,盐 3 kg,白糖 4 kg,汾酒 2.5 kg,硝酸钾 50 g,味精 300 g,生姜粉 300 g,白胡椒粉 200 g。

(3)哈尔滨风干肠

哈尔滨风干肠:猪瘦肉 75 kg,猪肥膘 25 kg,盐 2.5 kg,酱油 1.5 kg,白糖 1.5 kg,白酒 500

g,硝石 100 g,苏砂 18 g,八角 10 g,豆蔻 17 g,小茴香 10 g,桂皮粉 18 g,白芷 18 g,丁香 10 g。

（4）川式香肠

川式香肠:猪瘦肉 80 kg,猪肥膘 20 kg,精盐 3.0 kg,白糖 1.0 kg,酱油 3.0 kg,曲酒 1.0 kg,硝酸钠 5 g,花椒 100 g,混合香料 150 g(八角、山奈各 1 份,桂皮 3 份,甘草 2 份,荜茇 3 份,研磨成粉,过筛,混合均匀即成)。

2. 工艺流程

原料肉修整→切丁→拌馅、腌制→灌装→晾晒→烘烤→成品。

3. 工艺要点

（1）选料、整理

选用卫检合格的生猪肉,瘦肉顺着肌肉纹络切成厚约 1.2 cm 的薄片,用冷水漂洗,消除腥味,并使肉色变淡,沥水后,用绞肉机绞碎,孔径要求 1~1.2 cm。肥膘肉切成 0.8~1 cm 的肥丁,并用温水漂洗,除掉表面污渍。

（2）拌料

先在容器内加入少量温水,放入盐、糖、酱油、姜汁、胡椒面、味精、亚硝酸钠,拌和溶解后加入瘦肉和肥丁,搅拌均匀,最后加入白酒,制成肉馅。拌馅时,要严格掌握用水量,一般为 4~5 kg。

（3）灌装

先用温水将羊肠衣泡软,洗干净。用灌肠机或手工将肉馅灌入肠衣内。灌装时,要求均匀、结实,发现气泡用针刺排气。每隔 12 cm 为 1 节,进行结扎。然后用温水将灌好的香肠漂洗一遍,串挂在竹竿上。

（4）晾晒、烘烤

串挂好的香肠,放在阳光下曝晒,3 h 左右翻转一次。晾晒 0.5~1 d 后,转入烘房烘烤。温度要求 50~52 ℃,烘烧 24 h 左右,即为成品。出品率 62%。

（5）保藏

贮存方式以悬挂式最好,在 10 ℃ 以下条件,可保存 3 个月以上。食用前进行煮制,放在沸水锅里,煮制 15 min 左右。

4. 产品特点

外观小巧玲珑,色泽红白相间,鲜明光亮。食之口感爽利,香甜可口,余味绵绵。

（二）哈尔滨风干香肠

哈尔滨风干香肠又名正阳楼香肠,是哈尔滨市"正阳楼"的传统名产,规格一致,长 60 cm,扁圆形,折双行,食之清口健胃、干而不硬。

1. 配方

配方 1:猪精肉 90 kg,猪肥肉 10 kg,酱油 18~20 kg,砂仁粉 125 g,紫蔻粉 200 g,桂皮粉 150 g,花椒粉 100 g,鲜姜 100 g。

配方 2:猪瘦肉 85 kg,猪肥肉 15 kg,精盐 2.1 kg,桂皮面 200 g,丁香 60 g,鲜姜 1 g,花椒

面 100 g。

配方 3：猪瘦肉 80 kg，猪肥肉 20 kg，味素 500 kg，白酒 599 kg，精盐 2 kg，砂仁 150 g，小茴香 100 g，豆蔻 150 g，姜 1 kg，桂皮 400 g。

2. 工艺流程

原料肉选择→绞碎→搅拌→充填→日晒与烘烤→捆把→发酵成熟→成品。

3. 工艺要点

（1）原料肉选择

原料肉一般以猪肉为主，选择经兽医卫生检验合格的肉作为原料，以腿肉和臀肉为最好。因为这些部位的肌肉组织多，结缔组织少，肥肉一般选用背部的皮下脂肪。香肠是一种高级的肉制品，因此在选用辅助调料时都应采用优质的。选用的精盐应色白、粒细、无杂质；酒选用 50 度白酒或料酒；酱油选用特级的、无色或色淡的。

（2）绞碎

剔骨后的原料肉，首先将瘦肉和肥膘分开，剔除瘦肉中筋腱、血管、淋巴，肥肉不带软质肉。瘦肉与肥膘切成 1~1.2 cm³ 的立方块，最好用手工切。用机械切由于摩擦产热使肉温提高，影响产品质量。目前为了加快生产速度，一般均用筛孔 1.5 cm 直径的绞肉机绞碎。

（3）搅拌

将肥瘦猪肉倒入拌馅机内，开机搅拌均匀，再将各种配料加入，待肠馅搅拌均匀即可。

（4）灌制

肉馅拌好后要马上灌制，用猪或羊小肠衣均可。灌制不可太满，以免肠体过粗。灌后要裁成每根长 1 m，且要用手将每根肠撸均，即可上杆凉挂。

（5）日晒与烘烤

将香肠挂在木杆上，送到日光下曝晒 2~3 d，然后挂于阴凉通风处，风干 3~4 d。如果烘烤时，烘烤室内温度控制在 42~49 ℃；最好温度保持恒定。温度过高使肠内脂肪融化，产生流油现象，肌肉色泽发暗，降低品质。如温度过低，延长烘烤时间，肠内水分排出缓慢，易引起发酵变质。烘烤时间为 24~48 h。

（6）捆把

将风干后的香肠取下，按每 6 根捆成一把。

（7）发酵成熟

把捆把好的香肠，横竖码垛，存放在阴凉、湿度合适场所，库房要求不见光，相对湿度为75% 左右。如果存放场所过分干燥，易发生肠体流油、食盐析出等现象；如过湿度过大，易发生吸水，影响产品质量。发酵需经 10 d 左右。在发酵过程中，水分要进一步少量蒸发，同时在肉中自身酶及微生物作用下，肠馅又进一步发生一些复杂的生物化学和物理化学变化，蛋白质与脂肪发生分解，产生风味物质，并使之和所加入的调味料互相弥合，使制品形成独特风味。

（8）煮制

产品在出售前应进行煮制，煮制前要用温水洗一次，刷掉肠体表面的灰尘和污物。开水下锅,煮制 15 min 即出锅,装入容器晾凉即为成品。

4.产品特点

风干香肠的特点是瘦肉呈红褐色,脂肪呈乳白色,切面可见有少量的棕色调料点,肠体质干略有弹性,有粗皱纹,肥肉丁突出,直径不超过 1.5 cm;具有独特的清香风味,味美适口,越嚼越香,久吃不腻、食后留有余香;易于保管,携带方便。

(三)如皋香肠加工

如皋香肠历史悠久,始产于 1906 年,以选料严格,讲究辅料,成品肉质紧密,肉馅红白分明,香味浓郁,口味鲜美而著称,是我国的著名香肠之一。

1.配方

精瘦肉 75 kg,肥肉 25 kg,食盐 3.5 kg,白糖 6 kg,60 度曲酒 0.5 kg,葡萄糖 1 kg。

2.工艺流程

原料选择与整理→配方→拌馅→灌肠→晾晒→入库晾挂保管。

3.加工工艺

(1)原料选择与整理

采用经兽医卫生检验、健康无病的猪肉,不得采用槽头肉等下脚料,其肥瘦比例为瘦肉 75%~80%,肥肉 20%~25%,肠衣采用口径为 32~34 mm 的猪 5 路小肠衣。将选好的原料肉去皮、去膘、锯去骨头,修去筋膜、肌腱,再将瘦肉和肥肉分别切成 1~1.2 cm³ 的小方丁。

(2)拌馅

将切好的瘦肉丁放入容器内,将食盐撒在肉面上,充分搅拌后静止 30 min,再放入糖、酱油等其他辅料,拌匀后即可灌肠。

(3)灌肠

用清水将肠衣漂洗干净,利用灌肠机将肠馅灌入肠衣内,用针在肠身上扎孔放出空气,用手挤撸肠身使其粗细均匀、肠馅结实,两头用线扎牢,以待晾晒。

(4)晾晒

将香肠置于晾晒架上晾晒,香肠之间保持一定距离,以利通风透气。一般冬季晾晒 10~12 d,夏季 6~8 d,晾晒至瘦肉干、肠衣皱、重量为原料重量的 70% 左右即可。

(5)入库晾挂保管

将晾好的香肠放入通风良好的库房内晾挂 20~30 d,使其缓慢成熟和干燥,产生特有的香味,包装即为成品。

第四节　灌肠的加工

灌肠制品是以畜禽肉为原料,经腌制(或不腌制)、斩拌或绞碎而使肉成为块状、丁状或肉糜状态,再配上其他辅料,经搅拌或滚揉后而灌入天然肠衣或人造肠衣内经烘烤、熟制和熏烟等工艺而制成的熟制灌肠制品或不经腌制和熟制而加工的需冷藏的生鲜肠。

一、一般加工工艺

（一）工艺流程

原料肉选择与修整（低温腌制）→绞肉或斩拌→配料、制馅→灌制或填充→烘烤→蒸煮→烟熏→质量检查→成品。

（二）原料辅料

以哈尔滨红肠为例。猪瘦肉 76 kg，肥肉丁 24 kg，淀粉 6 kg，精盐 5~6 kg，味精 0.09 kg，大蒜末 0.3 kg，胡椒粉 0.09 kg，硝酸钠 0.05 kg。肠衣用直径 3~4 cm 猪肠衣，长 20 cm。

（三）加工工艺

1. 原料肉的选择与修整

选择兽医卫生检验合格的可食动物瘦肉做原料，肥肉只能用猪的脂肪。瘦肉要除去骨、筋腱、肌膜、淋巴、血管、病变及损伤部位。瘦肉部分切成约 2 cm 厚的薄片，并要求厚薄基本一致，不连筋，将肥膘切成丁。

2. 腌制

将选好的肉切成一定大小的肉块，按比例添加配好的混合盐进行腌制。混合盐中通常盐占原料肉重的 2%~3%，亚硝酸钠占 0.025%~0.05%，抗坏血酸占 0.03%~0.05%。腌制温度一般在 10 ℃以下，最好是 4 ℃左右，腌制 1~3 d。

3. 绞肉或斩拌

腌制好的肉可用绞肉机绞碎或用斩拌机斩拌。斩拌时肉吸水膨润，形成富有弹性的肉糜，因此斩拌时需加冰水。加入量为原料肉的 30%~40%。斩拌时投料的顺序是猪肉（先瘦后肥）→冰水→辅料等。斩拌时间不宜过长，一般以 10~20 min 为宜。斩拌温度最高不宜超过 10 ℃，发现肉馅温度上升时可加冰水或冰屑；斩拌好的成品细且密度大，吸附水分的性能好，黏结力强，富有弹性，如果肉馅没有黏性或黏性不足，即是斩拌未成熟。

4. 拌馅

在斩拌后，将搅好的肉泥，按不同的品种要求过磅，称好肥膘丁，先将肉泥倒入拌馅机中搅拌均匀，再将各种辅料用水调好后倒入。将近拌好前，再倒入肥膘丁搅拌均匀即可。拌馅时，需加水，其添加量主要根据原料中精肉的品质和比例以及所加淀粉的多少来决定，一般每 50 kg 原料加水 10~15 kg，夏季最好加入冰屑水，以吸收搅拌时产生的热量，防止肉馅升温变质。由于拌馅机的性能和特点不同，所以拌馅的时间应根据肉馅是否有黏性来决定。

5. 灌制与填充

将斩拌好的肉馅，移入灌肠机内进行灌制和填充。灌制时必须掌握松紧均匀。过松易使空气渗入而变质；过紧则在煮制时可能发生破损。如不是真空连续灌肠机灌制，应及时针刺放气。

灌好的湿肠按要求打结后，悬挂在烘烤架上，用清水冲去表面的油污，然后送入烘烤房进行烘烤。

6. 烘烤

烘烤温度 65~80 ℃，维持 1 h 左右，使肠的中心温度达 55~65 ℃。烘好的灌肠表面干燥光滑,无油流,肠衣半透明,肉色红润。

7. 蒸煮

水煮优于汽蒸。水煮时,先将水加热到 90~95 ℃,把烘烤后的肠下锅,保持水温 78~80 ℃。当肉馅中心温度达到 70~72 ℃时为止。感官鉴定方法是用手轻捏肠体,挺直有弹性,肉馅切面平滑光泽者表示煮熟。反之则未熟。

汽蒸煮时,肠中心温度达到 72~75 ℃时即可。例如肠直径 70 mm 时,则需要蒸煮 70 min。

8. 烟熏

烟熏可促进肠表面干燥有光泽;形成特殊的烟熏色泽(茶褐色);增强肠的韧性;使产品具有特殊的烟熏芳香味;提高防腐能力和耐贮藏性。一般用三用炉烟熏,温度控制在 50~70 ℃,时间 2~6 h。

9. 贮藏

未包装的灌肠吊挂存放,贮存时间依种类和条件而定。湿肠含水量高,如在 8 ℃条件下,相对湿度 75%~78% 时可悬挂 3 d。在 20 ℃条件下只能悬挂 1 d。水分含量不超过 30% 的灌肠,当温度在 12 ℃,相对湿度为 72% 时,可悬挂存放 25~30 d。

(四)质量标准

灌肠质量标准系引用中华人民共和国肉灌肠卫生标准 GB2725.1—94。

1. 感官指标

肠衣(肠皮)干燥完整,并与内容物密切结合,坚实而有弹力,无黏液及霉斑,切面坚实而湿润,肉呈均匀的蔷薇红色,脂肪为白色,无腐臭,无酸败味。

2. 理化指标

肉灌肠卫生指标(表 8-3)。

表 8-3　肉灌肠理化指标

项目	指标
亚硝酸盐(以 $NaNO_2$ 计)(mg/kg) 食品添加剂	≤ 30 按 GB2760 规定

3. 细菌指标

肉灌肠卫生指标(表 8-4)。

表 8-4　肉灌肠细菌指标

项目	指标	
	出厂	销售
菌落总数(个/g)	≤ 20 000	≤ 50 000
大肠菌群(个/100 g)	≤ 30	≤ 30
致病菌(系指肠道致病菌及致病性球菌)	不得检出	不得检出

二、几种常见灌肠制品的加工

(一)哈尔滨大众红肠

哈尔滨大众红肠原名里道斯灌肠,已有近 100 多年的历史了,其采用欧式灌肠生产工艺,具有俄式灌肠的特点。大众红肠水分含量较少,防腐性强,易于保管,携带方便,价格低廉,经济实惠,理化指标、微生物指标均符合国家标准,且质量长期稳定,投放市场后博得了消费者的好评。大众红肠的生产一再扩大,产品供不应求。

1. 配方

猪瘦肉 40 kg,猪肥膘 10 kg,淀粉 3.5 kg,盐 1.75~2.0 kg,胡椒粉 50 g,蒜 250 g,硝酸钠 25 g。

2. 工艺流程

原料的整理和切割→腌制→绞肉→拌馅→灌制→烘烤→煮制→熏制→成品。

3. 工艺要点

（1）选肉

将选好的猪瘦肉切成 100~150 g 重的菱形,不带筋络和肥肉。

（2）腌制

在 2~3 ℃下,要腌制 3 d 左右。腌好的肉切开呈鲜红色,肥膘肉腌 3~5 d,使脂肪坚硬,不绵软,切开后表里色泽一致。

（3）制馅和灌制

将肥膘切成长为 1 cm 左右的方丁,然后将腌好的瘦肉装入绞肉机里绞成肉馅。先把绞好的瘦肉馅放进拌馅机内,加入 2.5~3.5 kg 水,再放进切好或绞好的大蒜碎末和其他调料,搅拌均匀,再加水 2.5 kg 左右搅开。用 6~6.5 kg 水把淀粉调稀,慢慢放入拌馅机中,再放进肥膘丁搅拌均匀即可灌制。用猪、牛小肠肠衣灌制,灌制肠体的长度为 20 cm,直径为 3 cm。将肠体的两头用线绳扎紧,扭出节来,并在肠子上刺孔放气。

（4）烘烤

烘烤温度为 65~70 ℃,40 min,使肠皮干燥、透明,肉馅初露红润色泽。

（5）煮制

肠子下锅前,水温要达到 95 ℃以上,下锅后,水温要保持在 85 ℃,煮 25 min 左右,用手捏肠体时感觉其挺硬、弹力很足,即可出锅。

（6）熏烟

肠子煮熟后,要通过熏烤,这不但会增加产品的香味,使产品更为美观,还能起到一定的防腐作用。熏制方法为将硬木棒子锯末点燃,关严炉门,使其焖烧生烟,炉内温度控制在 35~40 ℃,熏 12 h 左右出炉。

4. 产品特点

产品为半弯曲形,外表呈枣红色,无斑点和条状黑痕,肠衣干燥,不流油,无黏液,不易与肉馅分离,表面微有皱切面呈粉红色,脂肪块呈乳白色,肉馅均匀,无空洞,无气泡,组织坚实有弹性,肉质鲜嫩,具有红肠特殊的烟熏香气。

(二)小红肠

小红肠始创于维也纳,又名热狗。它也是一种灌肠制品,属于乳化型灌肠的一种。

1. 配方

牛肉 55 kg,猪肉 20 kg,五花肉 25 kg,精盐 3.5 kg,淀粉 5 kg,白胡椒粉 200 kg,豆蔻粉 150 g,味精 100 g,磷酸盐 50 g,红曲色素 90 g。

2. 工艺流程

原料肉的选择与处理→腌制→绞碎斩拌→灌肠→烘烤→煮制→出锅冷却→成品。

3. 操作要点

(1)原料肉的选择与处理

选择符合卫生要求的牛肉、猪肉为原料,剔除皮、骨、筋腱等结缔组织,切成长方条待用。

(2)腌制

修整好的原料肉加盐和硝酸钠拌匀,于 2~4 ℃的冷库中腌制 12 h 以上。

(3)绞碎、斩拌

腌制后的肉块先用直径为 15 mm 筛板的绞肉机绞碎,再将绞碎的精肉进行斩拌。斩拌过程中,加入适量冰水、配料,最后加入肥膘,斩拌均匀。要求斩拌后肉温不超过 10 ℃。

(4)灌肠

将斩拌后的肉馅,用灌肠机灌入 18~24 mm 的羊小肠肠衣中,灌制要紧实,并用针刺排气,防止出现空洞。

(5)烘烤

将肠体送入烘房中,在温度为 70~80 ℃下烘 1 h 左右。烘至肠衣外表干燥,光滑为止。

(6)煮制

将锅内的水加热至 90 ℃,加入适量的红曲红色素,然后把肠体放入锅中煮制 30 min,取其一根测其中心温度达 72 ℃时,证明已煮熟。

(7)出锅冷却

成品出锅后,应迅速冷却、包装。

4. 成品特点

产品外表红色,内部粉红色,肉质鲜美,风味可口。

(三)萨拉米肠

萨拉米肠以牛肉为主要原料,分生和熟两种规格。其质地坚实,口味鲜美,香味浓郁,外表灰白色,有皱纹,内部肉为棕红色,长 45 cm 左右,易于保存,携带方便,适宜作为旅游、行军、探险、野外作业等的食品。在西欧各国流行甚广。萨拉米肠的生产始自军队,以后流传至民间。

1. 配方

牛肉 35 kg,猪瘦肉 7.5 kg,肥膘丁 7.5 kg,肉豆蔻粉 65 g,胡椒粉 95 g,胡椒粒 65 g,砂糖 250 g,朗姆酒 250 g,盐 2.5 kg,硝酸钠 25 g,用白布袋代替肠衣,约需 60 只,口径 7 cm,长 50 cm。

2. 工艺流程

原料肉的选择与处理→腌制→绞碎再腌制→灌肠→烘烤→煮制→烟熏→成品。

3. 工艺要点

（1）原料肉的选择与处理

选择符合卫生要求的鲜牛肉和鲜猪肉作为加工原料，剔除筋腱、皮、骨、脂肪，切成条块。选择猪背部肥膘，切成长 0.6 cm 的小方块。

（2）腌制

在牛肉条和猪瘦肉条中，加入食盐和亚硝酸钠，搅拌均匀后送入 0 ℃的冷库中腌制 12 h。

（3）绞碎再腌制

用筛板孔直径为 2 mm 的绞肉机将腌好的肉条绞碎，再重新入冷库腌 2 h 以上。猪肥膘丁加上食盐拌匀后也送入冷库中腌制 12 h 以上。

（4）灌肠

先将配料用水溶解后，加入腌制的原料肉中，拌匀后将肉馅慢慢灌入用温水浸泡好的肠衣中，卡节结扎，每节长度 12 cm，然后挂在木棒上，每棒 10 根，保持间距。

（5）烘烤

烘烤的温度应保持在 60~64 ℃，烘烤 1 h 后，待肠表面干燥、光滑、呈黄色时即可。

（6）煮制

将锅内的水加热至 90 ℃后，关闭蒸汽，然后将肠体投入锅中，10 min 后出锅。

（7）烟熏

在 60~65 ℃下烟熏 5 h，每天重复熏一次，连续熏 4~6 次即为成品。

4. 成品特点

产品长短均一，色泽均匀，味鲜肉嫩，有皱纹，香味浓厚。

（四）法兰克福香肠

法兰克福香肠俗称"热狗肠"，其制作起源于德国的法兰克福，因其常用于快餐"热狗"中而得名。这是一种典型的乳化型香肠，具有独特的风味、口感和味道，是一种很有发展前景的方便熟食品。

1. 配方

猪瘦肉 40~60 kg，猪肥肉 40~60 kg（肥瘦原料肉共 100 kg），分离大豆蛋白 1.2 kg，淀粉 3~5 kg，盐 2~3 kg，亚硝酸钠 8~12 g，三聚磷酸钠 60~80 g，味精 16~20 g，胡椒粉 150~200 g，鼠尾草 6~10 g，抗坏血酸 6~10 g，白糖 30~50 g，蒜 20~30 g，其他调味料适量。

2. 工艺流程

原料肉的选择和预处理→绞肉→斩拌→灌肠→打结→烟熏和烘烤→蒸煮→冷却→包装→成品。

3. 工艺要点

（1）原料肉的选择和预处理

原料肉要求新鲜，并经兽医卫生检验合格，新鲜原料肉可以提高乳化型香肠的质量和出品率,同时还要视具体情况对原料肉进行预腌和预绞。

（2）斩拌

斩拌应在低温下进行,肉糜的温度在 10 ℃左右;可根据季节需要适量地使用冰水。目前,许多工厂采用真空高速斩拌技术,该技术有利于提高产品的质量,特别有益于产品色泽和结构的改善。斩拌后要立即灌肠,以免肠馅堆积而变质。

（3）灌肠

生的香肠肉糜可灌入天然或人工肠衣。灌肠时,要尽量装满。每根肠的直径、长度和密度要尽量一致。通常,法兰克福香肠的直径在 22 mm 左右。为了保证成品美观,灌肠后最好用清水冲洗一遍肠体。

（4）打结

香肠打结多采用自然扭结,也有使用金属铝丝打结的,这要视肠衣的种类和香肠的大小而定。

（5）烟熏和烘烤

香肠灌好以后,就可以放入烟熏室进行烟熏和烘烤。通过烟熏和烘烤,可以提高香肠的保藏性能,并增加肉制品的风味和色泽。烟熏中产生的有机酸、醇、酯等物质,如苯酸、甲基邻苯、甲酸及乙醛都具有一定的防腐性能,并使香肠具有特殊的烟熏风味;熏烤时的加热,还可促使一氧化氮肌红蛋白转变成一氧化氮亚铁血色原,从而使产品具有稳定的粉红;烟熏时,肠中的部分脂肪受热熔化而外渗,也赋予了产品良好的光泽。

烟熏时,温度的控制很重要,直接关系到产品的色、香、味、形和出品率。制作法兰克福香肠的烟熏温度,一般要控制在 50~80 ℃,时间为 1~3 h。熏烤时,炉温要缓慢升高,香肠要与炭火保持一定的距离,以防肠体受热过度。

（6）蒸煮、冷却和包装

熏烤后的香肠还要进行蒸煮,蒸煮时,温度 80~95 ℃,时间 l~1.5 h。香肠蒸好后,移出蒸锅,冷却后加以包装即为成品。

4. 产品特点

产品色泽均匀,呈红棕色,弹性好,切片后不松散,肠馅呈粉红色,具有烟熏香味,无任何异味。

（五）香肚的加工

香肚是用猪肚皮作外衣,灌入调制好的肉馅,经过晾晒而制成的一种肠类制品。

1. 工艺流程

浸泡肚皮选料→配方拌馅→灌制扎口→晾晒→贮藏。

2. 原料辅料

猪瘦肉 80 kg,肥肉 20 kg,250 g 的肚皮 400 只,白糖 5.5 kg,精盐 4~4.5 kg,香料粉 25 g（香料粉用花椒 100 份、大茴香 5 份、桂皮 5 份,焙炒成黄色,粉碎过筛而成）。

3. 工艺要点

（1）浸泡肚皮

不论干制肚皮还是盐渍肚皮都要进行浸泡。一般要浸泡 3 h 乃至几天不等。每万只肚皮用明矾末 0.375 kg。先干搓,再放入清水中搓洗 2~3 次,里外层要翻洗,洗净后沥干备用。

（2）选料

选用新鲜猪肉,取其前、后腿瘦肉,切成筷子粗细、长约 3.5 cm 的细肉条,肥肉切成丁块。

（3）拌馅

先按比例将香料加入盐中拌匀,加入肉条和肥丁,混合后加糖,充分拌和,放置 15 min 左右,待盐、糖充分溶解后即行灌制。

（4）灌制

根据肚皮大小,将肉馅称量灌入,大膀胱灌馅 250 g,小膀胱灌馅 175 g。灌完后针刺放气,然后用手握住肚皮上部,在案板上边揉边转,直至香肚肉料呈苹果状,再用麻绳扎紧。

（5）晾晒

将灌好的香肚,吊挂在阳光下晾晒,冬季晒 3~4 d,春季晒 2~3 d,晒至表皮干燥为止。然后转移到通风干燥室内晾挂,1 个月左右即为成品。

（6）贮藏

晾好的香肚,每 4 只为 1 扎,每 5 扎套 1 串,层层叠放在缸内,缸的中央留一钵口大小的圆洞,按百只香肚用麻油 0.5 kg,从顶层香肚浇洒下去。以后每隔 2 d 一次,用长柄勺子把底层香油舀起,复浇至顶层香肚上,使每只香肚的表面经常涂满香油,防止霉变和氧化,以保持浓香色艳。用这种方法可将香肚贮存半年之久。

4. 质量标准

香肚质量标准系引用中华人民共和国国家标准香肚卫生标准 GB10147—88（表 8-5 和表 8-6）。

表 8-5　香肚感官指标

项目	一级鲜度	二级鲜度
外观	肚皮干燥完整且紧贴肉馅,无黏液及霉点,坚实或有弹性	肚皮干燥完整且紧贴肉馅,无黏液及霉点,坚实或有弹性
组织状态	切面坚实	切开齐,有裂隙,周缘部分有软化现象
色泽	切面肉馅有光泽,肌肉灰红至玫瑰红色,脂肪白色或稍带红色	部分肉馅有光泽,肌肉深灰或咖啡色,脂肪发黄
气味	具有香肚固有的风味	脂肪有轻微酸味,有时肉馅带有酸味

表 8-6　香肚理化指标

项目	指标
水分（%）	≤ 25
食盐（%,以 NaCl 计）	≤ 9
酸价（mg/g 脂肪,以 KOH 计）	≤ 4
亚硝酸盐（mg/kg,以 $NaNO_2$ 计）	≤ 20

第五节　肠类制品生产中常见的质量问题

一、外形方面的质量问题

肠体外部形态的感官指标:肠衣干燥完整,并与内容物紧密结合,坚实而有弹性,皮呈紫红色,色泽鲜艳,带有核桃壳式皱纹。常见的不合格现象有以下几种。

(一)肠体破裂

1. **肠衣方面的问题**

如果肠衣本身有不同程度的腐败变质,肠壁就会厚薄不均、松弛、脆弱、抗破坏力差,而有盐蚀的肠衣,肠衣收缩失去弹性,用这一类肠衣灌肠,势必造成破裂。

2. **肉馅方面的问题**

水分较高者,在迅速加热时,肉馅膨胀而使肠衣涨破。肉馅填充过紧,以及煮制烘烤时温度掌握不当也会引起肠衣破裂。

3. **工艺方面的问题**

一是肠体粗细不一,蒸煮时粗肠易裂;二是烘烤时火力太大,温度过高,就会听到肠衣破裂的声音;三是烘烤时间太短,没有烘到一定程度,肠衣蛋白质没有完全凝固即下锅煮制时,肠衣经不住肉馅膨胀的压力;四是蒸煮时蒸汽过足,以免局部温度过高,造成肠裂;五是翻肠时不小心,导致撞裂碰断。

(二)外表起硬皮

烟熏时火力大、温度高,或者肠体下端离火堆太近,都会使下端起硬皮,严重时会起壳,造成肠馅分离,撕掉起壳的肠以后可见肉馅已被烤成黄色。

(三)发色次、无光泽

①烟熏时温度不够,或者熏烟质量较差,以及熏好后又吸潮的灌肠,都会使肠衣光泽差。

②用不新鲜的肉馅灌制的灌肠,肠衣色泽也不鲜艳。

③如果烟熏时所用木材含水分多或使用软木,常使肠衣发黑。

(四)颜色深浅不一

这除了因水煮的差异造成外,与烟熏也有关系。

①烟熏时温度高,颜色淡;温度低,颜色深。

②肠身外表干燥时色泽较淡;肠身外表潮湿时,烟气成分溶于水中,色泽会加深。

③如果烟熏时肠身搭在一起,则粘连处色淡。

(五)肠身松软无弹性

1. **没煮熟**

这种肠不仅肠身松软无弹性,在气温高时还会产酸、产气、发胖,不能食用。

2. **肌肉中蛋白质凝聚不好**

一是当腌制不透时,蛋白质的肌球蛋白没有全部从凝胶状态转化为黏着力强的溶胶状态,影响了肉馅的吸水能力;二是当机械斩拌不充分时,肌球蛋白的释放不完全;三是当盐腌或操作过程中温度较高时,会使蛋白质变性,破坏蛋白质的胶体状态。

(六)外表无皱纹

肠身外表的皱纹是由于熏制时肠馅水分减小、肠衣干缩而产生的。皱纹的产生与灌肠本身质量及烟熏工艺有关。

①肠身松软无弹性的肠,到成品时,外观一般皱纹不好。

②肠直径较粗,肠馅水分过大,也会影响皱纹的产生。

③木材潮湿,烟气中湿度过大,温度升不高,或者烟熏程度不够,都会导致熏烤后没有皱纹。

二、切面方面的问题

(一)色泽发黄

1.切面色泽发黄,要看是刚切开就黄,还是逐渐变黄的

如果刚切开时切面呈均匀的蔷薇红,而露置于空气中后,逐渐褪色,变成黄色,那是正常现象。这种缓慢的褪色是由粉红色的 NO-肌红蛋白在可见光线及氧的作用下,逐渐氧化成高铁血色原,而使切面褪色发黄。切开后虽有红色,但淡而不均,很易发生褪变色。这一般是亚硝酸盐用量不足造成的。

2.用了发色剂,但肉馅根本没有变色

一是原料不够新鲜,脂肪已氧化酸败,则会产生过氧化物,呈色效果不好;二是肉馅的 pH 值过高,则亚硝酸钠就不能分解产生 NO,也就不会产生红色的 NO-肌红蛋白。

(二)气孔多

切面气孔多不仅影响弹性和美观,而且气孔周围都发黄发灰,这是由于空气中混进了氧气造成的。因此最好用真空灌肠机,肉馅要以整团形式放入贮馅筒。装馅应该紧实些,否则经悬挂、烘烤等过程,肉馅下沉,造成上部发空。

(三)切面不坚实,不湿润

①产生这种现象的肠,多数是肠身松软无弹力的肠。其他如加水不足,制品少汁和质粗,绞肉机的刀面装得过紧、过松、不平,以及刀刃不锋利等引起机械发热而使绞肉受热,都会影响切面品质。

②脂肪绞得过碎,热处理时易于融化,也影响切面。

第九章 酱制与酱卤制品加工

在水中加食盐或酱油等调味料以及香辛料,经煮制而成的一类熟肉类制品称作酱卤制品。

酱卤制品是我国传统的一类肉制品,其主要特点是成品都是熟的,可以直接食用,产品酥润,有的带有卤汁,不易包装和贮藏,适于就地生产,就地供应。近些年来,由于包装技术的发展,已开始出现精包装产品。酱卤制品几乎在全国各地均有生产,但由于各地的消费习惯和加工过程中所用配料、操作技术不同,形成了许多地方特色风味的产品。有的已成为社会名产或特产,如苏州酱汁肉、北京月盛斋酱牛肉、南京盐水鸭、德州扒鸡、安徽符离集烧鸡等,不胜枚举。

酱卤制品突出调味与香辛料以及肉的本身香气,食之肥而不腻,瘦不塞牙。酱卤制品随地区不同,在风味上有甜、咸之别。北方式的酱卤制品咸味重,如符离集烧鸡;南方制品则味甜、咸味轻,如苏州酱汁肉。由于季节不同,制品风味也不同,夏天口重,冬天口轻。

酱卤制品中,酱与卤两种制品特点有所差异,两者所用原料及原料处理过程相同,但在煮制方法和调味材料上有所不同,所以产品特点、色泽、味道也不相同。在煮制方法上,卤制品通常将各种辅料煮成清汤后将肉块下锅以旺火煮制;酱制品则和各辅料一起下锅,大火烧开,文火收汤,最终使汤形成肉汁。在调料使用上,卤制品主要使用盐水,所用香辛料和调味料数量不多,故产品色泽较淡,突出原料的原有色、香、味;而酱制品所用香辛料和调味料的数量较多,故酱香味浓。酱卤制品因加入调料的种类、数量不同又有很多品种,通常有五香制品、红烧制品、酱汁制品、糖醋制品、卤制品以及糟制品等。

可以看出,酱卤制品的加工方法主要是两个过程,一是调味,二是煮制(酱制)。

第一节 酱卤制品的种类及特点

一、酱卤制品的种类

酱卤肉制品是畜禽肉及可食副产品加调味料和香辛料,以水为介质加热煮制而成的熟肉类制品。按照加工工艺的不同,一般将其分为三类:白煮肉类、酱卤肉类和糟肉类。白煮肉类可视为酱卤肉类未经酱制或卤制的一个特例;糟肉则是用酒糟或陈年香糟代替酱汁或卤汁加工而成的一类产品。

二、酱卤肉制品特点

(一)白煮肉类

白煮也叫白烧、白切,是原料肉经(或未经)腌制后,在水(或盐水)中煮制而成的熟肉类制品。其主要特点是最大限度地保持了原料肉固有的色泽和风味,一般在食用时才调味。其特点是制作简单,仅用少量盐,基本不加其他配料;基本保持原形原色及原料本身的鲜美味道外表洁白,皮肉酥润,肥而不腻。白煮肉类以冷食为主,吃时切成薄片,蘸以少量酱油、芝麻油、葱花、姜丝、香醋等。其代表品种有白斩鸡、盐水鸭、白切猪肚、白切肉等。

(二)酱卤肉类

酱卤肉类是肉在水中加盐或酱油等调味料和香辛料一起煮制而成的一类熟肉类制品,是酱卤肉制品中品种最多的一类,其风味各异,但主要制作工艺大同小异,只是在具体操作方法和配料的数量上有所不同。根据这些特点,酱卤肉类可划分为以下5种。有的酱卤肉类的原料肉在加工时,先用清水预煮,一般预煮 20 min 左右,再用酱汁或卤汁煮制成熟,某些产品在酱制或卤制后,需要再进行烟熏等工序。产品的色泽和风味主要取决于调味料和香辛料。酱卤肉类主要有酱汁肉、卤肉、烧鸡、糖醋排骨、蜜汁蹄筋等。

1. 酱制品

酱制品也称红烧或五香制品,是酱卤肉类中的主要品种,也是酱卤肉类的典型产品。这类制品在制作中因使用了较多的酱油,以至于制品色深、味浓,故称酱制;又因煮汁的颜色和经过烧煮后制品的颜色都呈深红色,所以又称红烧制品。另外,由于酱制品在制作时加入了八角、桂皮、丁香、花椒、小茴香等香辛料,故有些地区也称这类制品为五香制品。

2. 酱汁制品

以酱制为基础,加入红曲米为着色剂,使用的糖量较酱制品多,在锅内汤汁将干、肉开始酥烂准备出锅时,将糖熬成汁直接刷在肉上,或将糖散在肉上,使制品具有鲜艳的樱桃红色。酱汁制品色泽鲜艳,口味咸中有甜且酥润。

3. 卤制品

卤制品是先调制好卤制汁或加入陈卤,然后将原料加入卤汁中。开始时,先用大火,待卤汁煮沸后改用小火慢慢卤制,使卤汁逐渐浸入原料,直至酥烂即成。卤制品一般多使用老卤。每次卤制后,都需对卤汁进行清卤(撇油、过滤、加热、晾凉),然后保存。陈卤使用时间越长,香味和鲜味越浓,产品特点是酥烂,香味浓郁。

4. 蜜汁制品

蜜汁制品的烧煮时间短,往往需油炸,其特点是块小,以带骨制品为多。蜜汁制品的制作中,要加入较多量的糖分和红曲米水,方法有两种:第一种是待锅内的肉块基本煮烂,汤汁煮至发稠,再将白糖和红曲米水加入锅内,待糖和红曲米水熬至起泡发稠后,与肉块混匀,起锅即成;第二种是先将白糖与红曲米水熬成浓汁,浇在经过油炸的制品上即成(油炸制品多带骨,如大排、小排、肋排等)。蜜汁制品表面发亮,多为红色或红褐色,蜜汁甜蜜浓稠,鲜香可口。

5. 糖醋制品

方法基本同酱制,只是在辅料中要加入糖和醋,使制品具有甜酸的滋味。

酱卤肉类制作简单,操作方便,成品表面光亮,颜色鲜艳,因重香辛料、重酱卤,煮制时间长,制品外部都粘有较浓的酱汁或糖汁。因此,酱卤肉制品具有肉烂皮酥、酱香味或甜香味浓郁等特色。

（三）糟肉类

糟肉是用酒糟或陈年香糟代替酱汁或卤汁制作的一类产品。它是原料肉经白煮后，再用"香糟"糟制的冷食熟肉类制品。其主要特点是制品胶冻白净，清凉鲜嫩，保持了原料固有的色泽和曲酒香气，风味独特。糟制品需要冷藏保存，食用时需添加冻汁，因而携带不便，受到一定的限制。糟肉类有糟肉、糟鸡、糟鹅等产品。

第二节　酱卤制品加工关键技术

一、调味及其种类

（一）调味概念与作用

调味就是根据不同品种、不同口味加入不同种类或数量的调料，加工成具有特定风味的产品。根据调味料的特性和作用效果，使用优质调味料和原料肉一起加热煮制，奠定产品的咸味、鲜味和香气，同时增进产品的色泽和外观。因此，调味的主要作用是以下几点。

1. 形成不同的口味

满足不同人群的需要。我国地域广阔、人口众多，各地人民都形成了具有传统特色的消费习惯。如广东人喜食甜味，调味时加入的糖量稍多些；湖南、四川人喜食辣味，调味时加入辣椒、胡椒、花椒等麻辣味料；山西人喜食酸味，调味时往往加入醋。

2. 弥补原料肉的某些缺陷

如原料肉新鲜度较差或带有难闻气味的羊肉以及动物内脏等，通过调味就可调整原料肉的缺陷，改善成品的风味。

3. 增加花色品种

酱卤制品根据调味料的种类和数量不同，通常有酱制品、酱汁制品、蜜汁制品、糖醋制品、糟制品、白烧制品、卤制品之分。

（二）调味种类

根据加入调料的作用和时间大致分为基本调味、定性调味和辅助调味等三种。

1. 基本调味

在原料整理后未加热前，用盐、酱油或其他辅料进行腌制，奠定产品的咸味叫基本调味。酱卤制品加工对腌制要求比较简单，只要食盐和其他调料渗入原料肉中，能起到基本调味的作用就行。通常是采用盐和酱油混合腌制原料肉或单用盐涂搽于原料肉上进行腌制，也有把盐、酱油和其他配料混合，再与原料肉混合腌制的。酱卤制品的腌制时间一般在24 h之内。

2. 定性调味

原料下锅加热时，随同加入的辅料如酱油、酒、香辛料等，决定产品的风味叫定性调味。定性调味除必须适应原料肉的性质和消费者口味之外，还必须适应季节的变化。一般来说，产品要求春酸、夏苦、秋辣、冬咸。因为春季人易疲劳，酸味可以提精神；夏季天气炎热，苦味能解暑、健脾胃；秋季吃些辣味可以提热去凉，帮助人适应季节的变化；冬天口味稍咸可以增强人体的祛寒能力。因此,酱卤制品的配料应根据只体情况做适当的调整,以满足当时消费者的需要。

3. 辅助调味

加热煮熟后或即将出锅时加入糖、味精等,以增进产品的色泽、鲜味,称为辅助调味。辅助调味要注意掌握好调味料的种类及加入的时间和温度,因为某些调味料遇热易挥发或破坏,达不到辅助调味的效果。如味精在 70~90 ℃范围内助鲜作用最好。

二、制卤

(一)卤汁的调制

加工酱卤制品的关键技术之一是卤汁的调制。卤汁又叫"原卤""老卤"。卤制成品质量好不好,卤汁起着很重要的作用。卤汁的优劣主要看是否"和味"。所谓"和味"是指香料加热后合成一种新的味道,尝不出某种香料的气味,因此,"和味"就是煮制卤汁的标准。各地的制卤方法不尽相同,其调料配比也有差异。

酱、卤汁的配制按地域有南、北之别,按调料的颜色分有红、白两类。

1. 红卤的调制

调制红卤的主要调味料是酱油、盐、冰糖(或砂糖)、黄酒、葱、姜等;主要香辛科是八角、桂皮、丁香、花椒、小茴香、山奈、草果等。第一次制卤要备有鸡、肉等鲜味成分高的原料,以后只要在第一次卤汁的基础上适当增补就可以了。

将鸡、肉等原料用大火烧煮,煮沸后撇去浮沫,改成文火,加入酱油、盐、糖、黄酒、葱、姜等,同时把装有各种芳香调料的料袋一起投入汤内熬煮,煮至鸡酥、肉烂、汤汁浓稠时,捞出鸡、肉和香料袋,将卤汁过滤除去其中杂质,冷却后备用。

有的地方制作红卤,不用酱油来提味定色,而是用盐提味,用糖色来定色。制卤原料和制作过程与上述方法基本一致,只是将酱油改为糖色。糖色可用市售焦糖色素,也可自行加工。

红卤的定色还可用红曲米提取色素。把红曲米放在纱布袋里,放入卤汁中熬煮,红曲米中的色素慢慢溶入卤汁内,卤汁呈玫瑰红色,所用其他原料和上述两种方法一样。

制卤的关键除掌握好火候外,还要注意各种调料的配比,如酱油过多影响色泽,酱油过少对味、色又不利。应根据卤的不同用途、卤制原料等灵活掌握调料的投入比例,力求使成品味正香醇、形色俱佳。

一种红卤可以交叉卤多种原料,甚至一只卤锅内可以同时卤制几种不同的原料,这样口味相互补充,才逐渐形成卤制菜肴特有的风味。

2. 白卤的调制

白卤的调制与红卤基本相同,不同的是白卤以盐来替代酱油或糖色、红曲米等有色调料,以盐定味定色。调制白卤时应注意以下几点。

(1)定色、定味都用盐,盐量投放应适量

用盐过多使口味变咸,用盐过少成品的鲜香味又不容易突出。

（2）香料的用量要相应减少

白卤制品以清鲜为宜,减少香料用量,可突出白卤之清香风味。

（3）甜味调料应尽量减少

白卤中使用甜味调料,主要是为了缓冲某些调料的苦涩味,只要能达到这个目的即可。

白卤与红卤不同,一种白卤一般只卤制一种原料,如卤牛肉的卤汁专门卤牛肉,卤猪肉的卤汁专门卤猪肉,这样做的目的是为了使卤制的成品风味纯正。

3. 酱汁的调制

酱汁的配制,一般是沸水 2 000 g,酱油 400 g（或面酱 500 g）,花椒、八角、桂皮等各 50 g,或添加糖 10~50 g,有时还用红曲或糖色增色,为了形成一些独特的风味,往往还添加一些香料,如陈皮、甘草、丁香、茴香、豆蔻、砂仁等。此外,尚有一些风味较特殊的酱汁,如焖汁酱、糖醋酱、蜜汁酱等。

焖汁酱:在一般酱汁法的基础上,涂加红曲增色外,用糖量增加好几倍,煮酱时先放 3/4 的糖,出锅后,再将 1/4 的糖放入锅中酱汁里,用小火熬制,并不停翻炒至稀糊状,然后涂刷在制品的外层,苏州的酱汁肉便属此法。

糖醋酱:以糖醋味为主,运用适当火候在锅中将糖醋汁收裹于制品上,如扬州的清滋排骨使属此法;而在嗜辣的湖南一带,制作传统风味特产糖醋排骨时,还须在糖醋酱汁中添加辣椒料,使其同时具有酸甜辣的味道,也称糖醋酱,也可称糖醋辣酱。

蜜汁酱:典型的有上海的蜜汁小肉、蜜汁排骨等。

四、煮制

煮制是酱卤制品加工中主要的工艺环节,其对原料肉实行热加工的过程中,使肌肉收缩变形,降低肉的硬度,改变肉的色泽,提高肉的风味,达到熟制的作用。加热的方式有水、蒸汽、油等,通常多采用水加热煮制。

煮制方法:在酱卤制品加工中煮制方法包括清煮和红烧。

（一）清煮

清煮又称预煮、白煮、白锅等。其方法是将整理后的原料肉投入沸水中,不加任何调料,用较多的清水进行煮制。清煮的目的主要是去掉肉中的血水和肉本身的腥味或气味,在红烧前进行,清煮的时间因原料肉的形态和性质不同有异,一般为 15~40 min。清煮后的肉汤称白汤,清煮猪肉的白汤可作为红烧时的汤汁基础再使用,但清煮牛肉及内脏的白汤除外。

（二）红烧

红烧又称红锅。其方法是将清煮后的肉放入加有各种调味料、香辛料的汤汁中进行烧煮,是酱卤制品加工的关键性工序。红烧的目的不仅可使制品加热至熟,更重要的是使产品的色、香、味及产品的化学成分有较大的改变。红烧的时间,随产品和肉质不同而异,一般为 1~4 h。红烧后剩余之汤汁叫老汤或红汤,要妥善保存,待以后继续使用。制品加入老汤进行红烧风味更佳。

另外,油炸也是某些酱卤制品的制作工序,如烧鸡等。油炸的目的是使制品色泽金黄,肉质酥软油润,还可使原料肉蛋白质凝固,排除多余的水分,肉质紧密,使制品造型定型,在酱制时不易变形。油炸的时间,一般为 5~15 min。多数在红烧之前进行。但有的制品则经过清煮、红烧后再进行油炸,如北京盛月斋烧羊肉等。

(三)煮制火力

在煮制过程中,根据火焰的大小强弱和锅内汤汁情况,可分为大火、中火、小火三种。

1. 大火

大火又称旺火、急火等。大火的火焰高强而稳定,锅内汤汁剧烈沸腾。

2. 中火

中火又称温火、文火等。火焰较低弱而摇晃,锅内汤汁沸腾,但不强烈。

3. 小火

小火又称微火。火焰很弱而摇晃不定,锅内汤汁微沸或缓缓冒气。

火力的运用,对酱卤制品的风味及质量有一定的影响,除个别品种外,一般煮制初期用大火,中后期用中火和小火。大火烧煮的时间通常较短,其主要作用是尽快将汤汁烧沸,使原料初步煮熟。中火和小火烧煮的时间一般比较长,可使肉品变得酥润可口,同时使配料渗入肉的深部。加热时火候和时间的掌握对肉制品质量有很大影响,需特别注意。

(四)肉类在煮制过程中的变化

1. 质量减轻、肉质收缩变硬或软化

肉类在煮制过程中最明显的变化是失去水分、肉质收缩、重量减轻。肌肉中肌浆蛋白质当受热后由于蛋白质凝固,而使肌肉组织收缩硬化,并失去黏性。但若继续加热,随着蛋白质的水解以及结缔组织中胶原蛋白水解成动物胶等变化,肉质又变软。这些都是由于一定的加热温度及时间,使肉产生一系列的物理、化学变化导致的。

将小批原料放入沸水中经短时间预煮,使产品表面的蛋白质立即凝固,形成保护层,可以减少营养成分的损失,提高出品率。用 150 ℃以上的高温油炸,也可减少有效成分的流失。

2. 肌肉蛋白质的热变性

肌肉蛋白质受热凝固。肉经加热煮制时,有大量的汁液分离,体积缩小,这是由于构成肌肉纤维的蛋白质因热变性发生凝固而引起。肌球蛋白的凝固温度是 45~50 ℃,当有盐类存在时,30 ℃即开始变性。肌肉中可溶性蛋白的热凝固温度是 55~65 ℃,肌球蛋白由于变性凝固,再继续加热则发生收缩。肌肉中水分被挤出,当加热到 60~75 ℃时失水量多,以后随温度的升高失水反而相对减少。

3. 脂肪的变化

加热时脂肪融化。包围脂肪滴的结缔组织由于受热收缩使脂肪细胞受到较大的压力,细胞膜破裂,脂肪融化流出。随着脂肪的融化,释放出某些与脂肪相关联的挥发性化合物,这些物质给肉和肉汤增加了香气。脂肪在加热过程中有一部分发生水解,生成脂肪酸,因而使酸价有所增高,向时还发生了氧化作用,生成氧化物和过氧化物。如果肉量过多且剧烈沸腾,则脂肪乳化,肉汤混浊,且易氧化,产生不良气味。

4.结缔组织的变化

一般加热条件下,主要是胶原蛋白发生变化。在 70 ℃以下的温度加热时,其变化主要是收缩变性,使肌肉硬度增加,肉汁流失。随着温度的升高和加热时间的延长,变性后的胶原蛋白降解为明胶,明胶吸水后膨胀成胶冻状,从而使肉的硬度下降,嫩度提高。所以合适的煮制温度和时间,可使肉的嫩度和风味改善。

5.风味的变化

加热煮制后,各种原料肉均会形成独特的风味,主要与加热时肉中的水溶性成分和脂肪的变化有关。在煮制过程中,肉的风味变化在一定程度上因加热的温度和时间不同而异。

一般在常压煮制情况下,3 h 之内风味随加热时间的延长而增加。但加热时间长,温度高,生成的硫化氢增多,脂肪氧化产物增加,使肉制品产生不良风味。

6.浸出物的变化

在煮制时浸出物的成分是复杂的,其中主要是含氮浸出物、游离的氨基酸、尿素、肽的衍生物、嘌呤碱等。其中游离的氨基酸最多,如谷氨酸,它具有特殊的芳香气味,当浓度达到 0.08% 时,即会出现肉的特有芳香气味。此外,丝氨酸、丙氨酸等也具有香味,成熟的肉含游离状态的次黄嘌呤,也是形成肉的特有芳香气味的主要成分。

7.颜色的变化

当肉温在 60 ℃以下时,肉色几乎不发生明显变化;65~70 ℃时,肉变成桃红色;再提高温度则变为淡红色;在 75 ℃以上时,则完全变为褐色。这种变化是由于肌肉中的肌红蛋白受热逐渐发生变性所致。

第三节　酱卤制品加工

一、酱卤制品加工工艺

酱卤制品因是我国的传统肉制品,所以全国各地生产的品种很多,形成了许多名特优新产品。

(一)镇江肴肉

镇江肴肉是江苏省镇江市著名传统佳品,历史悠久。产品具有香、酥、鲜、嫩的特点,是一种冷食肉制品。

1.工艺流程

原料选择与整理→腌制→煮制→压蹄→成品。

2.原料辅料

去爪猪前后蹄髈 100 只,食盐 13.5~16.5 kg,绍酒 250 g,明矾 30 g,硝水 3 kg(硝酸钠 30 g拌匀于 5 kg 水中),花椒 75 g,八角 75 g,姜片 125 g,葱段 250 g。

3.工艺要点

(1)原料选择与整理

选择新鲜的猪前后蹄髈(前蹄髈为好),去爪除毛,剔骨去筋,刮净并清洗污物。将蹄髈平放在操作台上,皮朝下用刀尖在蹄髈的瘦肉上戳若干个小孔。

(2)腌制

将硝水和食盐酒在猪蹄髈上,揉匀揉透,平放入有老卤汤的缸内腌制。春秋季节每只蹄髈用盐 110 g,腌制 3~4 d,夏季用盐 125 g,腌制 6~8 h,冬天用盐 95 g,腌制 7~10 d。腌好出缸后放入冷水中浸泡 8 h,以除去涩味。取出刮去皮上污物,用清水冲洗干净。

(3)煮制

将全部香料分装入 2 个小布袋内并扎紧袋口放入锅内,在锅中加入清水 50 kg,加盐 4 kg,明矾 15 g,用旺火烧开后撇净浮沫,放入猪蹄髈,皮朝上,逐层相叠,加入绍酒,在蹄髈上盖竹箅,上放洁净的重物压紧,用中小火煮约 1 h,煮制过程将蹄髈上下翻换,再煮约 3 h 至九成烂时出锅,捞出香料袋,汤留用。

(4)压蹄

取直径 40 cm,边高 4.3 cm 的平盆 50 个。每个盆内平放 2 只蹄髈,皮朝下。每 5 个盆叠压在一起,上面再盖一个空盆。20 min 后,将所有盆内油卤逐个倒入锅内,与原来煮蹄髈的汤合在一起,用旺火将汤卤烧开,撇去浮油,放入明矾 15 g,清水 2~3 kg,再烧开并撇去浮油,将汤卤舀入蹄髈盆内,淹没肉面,置于阴凉处冷却凝冻(天热时,凉透后放入冰箱凝冻),即成水晶肴蹄。煮开的余卤即为老卤,可供下次继续使用。

4. 肴肉的国家卫生标准(GB 2728—81)

肴肉系指精选猪腿肉,加硝腌制,经特殊加工制成的熟肉品。

(1)感官指标

皮白,肉呈微红色,肉汁呈透明晶体状,表面湿润,有弹性,无异味,无异臭。

(2)理化指标

理化指标见表 9-1。

表 9-1 肴肉的理化指标

项目	指标
亚硝酸盐(mg/kg,以 NaNO$_2$ 计)	≤ 30

(3)细菌指标

细菌指标见表 9-2。

表 9-2 肴肉的细菌指标

项目	指标	
	出厂	销售
细菌总数(个/g)	≤ 30 000	≤ 50 000
大肠菌群(个/100g)	≤ 70	≤ 150
致病菌(系指肠道致病菌及致病性球菌)	不得检出	不得检出

（二）广州卤猪肉

广州卤猪肉是广州人民喜爱的肉制品,其原料选择较随意,产品色、香、味、形具全,常年可以制作。

1. 工艺流程

原料选择与整理→预煮→配卤汁→卤制→成品。

2. 原料辅料

猪肉 50 kg,食盐 1.2 kg,生抽酱油 2.2 kg,白糖 1.2 kg,陈皮 400 g,甘草 400 g,桂皮 250 g,花椒 250 g,八角 250 g,丁香 25 g,草果 250 g。

3. 加工工艺

（1）原料选择与整理

选用经兽医卫生检验合格的猪肋部或前后腿或头部带皮鲜肉,但肥膘不超过 2 cm。先将皮面修整干净并剔除骨头,后将肉切成 0.7~0.8 kg 的长方块。

（2）预煮

把整理好的肉块投入沸水锅内焯 15 min 左右,撇净血污,捞出锅后用清水洗干净。

（3）配制卤汁

将香辛料用纱布包好放入锅内,加清水 25 kg,小火煮沸 1 h 即配成卤汁。卤汁可反复使用,再次使用需加适量配料,卤汁越陈,制品的香味愈佳。

（4）卤制

把经过焯水的肉块放入装有香料袋的卤汁中卤制,旺火烧开后改用中火煮制 40~60 min。煮制过程需翻锅 2~3 次,翻锅时需用小铁叉叉住瘦肉部位,以保持皮面整洁,不出油,趁热出锅晾凉即为成品。

4. 质量标准

成品的皮为金黄色,瘦肉呈棕色,食之咸淡适宜,五香味浓郁,皮糯肉烂,肥而不腻,出品率为 65%~70%。

（三）北京月盛斋酱牛肉

北京月盛斋酱牛肉是北京的名产,已有 200 多年的历史,盛久不衰的主要原因是选料精,加工细,辅料配方有特点。

1. 工艺流程

原料选择与整理→调酱→装锅→酱制→成品。

2. 原料辅料

牛肉 50 kg,干黄酱 5 kg,粗盐 1.85 kg,丁香 150 g,豆蔻 75 g,砂仁 75 g,肉桂 100 g,白芷 75 g,八角 150 g,花椒 100 g。

3. 加工工艺

（1）原料选择与整理

选用符合卫生要求的优质牛肉。除去杂质、血污等,切成 750 g 左右的方肉块,然后用清水冲洗干净,控净血水。

（2）调酱

用一定量的水（以能淹没牛肉 6 cm 为合适）和黄酱拌合，用旺火烧沸 1 h，撇去上浮酱沫，去除酱渣。

（3）装锅

将整理好的牛肉，按不同部位和肉质老嫩，分别放入锅内。通常将结缔组织较多且肉质坚韧的肉放在底层，结缔组织少且肉较嫩的放在上层，然后倒入调好的酱液，再投入各种辅料。

（4）酱制

用大火煮制 4 h 左右，煮制过程中，撇出汤面浮物，以消除膻味。为使肉块均匀煮制，每隔 1 h，倒锅 1 次，再加入适量老汤和食盐，肉块必须浸没入汤中。再改用小火焖煮 3~4 h，使香味渗入肉内。出锅时应保持肉块完整，将锅内余汤冲洒在肉块上，即为成品。

4. 质量标准

成品为深褐色，油光发亮，无糊焦，酥嫩爽口，瘦肉不柴，不牙碜，五香味浓，无辅料渣，咸中有香，余味极强。

（四）道口烧鸡

道口烧鸡产于河南滑县道口镇，创始人张丙。距今已有 300 多年历史，经后人长期在加工技术中革新，使其成为我国著名的特产，广销四方，驰名中外，制品冷热食均可，属方便风味制品。

1. 工艺流程

原料选择→宰杀开剖→撑鸡造型→油炸→煮制→出锅→成品。

2. 原料辅料

100 只鸡（重量 100~125 kg），食盐 2~3 kg，硝酸钠 18 g，桂皮 90 g，砂仁 15 g，草果 30 g，良姜 90 g，肉豆蔻 15 g，白芷 90 g，丁香 5 g，陈皮 30 g，蜂蜜或麦芽糖适量。

3. 加工工艺

（1）原料选择

选择重量 1~1.25 kg 的当年健康土鸡。一般不用肉用仔鸡或老母鸡做原料，因为鸡龄太短或太长，其肉风味均欠佳。

（2）宰杀开剖

采用切断三管法放净血，刀口要小，放入 65 ℃ 左右的热水中浸烫 2~3 min，取出后迅速将毛褪净，切去鸡爪，从后腹部横开 7~8 cm 的切口，掏出内脏，割去肛门，洗净体腔和口腔。

（3）撑鸡造型

用尖刀从开膛切口伸入体腔，切断肋骨，切勿用力过大，以免破坏皮肤，用竹竿撑起腹腔，将两翅交叉插入口腔，使鸡体成为两头尖的半圆形。造型后，清洗鸡体，晾干。

（4）油炸

在鸡体表面均匀涂上蜂蜜水或麦芽糖水（水和糖的比例是 2∶1），稍沥干后放入 160 ℃ 左右的植物油中炸制 3~5 min，待鸡体呈金黄透红后捞出，沥干油。

（5）煮制

把炸好的鸡平整放入锅内，加入老汤。用纱布包好香料放入鸡的中层，加水浸没鸡体，先用大火烧开，加入硝酸钠及其他辅料。然后改用小火焖煮 2~3 h 即可出锅。

（6）出锅

待汤锅稍冷后，利用专用工具小心捞出鸡只，保持鸡身不破不散，即为成品。

4. 质量标准

成品色泽鲜艳，黄里带红，造型美观，鸡体完整，味香独特，肉质酥润，有浓郁的鸡香味。

（五）苏州酱汁肉

苏州酱汁肉又名五香酱肉，历史悠久，是苏州著名传统产品。该制品加工技术精细，产品色、香、味俱全，驰名江南。

1. 工艺流程

原料选择及整理→清煮→烧煮→调制酱料→成品。

2. 原料辅料

猪肉 50 kg，食盐 1.5~2 kg，黄酒 2~3 kg，白糖 2~3 kg，桂皮 100 g，八角 100 g，葱 1 kg（捆成把），生姜 100 g，红曲水适量。

3. 加工工艺

（1）原料选择及整理

选用皮薄、肉质鲜嫩、肥膘不超过 2 cm 的带皮猪肋条肉为原料，刮净毛、血污等，切去奶头，切成 4 cm 见方的小块肉。

（2）清煮

清煮又称焯水，把原料肉分批放入开水中煮制，在煮肉的白汤中加盐 1.5 kg，约煮 20 min，捞起后在清水中冲去污沫。将锅内的汤撇去浮油，全部舀出。

（3）烧煮（酱制）

锅内先放入老汤，烧开后放入香辛料，然后取竹片垫锅底，把经过清煮的肉块放入锅内，加入适量肉汤，用旺火烧开，加入黄酒、红曲米水，加盖用小火烧煮 1.5 h，出锅前将 1 kg 白糖均匀地撒在肉上，待糖溶化后，立即出锅，用尖筷逐块取出，一块块平摊在盘上晾凉。

（4）调制酱汁

出锅后余下的酱汁中加入 2 kg 白糖，用小火熬煎。不断搅拌，以防烧焦粘锅底。待调料形成胶状即成酱汁，去渣后装入容器内，以待出售或食用时浇在酱汁肉上。如遇气温低，酱汁冻结，须加热溶化后再用。

4. 质量标准

成品为成形的小方块，樱桃红色，皮糯肉烂，入口即化，甜中带咸，肥而不腻。

（六）德州扒鸡

德州扒鸡又称德州五香脱骨扒鸡，是山东省德州地方的传统风味特产。由于制作时扒水慢焖至烂熟，出锅一抖即可脱骨，但肌肉仍是块状，故名"扒鸡"。

1. 工艺流程

原料选择→宰杀、整形→上色和油炸→焖煮→出锅捞鸡→成品。

2. 原料辅料

光鸡 200 只,食盐 3.5 kg,酱油 4 kg,白糖 0.5 kg,小茴香 50 g,砂仁 10 g,肉豆蔻 50 g,丁香 25 g,白芷 125 g,草果 50 g,山奈 75 g,桂皮 125 g,陈皮 50 g,八角 100 g,花椒 50 g,葱 0.5 kg,姜 0.25 kg。

3. 加工工艺

(1)原料选择

选择健康的母鸡或当年的其他鸡,要求鸡只肥嫩,体重 1.2~1.5 kg。

(2)宰杀、整形

颈部刺杀放血,切断三管,放净血后,用 65~75 ℃ 热水浸烫,捞出后立即褪净毛,冲洗后,腹下开膛,取出所有内脏,用清水冲净鸡体内外,将鸡两腿交叉插入腹腔内,双翅交叉插入宰杀刀口内,从鸡嘴露出翅膀尖,形成卧体口含双翅的形态,沥干水后待加工。

(3)上色和油炸

用毛刷蘸取糖液(白糖加水煮成或用蜜糖加水稀释,按 1∶4 比例配成)均匀地刷在鸡体表面。然后把鸡体放到烧热的油锅中炸制 3~5 min,待鸡体呈金黄透红的颜色后立即捞出,沥干油。

(4)焖煮

香辛料装入纱布袋,随同其他辅料一齐放入锅内,把炸好的鸡体按顺序放入锅内排好,锅底放一层铁网可防止鸡体粘锅。然后放汤(老汤占总汤量一半),使鸡体全部浸泡在汤中,上面压上竹排和石块,以防止汤沸时鸡身翻滚。先用旺火煮 1~2 h,再改用微火焖煮,新鸡焖 6~8 h,老鸡焖 8~10 h 即可。

(5)出锅捞鸡

停火后,取出竹排和石块,尽快将鸡用钩子和汤勺捞出。为了防止脱皮、掉头、断腿,出锅时动作要轻,把鸡平稳端起,以保持鸡身的完整,出锅后即为成品。

4. 质量标准

成品色泽金黄,鸡翅、腿齐全,鸡皮完整,造型美观,肉质熟烂。趁热轻抖,骨肉自脱,五香味浓郁,口味鲜美。

(七)南京盐水鸭

南京盐水鸭是江苏省南京市传统的风味佳肴,至今已有 400 多年历史,加工制作不受季节限制,产品味道鲜,肉质嫩,颇受消费者欢迎。

1. 工艺流程

原料选择→宰杀→整理、清洗→腌制→烘干→煮制→成品。

2. 原料辅料

光鸭 10 只(约重 20 kg),食盐 300 g,八角 30 g,姜片 50 g,葱段 0.5 kg。

3. 加工工艺

（1）原料的选择与宰杀

选用肥嫩的活鸭，宰杀放血后，用热水浸烫并褪净毛，在右翅下开约 10 cm 长的口子，取出全部内脏。

（2）整理、清洗

斩去翅尖、脚爪。用清水洗净鸭体内外，放入冷水中浸泡 30~60 min，以除净鸭体中血水，然后吊钩沥干水分。

（3）腌制

先干腌后湿腌。

①干腌又称抠卤，每只光鸭用食盐 13~15 g，先取 3/4 的食盐，从右翅下刀口放入体腔、抹匀，将其余 1/4 食盐擦于鸭体表及颈部刀口处。把鸭坯逐只叠入缸内腌制，干腌时间 2~4 h，夏季时间短些。

②湿腌又称复卤，湿腌须先配制卤液。配制方法：取食盐 5 kg，水 30 kg，姜、葱、八角、黄酒、味精各适量，将上述配料放在一起煮沸，冷却后即成卤液，卤液可循环使用。复卤时，将鸭体腔内灌满卤液，并把鸭腌浸在液面下，时间夏季为 2 h，冬季为 6 h，腌后取出沥干水分。

（4）烘干

把腌好的鸭吊挂起来，送入烘炉房，温度控制在 45 ℃左右，时间约需 0.5 h，待鸭坯周身干燥起皱即可。经烘干的鸭在煮熟后皮脆而不韧。

（5）煮制

取一根竹管插入肛门，将辅料（其中食盐 150 g）混合后平均分成 10 份，每只鸭 1 份，从右翅下刀口放入鸭体腔内。锅内加入清水，烧沸后，将鸭放入沸水中，用小火焖煮 20 min，然后提起鸭腿，把鸭腹腔的汤水控回锅里，再把鸭放入锅内，使鸭腹腔灌满汤汁，反复 2~3 次，再焖煮 10~20 min，锅中水温控制在 85~90 ℃，待鸭熟后即可出锅。出锅时拔出竹管，沥去汤汁，即为成品。

4. 质量标准

皮白肉嫩，鲜香味美，清淡爽口，风味独特。

（八）东江盐焗鸡

东江盐焗鸡是广东惠州市的传统风味名肴，至今已有 300 多年历史。特点是色泽素洁，滋味清香，很有风味。

1. 工艺流程

原料选择→宰杀、整理→腌制→盐焗→成品。

2. 原料辅料

母鸡 1 只（1.3 kg 左右），生盐（粗盐）2 kg，味精 3 g，八角粉 2 g，砂姜粉 2 g，生姜 5 g，葱段 10 g，小麻油、花生油适量。

3. 加工工艺

（1）原料选择

选用即将开产经育肥后的三黄鸡,体重为 1.25~1.5 kg。

（2）宰杀、整理

将活鸡宰杀放净血,烫毛并除净毛,在腹部开一小口取出所有内脏,去掉脚爪,用清水洗净体腔及全身,挂起沥干水分。

（3）腌制

鸡整理好后,把生姜、葱段捣碎与八角粉一起混匀,放入鸡腹腔内,腌制约 1 h。在一块大砂纸（皮纸）上均匀地涂上一层薄薄花生油,将鸡包裹好,不能露出鸡身。

（4）盐焗

将粗盐放在铁锅内,加火炒热至盐粒暴跳,取出 1/4 热盐放在有盖的砂锅底部,然后把包好的鸡放在盐上,再将其余 3/4 的盐均匀地盖满鸡身,不能露出,最后盖上砂锅盖,放在炉上用微火加热 10~15 min（冬季时间长些）,使盐味渗入鸡肉内并焗熟鸡,取出冷却,剥去包纸即可食用。用小麻油,砂姜粉、味精与鸡腹腔内的汤汁混合均匀调成佐料,蘸着吃。

4. 质量标准

成品皮为黄色,有光泽,皮爽肉滑,肉质细嫩,骨头酥脆,滋味清香,咸淡适宜。

（九）白斩鸡

白斩鸡得我国传统名肴,特别是在广东、广西,每逢佳节,在喜庆迎宾宴席上,是不可缺少又是最受欢迎的菜肴。

1. 工艺流程

原料选择→宰杀、整形→煮制→成品。

2. 原料辅料

鸡 10 只,原汁酱油 400 g,鲜砂姜 100 g,葱头 150 g,味精 20 g,香菜、麻油适量。

3. 加工工艺

（1）原料选择

选用临开产的本地良种母鸡或公鸡阉割后经育肥的健康鸡,体重 1.3~2.5 kg 为好。

（2）宰杀、整形

采用切断三管放净血,用 65 ℃热水烫毛,拔去大小羽毛,洗净全身。在腹部距肛门 2 cm 处,剖开 5~6 cm 长的横切口,取出全部内脏,用水冲洗干净体腔内的淤血和残物,把鸡的两脚爪交叉插入腹腔内,两翅撬起弯曲在背上,鸡头向后搭在背上。

（3）煮制

将清水煮至 60 ℃,放入整好形的鸡体（水需淹没鸡体）,煮沸后,改用微火煮 7~12 min。煮制时翻动鸡体数次,将腹内积水倒出,以防不熟。把鸡捞出后浸入冷开水中冷却几分钟,使鸡皮骤然收缩,皮脆肉嫩,最后在鸡皮上涂抹少量香油即为成品。

食用时,将辅料混合配成佐料,蘸着吃。

4. 质量标准

成品皮呈金黄,肉似白玉,骨中带红,皮脆肉滑,细嫩鲜美,肥而不腻。

(十)广式扣肉

广式扣肉是广东、广西等地群众非常喜爱的美味佳肴,也是酒席上的佳品,其风味独特。食用前,因把肉从碗扣到盘子里,因此称为扣肉。

1. 工艺流程

原料选择与整理→预煮→戳皮→上色、油炸→切片、蒸煮→成品。

2. 原料辅料

猪肋条肉 50 kg,食盐 0.6 kg,白糖 1 kg,白酒 1.5 kg,酱油 2.5 kg,味精 0.3 kg,八角粉、花椒粉各 100 g,南乳 1.5 kg,水 4 kg。

3. 加工工艺

(1)原料选择与整理

选用经卫生检验合格的带皮去骨猪肋条肉为原料。修净残毛、淤血、碎骨等,然后切成 10 cm 宽的方块肉。

(2)预煮

将修整好的猪肋条肉放入锅内煮制,上、下翻动数次,煮沸 20~30 min,即可捞出。

(3)戳皮

取出预煮的熟肉,用细尖竹签均匀地戳皮,但不要戳烂皮。戳皮的目的是使猪皮在炸制时易起泡,成品的扣肉皮脆。

(4)上色、油炸

在皮面上涂擦少许食盐和稀糖(1 份麦芽糖、3 份食醋配成),放入油温维持在 100~120 ℃ 的油锅中炸制 30~40 min,当皮炸起小泡时,把油温提高至 180~220 ℃ 再炸 2~3 min,直到皮面起许多大泡并呈金黄色时捞出。为防皮炸焦,油锅底放一层铁网。锅内油不需过多,因主要炸皮面,否则因油炸时间长,影响成品率。

(5)切片、蒸煮

将油炸后的大肉块,切成 1 cm 厚的肉片,与辅料拌匀,然后把肉片整齐排在碗内,皮朝下,放在锅内蒸 1.5~2 h,上桌时,把肉扣到盘子里,即为成品。在一些地方,群众习惯用芋头或土豆作为配料,将芋头等切成片(大小厚度与扣肉相同)后,油炸约 5 min,与肉间隔放在碗内一起蒸,这样风味更好,食之不腻。

4. 质量标准

广式扣肉色泽为金黄色,皮泡肉烂,肉片成型,香味浓郁,肥而不腻。

(十一)无锡酥骨肉

无锡酥骨肉原名酱排骨,最先产于江苏省无锡市,因而通称无锡肉骨头。相传 1895 年无锡就开始生产酥骨肉,是历史悠久、闻名中外的无锡传统名产之一。

1. 配方

原料肉 50 kg,硝酸钠 15 g(和清水 1.5 kg),盐 1.5 kg,姜 250 g,桂皮 150 g,小茴香 125 g,

丁香15 g,味精 30 g,绍兴酒 1.5 kg,酱油 5 kg,白糖 3 kg。

2. 工艺流程

原料选择与修整→腌制→白烧→红烧→成品。

3. 工艺要点

(1)原料选择与修整

选用猪的胸腔骨(即炒排骨、小排骨)为原料,也可用肋排(带骨肋条肉去皮和去肥膘后称肋排)和脊背的大排骨。骨肉重量比约为 1 ∶ 3。斩成宽 7 cm、长 11 cm 左右的长方形。如用大排骨做原料,斩成厚约 1.2 cm 的扇形。

(2)腌制

把盐和硝酸盐用水溶化拌和均匀,然后洒在排骨上,要洒均匀,之后放在缸内腌制,腌制时间夏季为 4 h,春秋季 8 h,冬季 10~24 h。在腌制过程中,须上下翻动 1~2 次,使成味均匀。

(3)白烧

把坯料放入锅内,注满清水烧煮,上下翻动,撇出血沫,待煮熟后取出坯料,冲洗干净。

(4)红烧

将葱、姜、桂皮、小茴香、丁香分装成几个布袋,放在锅底,再放入坯料,加上绍酒、红酱油、精盐及去除杂质的白烧肉汤,汤的数量掌握在高于坯料平面 3.33 cm(1 寸)。盖上锅盖,用旺火煮沸 30 min 后,改用小火焖煮 2 h。焖煮时不要翻动,焖到骨酥肉透时加进白糖,再用旺火烧 10 min,待汤汁变浓稠即停火,将成品取出平放在盘上,再将锅内原料撇去油层和捞起碎肉,这时取部分汤汁加味精调匀后均匀地泼洒在成品上,将锅内剩下的汤汁盛入容器内,可循环使用。

4. 产品特点

成品色泽酱红,油润光亮,咸中带甜,口味鲜美,香味浓郁,骨酥肉烂。

第十章　熏烤制品加工

熏烤制品是指以熏烤为主要加工手段的肉类制品,其制品分为熏制品和烤制品两类。熏制品是以烟熏为主要加工工艺生产的肉制品,烤制品是以烤制为主要加工工艺生产的肉制品。

第一节　熏烤制品概述

熏制是利用木屑、茶叶、甘蔗皮、红糖等材料的不完全燃烧产生的熏烟和热量来改变肉制品的风味和色泽的,温度一般控制在 30~60 ℃,用于提高产品质量的一种加工方法。由于在熏制过程中,对产品起到了加热作用,并伴随着产品的脱水干燥过程,其结果是某些产品不经过烹调加工即可食用。因此,熏制工艺的概念,既包含有熏制又有脱水干燥、加热和色、香、味的形成。

一、烟熏的目的

肉制品烟熏的目的有如下几点。

(一)烟熏过程

在烟熏过程中,熏烟中的许多有机化合物附着在制品上,赋予制品特有的烟熏香味。其中的酚类化合物是使制品形成烟熏味的主要成分,特别是其中的愈创木酚和 4- 甲基愈创木酚是最重要的风味物质。烟熏制品的熏香味是多种化合物综合形成的,这些物质不仅自身显示出烟熏味,还能与肉的成分反应生成新的呈味物质,综合构成肉的烟熏风味。熏味首先表现在制品的表面,随后渗入制品的内部,从而改善产品的风味,使口感更佳。

(二)发色作用

熏烟成分中的羰基化合物,可以和肉蛋白质或其他含氮物中的游离氨基发生美拉德反应,使其外表形成独特的金黄色或棕色,熏制过程中的加热能促进硝酸盐还原菌增殖及蛋白质的热变性,游离出半胱氨酸,因而促进一氧化氮血色原形成稳定的颜色,另外还会因受热有脂肪外渗起到润色作用,从而提高制品的外观美感。

(三)杀菌防腐作用

熏烟中的有机酸、醛和酚类杀菌作用较强。有机酸与肉中的氨、胺等碱性物质中和,由于其本身的酸性而使肉酸性增强,从而抑制腐败菌的生长繁殖。醛类一般具有防腐性,特别是甲醛,不仅具有防腐性,而且还与蛋白质或氨基酸的游离氨基结合,使碱性减弱,酸性增强,进而增加防腐作用;酚类物质也具有很强的防腐作用。人们过去常以提高产品的防腐性为烟熏的主要目的,从目前市场销售情况和消费者喜爱来看,是以产品具有特殊的烟熏味作为主要目的。

熏烟的杀菌作用较为明显的是在表层,经熏制后表面的微生物可减少 1/10,大肠杆菌、变形杆菌、葡萄状球菌对烟最敏感,3 h 即死亡。只有真菌和细菌芽孢对烟的作用较稳定。由烟熏本身产生的杀菌防腐作用是很有限的,而通过烟熏前的腌制、熏烟中和熏烟后的脱水干燥则赋予熏制品良好的储藏性能。

(四)抗氧化作用

烟中许多成分具有抗氧化作用,有人曾用煮制的鱼油试验,通过烟熏与未经烟熏的产品在夏季高温下放置 12 d 测定它们的过氧化值,结果经烟熏的为 2.5 mg·kg^{-1},而未经烟熏的为 5 mg·kg^{-1},由此证明熏烟具有抗氧化能力。烟中抗氧化作用最强的是酚类及其衍生物,其中以邻苯二酚和邻苯三酚及其衍生物作用尤为显著。熏烟的抗氧化作用可以较好地保护脂溶性维生素不被破坏。

二、熏烟成分及其作用

熏烟是由蒸汽、气体、液体(树脂)和微粒固体组合而成的混合物,熏制的实质就是制品吸收木材分解产物的过程。因此,木材的分解产物是烟熏作用的关键。

熏烟的成分很复杂,现已从木材发生的熏烟中分离出来 200 多种化合物,其中常见的化合物为酚类、醇类、羰基类化合物、有机酸和烃类等。但并不意味着烟熏肉中存在所有化合物,有实验证明,对熏制品起作用的主要是酚类和羰基化合物。熏烟的成分常因燃烧温度与时间、燃烧室的条件、形成化合物的氧化变化以及其他许多因素的变化有差异。

(一)酚类

熏烟中有 20 多种之多,酚类在熏制中的作用是以下几种。

①有抗氧化作用;

②使制品产生特有的烟熏风味;

③能抑菌防腐。

其中酚类的抗氧化作用对熏制品最重要,尤其是采用高温法熏制时,所产生的酚类,如 2,6- 双甲氧基酚有极强的抗氧化作用。

(二)羰基化合物

熏烟中的羰基化合物主要是酮类和醛类,它们存在于蒸汽蒸馏中,也存在于熏烟的颗粒上。羰基化合物可使熏制品形成熏烟风味和棕褐色。

(三)醇类

熏烟中醇的种类繁多,主要有甲醇、伯醇、仲醇等。醇类的作用主要是作为挥发性物质的载体。醇类的杀菌效果很弱,对风味、香气并不起主要作用。

(四)有机酸

熏烟组成中存在有 1~10 个碳的简单有机酸。有机酸有促使熏制品表面蛋白质凝固的作用,但对熏制品的风味影响较少,防腐作用也较弱。

(五)烃类

熏烟中有许多环烃类,其中有害成分以 3,4- 苯并芘为代表,它是强致癌物质,随着温度的升高,3,4-苯并芘的生成量直线增加,为了减少熏烟中的3,4-苯并芘,提高熏制品的卫生质量,对发烟时燃烧温度要控制,把生烟室和烟熏室分开,将生成的熏烟在引入烟熏室前用其他方法加以过滤,然后通过管道把熏烟引进烟熏室进行熏制。

(六)气体物质

熏烟中产生的气体物质有 CO_2、CO、O_2、N_2、NO 等,其作用还不甚明了,大多数对熏制无关紧要。CO 和 CO_2 可被吸收到鲜肉的表面,产生一氧化碳肌红蛋白而使产品产生亮红色;氧也可与肌红蛋白形成氧合肌红蛋白或高铁肌红蛋白,但还没有证据证明熏制过程会发生这些反应。

气体成分中的 NO,它可在熏制时形成亚硝胺或亚硝酸,碱性条件则有利于亚硝胺的形成。

三、熏制方法

烟熏方法按制品的制作过程分为熟熏法和生熏法。熏制原料采用的是熟制产品的叫熟熏,如酱卤类制品、烧鸡等都是熟熏。而熏制原料采用的是只经过原料的整理、腌制等过程,没有经过热加工的产品的叫生熏,如西式火腿、培根、灌肠等均采用生熏。

(一)冷熏法

冷熏法的温度为 30 ℃以下,熏制时间一般需 7~20 d,这种方法在冬季时比较容易进行,熏前原料须经过较长时间的腌制,由于熏制过程较长,在烟熏过程中产品进行了干燥和成熟,使产品的风味增强,保存性提高。这种方法的缺点是时间长,产品的重量损失大,在温暖地区,由于气温关系,这种方法很难实施。冷熏法主要用于干制的香肠,如色拉米香肠、风干香肠等,也可用于带骨火腿及培根的熏制。

(二)温熏法

温熏法又称热熏法。本法又可分为中温和高温两种。

1. 中温法

温度在 30~50 ℃之间,熏制时间视制品大小而定,如腌肉按肉块大小不同,熏制 5~10 h,火腿则 1~3 d。这种方法可使产品风味好,重量损失较少,但由于温度条件有利于微生物的繁殖,如烟熏时间过长,有时会引起制品腐败。

2. 高温法

温度在 50~80 ℃之间,多为 60 ℃,熏制时间在 4~10 h 之间。采用本法在短时间内即可起到烟熏的目的,操作简便,节省劳力。但要注意烟熏过程不能升温过快,否则会有发色不均的现象。本法在我国肉制品加工中用的最多。

(三)电熏法

电熏法是应用静电进行烟熏的一种方法。在烟熏室内配有电线,电线上吊挂原料后,给电线通 1 万 ~2 万 V 高压直流电或交流电,进行电晕放电,熏烟由于放电而带电荷,可以进入制品的深层,以提高风味,延长储藏期。电熏法除使制品储藏期延长,不易生霉外;还能缩短烟熏的时间,使用电熏法的时间只需温熏法的 1/2,且制品内部的甲醛含量较高,使用直流电时烟更容易渗透。但用电熏法时在熏制品的尖端部分沉积较多,造成烟熏不均匀,再加上成本较高,目前电熏法还不是很普及。

(四)液熏法

液熏法是指用液态烟熏制剂代替传统烟熏的方法,目前在国内外已广泛使用,使用烟熏液不需要使用熏烟发生器,因而可以减少大量的投资费用;液态烟熏制剂的成分比较稳定,产品的质量比较均匀一致;液态烟熏剂中固体颗粒已除去,无致癌的危险。

液态烟熏剂一般用硬木干馏制取,软木虽然也能用,但需用过滤除去焦油小滴和多环烃。液体烟熏剂的有效成分主要是由气相物质组成,其中含有酚、有机酸、醇和羰基化合物。

烟熏液的使用方法主要有两种。

①用熏烟液替代熏烟材料,采用加热的方法使其挥发,和传统方法一样使其有效成分附着在制品上。

②采用浸渍法或喷洒法。将烟熏液加 3 倍水稀释,将需要烟熏的制品在其中浸渍 10~20 h,然后取出干燥,浸渍时间可根据制品的大小、形状而定。如果在浸渍时加入 0.5% 左右的食盐风味更佳,一般来说稀释液中长时间浸渍可以得到风味、色泽、外观均佳的制品。

(五)焙熏法

焙熏法的温度为 95~120 ℃,是一种特殊的熏烤方法,包含有蒸煮或烤熟的过程。

四、熏烟设备及燃料

(一)熏烟设备

熏烟设备根据发烟方式不同有差异,直接发烟式设备比较简单,只有烟熏室,烟熏室的装备不同又分为平床式、一层炉床式和多层炉床式。平床式是将烟熏室的地面做炉床;一层炉床式的烟熏室是下挖一层火床进行烟熏,使用比较多;多层炉床式的烟熏室为好几层,从最下面一层发烟,用滑车将制品放在适当位置进行烟熏。

间接发烟式设备有烟雾发生器、送风机、送烟控制装置、管道、烟熏室等。烟雾发生器产生的烟,利用送风机和送烟控制装置(附有烟浓度、温湿度控制装置等),通过管道将烟送入室内,自动控制熏烟的全过程。

(二)熏烟燃料

熏烟燃料很多,如木材、木屑、稻壳、蔗渣等。一般来说,硬木为熏烟最适宜的燃料,软质木或针叶树(如松木)应避免使用。胡桃木、赤木、橡木、苹果树都是较优质的熏烟燃料。熏烟成分中的酚类对熏制品的影响较大,不同品种木材熏制时酚的含量不同,情况见表 10-1。

表 10-1　不同品种木材熏制时酚的含量情况

木材品种	100 g 干灌肠中酚的含量(毫克数)	100 g 干灌肠中醛的含量(碘的毫克数)
赤杨木	19.15	45.10
白杨木	17.52	35.07
橡木	16.84	39.24

一些国家采用特殊的熏烟粉,这种熏烟粉是含有特别香味成分的硬木材的混合物。

五、烟熏制品质量安全控制

熏制时,熏烟条件对产品有很大影响。由于受烟熏条件的影响,制品的品质有所不同要生产优质的产品,就要充分考虑各种因素和生产条件。

(一)影响烟熏制品质量的因素

影响烟熏制励质量好坏的因素很多,归纳如下几方面,见表 10-2。

表 10-2　影响烟熏食品质量的因素

项目	影响因素
原料	鲜度、大小、厚度、成分、脂肪含量、有无皮
前处理	腌渍条件——腌渍温度、时间、腌渍液的组成;脱盐程度——温度、时间、流速;风干
烟熏条件	烟熏温度、时间;烟熏量和加热程度;熏材——种类、含水量、燃烧温度;熏室——大小、形状、排气量等
后处理	加热、冷却、卫生状况等

此外还有许多因素与制品质量有关,如加热温度和制品水分的关系、加热温度和制品重量、加热空气的流向和烟熏食品重量的关系以及加热程度和制品 pH 值的关系等。熏材的主要影响前已述及,以下对其他主要影响因素做一概述。

1. 温度

烟熏作业时,注意不要有火苗出现。因为火苗出现,室内温度必然上升,以致很难达到烟熏的目的。这时,针对原因,要么隔断空气来源,要么喷淋些水。产生火苗的原因主要是空气的供给量太大、烟熏材料过干。

烟熏的温度过低达不到烟熏效果;温度过高,又会熏出脂肪来,引起肉的收缩。所以要密切注意,尽可能控制在规定的范围之内。门的开关、人的进出都要尽可能地少。特别是熏制肠类制品,进出频繁,更应注意。

烟熏材料燃烧温度在 340~400 ℃以及氧化温度在 200~250 ℃时产生的熏烟质量最高。虽然 400 ℃燃烧温度最适宜于形成最高量的酚,然而它也同时有利于苯并芘及其他环烃的形成。如要将致癌物质形成量降低到最低程度,实际燃烧温度以控制在 340~350 ℃(343℃)为宜。

2. 湿度

熏烘房的湿度有如下重要性。

①相对湿度影响烟熏效果,高湿有利于熏烟沉积,但不利于色泽的加深,干燥的表面须延长沉积时间。

②一般来说,湿度越大,烟穿透肠衣的程度也就越大。当表面是不大干燥的肠衣时就沉积于表面,使表面呈现暗褐色或褐色,得不到所想要的红褐色。

③高湿度不但不减少肉制品的收缩,恰恰相反,还会加剧其收缩。

④湿度高易使油渗出。如果香肠出现漏油,通常的对策就是降低湿度。

⑤高湿度会促使肠衣软化,甚至胶原肠衣被化掉,肉馅落下来。低湿度烟熏会促进肠衣的硬化。

因而制品进入熏室前,一定要去掉表面水分,晾干或干燥(风干室)。料坯送入熏室后,先不发烟,先进行预干燥。熏制过程中,一般要求湿度在烟熏开始时要低一些,以便尽快蒸发水分让肠表面硬化一些;熏制后期湿度则应高一些,以求获得适当的软化度、嫩度。对可去皮纤维肠衣的常见肉制品,相对湿度38%~40%是理想的;对快速去皮(机器)肠衣,理想湿度为24%;动物肠衣、胶原肠衣的湿度稍高一点,效果更好。

3. 供氧量

供氧即供空气,促进气流循环。它可以影响产品的受热、烟熏程度,特别是对那些只借助冷、热空气相对密度不同而产生位移流动的自然对流的熏室来说更重要。不管是自然对流或是强制循环,务求熏房内肉制品的密度尽可能均匀,并对各点温度、烟的密度进行核查。

空气循环对热的转移有实质性影响:在静止的空气条件下,制品的温度常与室温的差别极大,热交换率极低;特别是希望快速加热时,空气强力循环必不可少。许多空调的烟房每分钟空气交换10~12次。在快速加热的时候,空气的速度比空气的湿度显得更为重要。

气流速度越大,制品干燥的速度也越快,加热的速度也越快,同时酸和酚的量增加,供氧量超过完全氧化时需氧的8倍左右,形成量达到最高值。而气流速度如严格加以控制,熏烟便会呈黑色,并含有大量羧酸,这样的熏烟不适合用于食品。因此,必须控制空气循环速度,使加热和干燥处于平衡点上。

(二)有害成分控制

熏制工艺具有其他工艺无法替代的优势,在肉制品加工中被广泛采用。但传统熏制工艺制作的产品,通常会含有3,4-苯并芘等致癌物质,还可以促进亚硝胺形成。长期过量食用具有对人体健康的潜在危害,因此烟熏工艺的改革已势在必行,应努力采取措施减少熏烟中有害成分的产生及对制品的污染,以确保制品的食用安全。

1. 控制发烟温度

发烟温度直接影响3,4-苯并芘的形成,发烟温度低于400℃时有极微量的3,4-苯并芘产生,当发烟温度处于400~1000℃时,便形成大量的3,4-苯并芘,因此控制好发烟温度,使熏材轻度燃烧,能有效降低致癌物的生成。一般认为理想的发烟温度为340~350℃,既能达到烟熏目的,又能降低毒性。

2. 采用湿烟法

用机械的方法把高热的水蒸气和混合物强行通过木屑,使木屑产生烟雾,然后将其引进烟熏室,同样能达到烟熏的目的,又能提高熏烟制品的安全性。

3. 采用室外发烟净化法

采用室外发烟,烟气经过过滤、冷气淋洗及静电沉淀等处理后这样可以大大降低3,4-苯并芘的含量。

4. 采用隔离保护法

使用肠衣,特别是人造肠衣,如纤维素肠衣,对有害物具有良好的阻隔作用。3,4-苯并芘分子等有害物质比烟气成分中其他物质的分子要大得多。对食品的污染部分主要集中在产品的表层,所以可采用过滤的方法,阻隔 3,4- 苯并芘等有害成分,而不妨碍烟气有益成分渗入制品中,从而达到烟熏目的。

5. 使用烟熏液

以上各种方法只能使熏烟中的有害物质含量减少,但不能彻底清除物质,而使用烟熏液则可避免制品中因烟熏而产生的有害物质。

六、烤制方法

肉品的烤制也叫烧烤,是指先将原料肉腌制,再利用烤炉或烤箱在高温条件下将肉烤熟。烤制是利用热空气对原料进行加热,温度一般在 180~220 ℃,由于温度较高,使肉品表面产生一种焦化物,从而使制品香脆酥口,有特殊的烤香味,其香味是由于肉类中蛋白质、糖、脂肪、盐和金属元素等物质在加热过程中发生一系列的化学反应。此外,在加过程中,腌制时加入的辅料也有增香作用,如五香粉含有醛、酮、醚等成分。另外,烧烤前的淋水,使皮层蛋白凝固,皮层变厚,干燥、烤制时,在热空气作用下,蛋白质变脆。

烤肉制品属于较高档次的肉制品,过去主要是少数大企业生产,市场需求不大。随着全程冷链的发展,烤肉制品产量递增,品种也逐渐丰富,主要品种有烤通脊、烤里脊、澳式烤牛肉、烤翅根、烤腿排等。

烤制使用的热源有木炭、无烟煤、红外线电热装置等。传统的烤肉技术主要是以炭火烤制为主,品种主要是一些烤肉、烤串制品,所用设备简单,易于操作。随着肉制品烤制技术的不断发展和烤制设备与技术的不断更新,市场上出现了更为先进的电烤设备,电烤设备易于控制烤制温度,又不会有炭烤所带来的炭渣和煤灰等不卫生物质,所以近来应用比较广泛。

烤制的方法分为明烤和暗烤两种。

(一)明烤

把制品放在明火或明炉上烤制称明烤。从使用设备来看,明烤分为三种:一种是将原料肉叉在铁叉上,在火炉上反复炙烤,烤匀烤透,烤乳猪就是利用这种方法;第二种是将原料肉切成薄片状,经过腌渍处理,最后用铁钎穿上,架在火槽上。边烤边翻动,炙烤成熟,烤羊肉串就是用这种方法;第三种是在盆上架一排铁条,先将铁条烧热,再把经过调好配料的薄肉片倒在铁条上,用木筷翻动搅拌,成熟后取下食用,这是北京著名风味烤肉的做法。

明烤设备简单,火候均匀,温度易于控制,操作方便,着色均匀,成品质量好。但烤制时间较长,须劳力较多,一般适用于烤制少量制品或较小的制品。

(二)暗烤

把制品放在封闭的烤炉中,利用炉内高温使其烤熟,称为暗烤。又由于制品要用铁钩钩住原料,挂在炉内烤制,又称挂烤。北京烤鸭、叉烧肉都是采用这种烤法。暗烤的烤炉最常用的有三种:一种是砖砌炉,中间放有一个特制的烤缸(用白泥烧制而成,可耐高温),烤缸有大小之分,一般小的一炉可烤 6 只烤鸭,大的一次可烤 12~15 只烤鸭。这种炉的特点是制品风味好,设备投资少,保温性能好,省热源,但不能移动。另一种是铁桶炉,炉的四周用厚铁皮制成,做成桶状,可移动,但保温效果差,用法与砖砌炉相似,均需人工操作。这两种炉都是用炭作为热源,因此风味较佳。还有一种为红外电热烤炉,比较先进,炉温、烤制时间、旋转方式均可设定控制,操作方便,节省人力,生产效率高,但投资较大,成品风味不如前面两种暗烤炉。

第二节　熏烤制品加工

一、沟帮子熏鸡

沟帮子是辽宁省北镇市的一座集镇,以盛产味道鲜美的熏鸡而闻名北方地区。沟帮子熏鸡已有 50 多年的历史,很受北方人的欢迎。

(一)工艺流程

原料选择→宰杀、整形→投料打沫→煮制→熏制→涂油→成品。

(二)原料辅料

鸡 400 只,食盐 10 kg,白糖 2 kg,味精 200 g,香油 1 kg,胡椒粉 50 g,香辣粉 50 g,五香粉 50 g,丁香 150 g,肉桂 150 g,砂仁 50 g,豆蔻 50 g,砂姜 50 g,白芷 150 g,陈皮 150 g,草果 150 g,鲜姜 250 g。

以上辅料是有老汤情况下的用量,如无老汤,则应将以上的辅料用量增加一倍。

(三)加工工艺

1. 原料选择

选用一年内的健康活鸡,公鸡优于母鸡,因母鸡脂肪多,成品油腻,影响质量。

2. 宰杀、整形

颈部放血,烫毛后褪净毛,腹下开腔,取出内脏,用清水冲洗并沥干水分。然后用木棍将鸡的两大腿骨打折,用剪刀将腔内胸骨两侧的软骨剪断,最后把鸡腿盘入腹腔,头部拉到左翅下。

3. 投料打沫

先将老汤煮沸,盛起适量沸汤浸泡新添辅料约 1 h,然后将辅料与汤液一起倒入沸腾的老汤锅内,继续煮沸约 5 min,捞出辅料,并将上面浮起的沫子撇除干净。

4. 煮制

把处理好的白条鸡放入锅内,使汤水浸没鸡体,用大火煮沸后改小火慢煮。煮到半熟时加食盐,一般老鸡要煮制 2 h 左右,嫩鸡则 1 h 左右即可出锅。煮制过程勤翻动,出锅前,要始终保持微沸状态,切忌停火捞鸡,这样出锅后鸡躯干爽质量好。

5. 熏制

出锅后趁热在鸡体上刷一层香油,放在铁丝网上,下面架有铁锅,铁锅内装有白糖与锯末(白糖与锯末的比例为 3：1),然后点火干烧锅底,使其发烟,盖上盖经 15 min 左右,鸡皮呈红黄色即可出锅。熏好的鸡还要抹上一层香油,即为成品。

(四)质量标准

成品色泽枣红发亮,肉质细嫩,熏香浓郁,味美爽口,风味独特。

二、生熏腿

生熏腿又称熏腿,是西式烟熏肉制品中的一种高档产品,用猪的整只后腿加工而成。我国许多地方生产,受到群众的喜爱。

(一)工艺流程

原料选择与整形→腌制→浸洗→修整→熏制→成品。

(二)原料辅料

猪后腿 10 只(重 50~70 kg),食盐 4.5~5.5 kg,硝酸钠 20~25 g,白糖 250 g。

(三)加工工艺

1. 原料的选择与整形

选择无病健康的猪后腿肉,要求皮薄骨细,肌肉丰满的白毛猪。将选好的原料肉放入 0 ℃ 左右的冷库中冷却,使肉温降至 3~5 ℃,约需 10 h。待肉质变硬后取出修割整形,这样腿坯不易变形,外形整齐美观。整形时,在跗关节处割去脚爪,除去周边不整齐部分,修去肉面上的筋膜、碎肉和杂物。使肉面平整、光滑。刮去肉皮面残毛,修整后的腿坯重 5~7 kg,形似琵琶。

2. 腌制

采用盐水注射和干、湿腌配合进行腌制。先进行盐水注射,然后干腌,最后湿腌。

盐水注射需先配盐水。配制方法:取食盐 6~7 kg,白糖 0.5 kg,亚硝酸钠 30~35 g,清水 50 kg,置于一容器内,充分搅拌溶解均匀,即配成注射盐水。用盐水注射机把盐水强行注入肌肉,要分多部位、多点注射,尽可能使盐水在肌肉中分布均匀,盐水注射量约为肉重的 10%。注射盐水后的腿坯,应即时揉擦硝盐进行干腌。硝盐配制方法:取食盐和硝酸钠,按 100 ∶ 1 之比例混合均匀即成。将配好的硝盐均匀揉擦在肉面上,硝盐用量约为肉重的 2%。擦盐后将腿坯置于 2~4 ℃ 冷库中,腌制 24 h 左右。最后将腿坯放入盐卤中浸泡,盐卤配制方法:50 kg 水中加盐约 9.5 kg,硝酸钠 35 g,充分溶解搅拌均匀即可。湿腌时,先把腿坯一层层排放在缸内或池内,底层的皮向下,最上面的皮向上,将配好的浸渍盐水倒入缸内,盐水的用量一般约为肉重的 1/3,以把肉浸没为原则。为防止腿坯上浮,可加压重物。浸渍时间需 15 d 左右,中间要翻倒几次,以利腌制均匀。

3. 浸洗

取出腌制好的腿坯,放入 25 ℃ 左右的温水中浸泡 4 h 左右。其目的是除去表层过多的盐分,以利提高产品质量,同时也使肉温上升,肉质软化,有利于清洗和修整。最后清洗刮除表面杂物和油污。

4. 修整

腿坯洗好后,需修割周边不规则的部分,削平耻骨,使肉面平整光滑。在腿坯下端用刀戳一小孔,穿上棉绳,吊挂在凉架上晾挂 10 h 左右,同时用干净的纱布擦干肉中流出的血水,晾干后便可进行烟熏。

5. 熏制

将修整后的腿坯挂入熏炉架上。选用无树脂的发烟材料,点燃后上盖碎木屑或稻壳,使之发烟。熏炉保持温度在 60~70 ℃,先高后低,整个烟熏时间为 8~10 h。如生产无皮火腿,须在坯料表面盖层纱布,以防木屑灰尘沾污成品。当手指按压坚实有弹性,表皮呈金黄色便出炉即为成品。

(四)质量标准

成品外形呈琵琶状,表皮金黄色,外表肉色为咖啡色,内部淡红色,硬度适宜,有弹性,肉质略带轻度烟熏味,清香爽口。

三、北京熏猪肉

北京熏猪肉是北京地区的风味特产,深受群众喜爱。

(一)工艺流程

原料选择与整修→煮制→熏制→成品。

(二)原料辅料

猪肉 50 kg,粗盐 3 kg,白糖 200 g,花椒 25 g,八角 75 g,桂皮 100 g,小茴香 50 g,鲜姜 150 g,大葱 250 g。

(三)加工工艺

1. 原料选择与整修

选用经卫生检验合格的猪肉,剔除骨头,除净余毛,洗净血块、杂物等,切成 15 cm 见方的肉块,用清水泡 2 h,捞出后沥干水待煮。

2. 煮制

把老汤倒入锅内并加入除白糖外的所有辅料,大火煮沸,然后把肉块放入锅内烧煮,开锅后撇净汤油及脏沫子,每隔 20 min 翻一次锅,约煮 1h。出锅前把汤油及沫子撇净,将肉捞到盘子里,控净水分,再整齐地码放在熏屉内,以待熏制。

3. 熏制

熏肉的方法有两种:一种是用空铁锅坐在炉子上,用旺火将放入锅内底部的白糖加热至出烟,将熏屉放在铁锅内熏 10 min 左右即可出屉码盘;另一种熏制办法是用锯末刨花放在在熏炉内,熏 20 min 左右即为成品。

(四)质量标准

成品外观杏黄色,味美爽口,有浓郁的烟熏香味,食之不腻,糖熏制的有甜味。出品率 60% 左右。

四、培根

培根是英文译音,意思是烟熏咸猪肉。培根是由西欧传入我国的一种风味肉品,其带有适口的咸味外,还有浓郁的烟熏香味。培根挂在通风干燥处,数月不变质。

(一)工艺流程

选料→原料整形→腌制→出缸浸泡、清洗→剔骨修割、再整形→烟熏→成品。

(二)原料辅料

猪肋条肉 50 kg;干腌料:食盐 1.75~2 kg,硝酸钠 25 g;湿腌料:水 50 kg,食盐 8.5 kg,白

糖 0.75 kg,硝酸钠 35 g;注射用盐卤溶液约 2.5 kg。

(三)加工工艺

1. 选料

挑选肥膘厚度在 1.5~3 cm 厚的皮薄肉厚的五花肉,即猪第 3 根肋骨至第 1 腰椎骨的中下段方肉。

2. 原料整形

用小刀把肉胚的边修割整齐,割去腰肌和横膈膜,剔除脊椎骨,保留肋骨。每块重 8~10 kg。

3. 腌制

将干腌配料混合,均匀地涂擦于肉面及皮面上,置于 2~3 ℃的冷库内腌制 12 h,再取四个不同方位注射盐卤溶液(盐卤溶液的配方同湿腌配料,不同处是沸水配制,注射前需经过滤才能使用)。每块方肉注射 3~4 kg,然后将方肉浸入湿腌料液内,以超过肉面为准,湿腌 12 d,每隔 4 d 翻缸一次。

4. 出缸浸泡、清洗

将腌好的方肉放在清水中浸泡 2~3 h,洗去沾在肉面或肉皮上的盐渍和污物,然后捞出沥干水分。

5. 剔骨修割、再整形

用尖刀将肋骨剔出,刮尽残毛和皮上的油污,同时再将原料的边缘修割整齐。整形后在方肉的一端戳一个小洞穿上麻绳,挂在竹竿上,沥干水分,准备烟熏。

6. 烟熏

将方肉移入烟熏室内,烟熏温度控制在 60~70 ℃之间。时间约 10 h,待其表面呈金黄色即为成品。

(四)质量标准

成品皮面金黄色,无毛,切面瘦肉色泽鲜艳呈紫红色,无滴油,食之不腻,清香可口,烟熏味浓厚。

五、北京烤鸭

北京烤鸭是典型的烤制品,为我国著名特产。北京的"全聚德"烤鸭,以其优异的质量和独特的风味在国内外享有盛誉。

(一)工艺流程

原料选择→宰杀→打气→开膛、洗膛→挂钩→烫皮→挂糖色→灌水→烤制→成品。

(二)原料辅料

北京填鸭 2.5kg,白糖 100g,精盐 25g,五香粉 50g,芝麻酱 75g,酱油 100g,葱、姜少许,麦芽糖适量。

(三)加工工艺

1. 原料选择

选择经过填肥的北京鸭,以 55~65 日龄、活重 3~3.5 kg 的填鸭最为适宜。

2. 宰杀

切断三管,放净血,用 70 ℃热水浸烫鸭体 3~5 min,然后去掉大小绒毛,不能弄破皮肤,剁去双脚和翅尖。

3. 打气

从颈部放血切口处向鸭体打气,使气体充满鸭体皮下脂肪和结缔组织之间,当鸭身变成丰满膨胀的躯体便可。打气要适当,不能太足,会使皮肤胀破,也不能过少,以免膨胀不佳。充气目的是使鸭体外形丰满,显得更加肥嫩,烤制时受热均匀,容易熟透,烤鸭皮脆。

4. 开膛、洗膛

用尖刀从鸭右腋下开 6 cm 左右切口,取出全部内脏,然后取一根长约 7 cm 秸秆或细竹,塞进鸭腹,一端卡住胸部脊柱,另一端撑起鸭胸脯,要支撑牢固。支撑后把鸭逐只放入水中洗膛,用水先从右腋下刀口灌入体腔,然后倒出,反复洗几次,同时注意冲洗体表、口腔,把肠的断端从肛门拉出切除并洗净。

5. 挂钩

北京烤鸭过去挂钩比较复杂,现在用特制可旋转的活动钩,非常简便。使用时先用铁钩下面的两个小钩分别钩住两翅,头颈穿过铁钩中间的铁圈,即可将鸭体稳定地挂住。

6. 烫皮

提起挂鸭的钩,用沸水烫鸭皮,第一勺水先烫刀口处的侧面,防止跑气,再淋烫其他部位,用 3 勺沸水即可把鸭坯烫好。烫皮的目的是使皮肤紧缩,防止跑气,减少烤制时脂肪从毛孔流失,并使鸭体表层的蛋白质凝固,烤制后鸭皮酥脆。烫皮后须晾干水分。

7. 挂糖色

取 1 份麦芽糖或蜜糖与 6 份水混合后煮沸,和烫皮的方法一样,浇淋鸭体全身。挂糖色的目的是使鸭体烤制后呈枣红色,外表色泽美观。

8. 灌水

先用一节长约 6 cm 秸秆塞住肛门,以防灌水后漏水,然后从右腋下刀口注入体腔内沸水 80~100 mL。注入烫水的鸭进炉后能急剧汽化,这样里蒸外烤,易熟,并具有外脆里嫩的特色。灌水后再向鸭坯体表淋浇 2~3 勺糖液。

9. 烤制

将鸭坯挂入已升温的烤炉,炉温一般控制在 200~230 ℃之间。2 kg 左右的鸭坯需烤制 30~45 min。烤制时间和温度要根据鸭体大小与肥瘦灵活掌握,一般鸭体大而肥,烤制时间应长些,否则相反。如用砖砌炉或铁桶炉进行烤制,应勤调转鸭体方向,使之烤制均匀。当鸭全身烤至枣红色并熟透,出炉即为成品。

(四)质量标准

成品表面呈枣红色,油润发亮,皮脆里嫩,肉质鲜美,香味浓郁,肥而不腻。

六、广东脆皮乳猪

广东脆皮乳猪是广东地方传统风味佳肴,有 1 400 多年的悠久历史,据说乾隆年间,烤乳猪已很盛行。由于产品风味很有特色,深受全国广大消费者的欢迎。

(一)工艺流程

原料选择→屠宰与整理→腌制→烫皮、挂糖色→烤制→成品。

(二)原料辅料

乳猪 1 头(5~6 kg),食盐 50 g,白糖 150 g,白酒 5 g,芝麻酱 25 g,干酱 25 g。

(三)加工工艺

1. 原料选择

选用 5~6 kg 重的健康有膘乳猪,要求皮薄肉嫩,全身无伤痕。

2. 屠宰与整理

放血后,用 65 ℃左右的热水浸烫,注意翻动,取出迅速刮净毛,用清水冲洗干净。从腹中线用刀剖开胸腹腔和颈肉,取出全部内脏器官,将头骨和脊骨劈开。切莫劈开皮肤,取出脊髓和猪脑,剔出第 2~3 条胸部肋骨和肩胛骨,用刀划开肉层较厚的部位,便于配料渗入。

3. 腌制

除麦芽糖之外,将所有辅料混合后,均匀地涂擦在体腔内,腌制时间夏天约 30 min,冬天可延长到 1~2 h。

4. 烫皮、挂糖色

腌好的猪坯,用特制的长铁叉从后腿穿过前腿到嘴角,把其吊起沥干水。然后用 80 ℃热水浇淋在猪皮上,直到皮肤收缩。待晾干水分后,将麦芽糖水(1 份麦芽糖加 5 份水)均匀刷在皮面上,最后挂在通风处待烤。

5. 烤制

烤制有两种方法,一种是用明炉烤制,另一种是用挂炉烤制。

(1)明炉烤制

铁制长方形烤炉,用木炭把炉膛烧红,将叉好的乳猪置于炉上,先烤体腔肉面,约烤 20 min 后,然后反转烤皮面,烤 30~40 min 后,当皮面色泽开始转黄和变硬时取出,用针板扎孔,再刷上一层植物油(最好是生茶油),而后再放入炉中烘烤 30~50 min,当烤到皮脆,皮色变成金黄色或枣红色即为成品。整个烤制过程不宜用大火。

(2)挂炉烤制

将烫皮和已涂麦芽糖晾干后的猪坯挂入加温的烤炉内,烤制 40 min 左右,猪皮开始转色时,将猪坯移出炉外扎针、刷油,再挂入炉内烤制 40~60 min,至皮呈红黄色而且脆时即可出炉。烤制时炉温须控制在 160~200 ℃。挂炉烤制火候不是十分均匀,成品质量不如明炉。

(四)质量标准

合格的脆皮乳猪,体形表观完好,皮色为金黄色或枣红色,皮脆肉嫩,松软爽口,香甜味美,咸淡适中。远在北魏时期成书的《齐民要术》有关于烤乳猪的详细记载,其中对烤乳猪品质的标准要求是"色同琥珀,又类真金,入口则消,状若凌雪,含浆膏润,特异非常也"。

七、广东叉烧肉

广东叉烧肉是广东各地最普遍的烤肉制品,也是群众最喜爱的烧烤制品之一。以其在选料上的不同,有枚叉、上叉、花叉和斗叉等品种。

(一)工艺流程

原料选择与整理→腌制→上铁叉→烤制→上麦芽糖→成品。

(二)原料辅料

鲜猪肉 50 kg,精盐 2 kg,白糖 6.5 kg,酱油 5 kg,50° 白酒 2 kg,五香粉 250 g,桂皮粉 350 g,味精、葱、姜、色素、麦芽糖适量。

(三)加工工艺

1. 原料选择与整理

枚叉采用全瘦猪肉;上叉用去皮的前、后腿肉;花叉用去皮的五花肉;斗叉用去皮的颈部肉。将肉洗净并沥干水,然后切成长约 40 cm、宽 4 cm、厚 1.5~2 cm 的肉条。

2. 腌制

切好的肉条放入盆内,加入全部辅料并与肉拌匀,将肉不断翻动,使辅料均匀渗入肉内,腌浸 1~2 h。

3. 上铁叉

将肉条穿上特制的倒丁字形铁叉(每条铁叉穿 8~10 条肉),肉条之间须间隔一定空隙,以使制品受热均匀。

4. 烤制

把炉温升至 180~220 ℃,将肉条挂入炉内进行烤制。烤制 35~45 min,制品呈酱红色即可出炉。

5. 上麦芽糖

当叉烧出炉稍冷却后,在其表面刷上一层糖胶状的麦芽糖即为成品。麦芽糖使制品油光发亮,更美观,且增加适量甜味。

(四)质量标准

成品色泽为酱红色,香润发亮,肉质美味可口,咸甜适宜。

八、烤鸡

(一)工艺流程

选料→屠宰与整形→腌制→上色→烤制→成品。

(二)原料辅料

肉鸡 100 只(重 150~180 kg),食盐 9 kg,八角 20 g,小茴香 20 g,草果 30 g,砂仁 15 g,豆蔻 15 g,丁香 3 g,肉桂 90 g,良姜 90 g,陈皮 30 g,白芷 30 g,麦芽糖适量。

(三)加工工艺

1. 选料

选用 8 周龄以内、体态丰满、肌肉发达、活重 1.5~1.8 kg、健康的肉鸡为原料。

2. 屠宰与整形

采用颈部放血,60~65 ℃热水烫毛,褪毛后冲洗干净,腹下开膛取出内脏,斩去鸡爪,两翅按自然屈曲向背部反别。

3. 腌制

采用湿腌法。湿腌料配制方法:将香料用纱布包好放入锅中,加入清水 90 kg,并放入食盐,煮沸 20~30 min,冷却至室温即可。湿腌料可多次利用,但使用前要添加部分辅料。将鸡逐只放入湿腌料中,上面用重物压住,使鸡淹没在液面下,时间为 3~12 h,气温低时间长些,反之则短,腌好后捞出沥干水分。

4. 上色

用铁钩把鸡体挂起,逐只浸没在烧沸的麦芽糖水 [水与糖的比例为(6~8）∶ 1] 中,浸烫 30 s 左右,取出挂起晾干水分。还可在鸡体腔内装填姜 2~3 片,水发香菇 2 个,然后入炉烤制。

5. 烤制

现多用远红外线烤箱烤制,炉温恒定至 160~180 ℃,烤 45 min 左右。最后升温至 220 ℃烤 5~10 min。当鸡体表面呈枣红色时出炉即为成品。

（四）质量标准

成品外观颜色均匀一致呈枣红色或黄红色,有光泽,鸡体完整,肌肉切面紧密,压之无血水,肉质鲜嫩,香味浓郁。

九、西式烤牛肉

烧烤肉在西方人的生活中占有重要的地位,牛排、猪排都是烤制的。西餐的烧烤肉是原味的,主要靠浆汁增加味道。西式烤牛肉具有味道鲜香、牛肉软嫩、焦香扑鼻的特点。

（一）参考配方（以牛肉 50 kg 计）

腌制液 5 kg（其中含混合粉 6%、食盐 5%、卡拉胶 1%、淀粉 2%）。

涂料配方:花椒粉含量为 50%、辣椒粉含量为 30%、小茴香含量为 20%。

（二）工艺流程

原料肉整理→盐水注射→滚揉→涂料→烘烤→包装→成品。

（三）操作要点

1. 原料肉整理

选择符合卫生要求的鲜牛肉为原料,剔除脂肪、筋膜、淋巴等成 2 kg 的肉块,洗净,沥干水分。

2. 盐水注射

用多针头盐水注射机将腌制液按增加 10% 质量的要求注射到牛肉中。

3. 滚揉

将注射过腌制液的牛肉放入真空滚揉机中,在 0~4 ℃的温度下,顺时针方向转 20 min,停转 10 min,再逆时针方向转 20 min,再停转 10 min,如此连续滚揉 6 h。

4. 涂料

将滚揉好的肉块取出切成 8 cm 长条,表面均匀除上由花椒粉、辣椒粉和小茴香粉配成的麻辣风味涂料。

5. 烘烤

将涂料后的牛肉放入烤箱,先 90 ℃烤 30 min,再升温至 120 ℃,继续烤 1 h,使肉中心温度达到 73 ℃,肉色淡红,手按有弹性即可。

6. 包装

将烤好的牛肉晾凉后,按包装规格装入复合薄膜袋内,用 0.1 MPa 真空度抽真空后,密封包装。

第十一章　干肉制品加工

肉品干制就是在自然条件或人工控制条件下促使肉中水分蒸发的一种工艺过程,也是肉类食品最古老的贮藏方法之一。干制肉品是以新鲜的畜禽瘦肉作为原料,经熟制后再经脱水干制而成的一种干燥风味制品,全国各地均有生产。干制品具有营养丰富,美味可口,重量轻,体积小,食用方便,质地干燥,便于保存携带,颇受旅行、探险和地质勘测等方面人员的欢迎。干肉制成品在全国各地都有生产,由于各地的饮食习惯不同,使得加工过程中添加的配料和加工工艺不同,形成了许多不同风味的品种,部分发展成为驰名中外的名优特产,如哈尔滨的五香牛肉干、太仓肉松和靖汀肉脯等,不胜枚举。

第一节　干制的基本原理和方法

一、干制的基本原理

干制既是一种保存手段,又是一种加工方法。肉品干制的基本原理可概括为一句话:通过脱去肉品中的一部分水,抑制了微生物的活动和酶的活力,从而达到加工出新颖产品或延长贮藏时间的目的。

水分是微生物生长发育所必需的营养物质,但是并非所有的水分都被微生物利用,如在添加一定数量的糖、盐的水溶液中,大部分水分就不能被利用。我们把能被微生物、酶化学反应所触及的水分(一般指游离水)称为有效水分。衡量有效水分的多少用水分活度(AW)表示。水分活度是食品中水分的蒸汽压(P)与纯水在该温度时的蒸汽压(P_0)的比值。一般鲜肉、煮制后鲜制品的水分活度在 0.99 左右,香肠类 0.93~0.97,牛肉干 0.90 左右。

每一种微生物生长都有所需的最低水分活度值。一般来说,真菌需要的 AW 为 0.80 以上,酵母菌为 0.88 以上,细菌生长为 0.99~0.91。总体来说,肉与肉制品中大多数微生物都只有在较高 AW 条件下才能生长。只有少数微生物需要低的 AW。因此,通过干制降低 AW 就可以抑制肉制品中大多数微生物生长。但是必须指出,一般干燥条件下,并不能使肉制品中的微生物完全致死,只是抑制其活动。若以后环境适宜,微生物仍会继续生长繁殖。因此,肉类在干制时,一方面要进行适当的处理,减少制品中各类微生物数量;另一方面干制后要采用合适的包装材料和包装方法,防潮防污染。

干肉制品的保藏性除与微生物有关外,还与酶的活力、脂肪的氧化等因素有关。随着水分活度的降低,干肉制品的稳定性增加,但脂肪的氧化与其他因素不同,在水分活度为0.2~0.4 时反应速度最慢,接近无水状态时反应速度又增加。实验证明,脱脂干肉制品的含水量为 15% 时,其水分活度值低于 0.7,因此,干肉制品的含水量低于 20% 时较为适宜。

二、影响肉品干制的因素

肉制品在干制中最基本的现象是脱水作用。肉制品的脱水是两个扩散作用交替进行的结果：当肉制品原料暴露在干燥介质（加热空气）中时，由于与热空气接触，肉制品表面的水分受热变成水蒸气而大量蒸发，称为水分外扩散；当表面水分低于内部水分时，造成肉制品内部与表面水分之间的水蒸气分压差，此时水分就会由内部向表面转移，称为水分内扩散。一般来说，在干制过程中水分的内、外扩散是同时进行的，但速度不会相等，因肉制品的品种、形态及干燥工艺条件的不同而有差别。在干制过程中应通过工艺条件的控制和调节，尽可能使水分外扩散和内扩散的速度协调和平衡，如果外扩散速度远大于内扩散，即造成内部水分来不及转移到表面，原料表面会因过度干燥而形成硬壳（称"结壳"现象），阻碍水分继续蒸发，甚至出现表面焦化和干裂，降低产品质量。

干燥过程中，干燥速度的快慢对于肉制品的品质优劣起着决定性的作用。当其他条件相同时，干燥速度愈快，产品愈不容易发生不良变化，干制品质量就愈好。影响肉制品干制的因素主要取决于原料肉制品表面积、温度、湿度、空气循环流动速度、大气压力和真空度以及干燥时的装载量等。

（一）肉制品表面积

为了加速湿热交换，肉制品常被分割成薄片或小片后，再行脱水干制。物料切成薄片或小颗粒后，缩短了热量向肉品中心传递和水分从肉品中心外移的距离，增加了肉品和加热介质相互接触的表面积，为肉品内水分外溢提供了更多的途径，从而加速了水分蒸发和肉品脱水干制。食品的表面积越大，干燥速度越快。

（二）温度

传热介质和肉品间湿差愈大，热量向肉品传递的速度也愈大，水分外溢速度也增加。若以空气为加热介质，则湿度就降为次要因素。原因是肉品内水分以水蒸气状态从它表面外溢时，将在其周围形成饱和水蒸气层，若不及时排除掉，将阻碍肉品内水分进一步外溢。从而降低了水分的蒸发速度。不过温度越高，它在饱和前所能容纳的蒸汽量愈多，同时若接触空气量愈大，所能吸收水分蒸发量也就越多。

（三）空气流速

加速空气流速，不仅因热空气所能容纳的水蒸气量将高于冷空气而吸收较多的蒸发水分，还能及时将积聚在食品表面附近的饱和湿空气带走，以免阻止食品内水分进一步蒸发，同时还因和食品表面接触的空气量增加，而显著地加速食品中水分的蒸发。因此，空气流速愈快，食品干燥速度愈迅速。

（四）空气湿度

脱水干制时，如用空气作干燥介质，空气愈干燥，食品干燥速度也愈快，近于饱和的湿空气进一步吸收蒸发水分的能力，远比干燥空气差。

（五）大气压力和真空

在大气压力为 1 个大气压时，水的沸点为 100 ℃，如大气压力下降，则水的沸点也就下降，气压愈低，沸点也降低，因此在真空室内加热干制时，就可以在较低的温度下进行。

三、干制方法

肉类脱水干制方法,随着科学技术不断发展,也不断地改进和提高。按照加工的方法和方式,目前已有自然干燥、人工干燥、低温冷冻升华干燥等。按照干制时产品所处的压力和加热源可以分为常压干燥、微波干燥和减压干燥。

(一)自然干燥

自然干燥法是古老的干燥方法,要求设备简单,费用低,但受自然条件的限制,温度条件很难控制,大规模的生产很少采用,只是在某些产品加工中作为辅助工序采用,如风干香肠的干燥等。

(二)人工干燥

人工干燥是指人工控制各种干燥工艺条件的干燥方法。人工干制所需的设备投资和耗能费用较大,成本较高,操作也比较复杂,但相对于自然干燥来说,人工干燥引入了各种先进的干燥设备,大大缩短了干燥时间,干燥条件易于控制,干燥产品品质较高,是肉品干燥的主要方向。目前普遍采用的人工干燥方法有烘炒干燥、烘房干燥、隧道干燥、带式干燥,而远红外干燥、微波干燥、真空干燥、冷冻干燥等高新技术,也越来越广泛应用。

1. 烘炒干制

烘炒干燥法也称传导干燥。靠间壁的导热将热量传给予壁接触的物料。由于湿物料与加热的介质(载热体)不是直接接触,又称间接加热干燥。传导干燥的热源可以是水蒸气、热力、热空气等。可以在常温下干燥,也可在真空下进行。加工肉松都采用这种方式。

2. 烘房干燥

烘房干燥法也称对流热风干燥。直接以高温的热空气为热源,借对流传热将热量传给物料,故称为直接加热干燥。热空气既是热载体又是湿载体。一般对流干燥多在常压下进行。因为在真空干燥情况下,由于气相处于低压,热容量很小,不能直接以空气为热源,必须采用其他热源。对流干燥室中的气温调节比较方便,物料不至于过热,但热空气离开干燥室时,带有相当大的热能。因此,对流干燥热能的利用率较低。

3. 隧道干燥

隧道干燥是将湿物料盛装在载车内,载车沿轨道连续通过隧道将物料脱水干燥。采用隧道干燥时,空气的温度、湿度和流速容易控制,干燥时间短,品质好,生产效率高。

这种干燥方式是在一种连续式的热空气对流式干燥设备——隧道式干燥机中完成的。隧道式干燥机为金属板制成的长方体,由加热间和干燥间组成,加热间装设加热器和鼓风机,将热空气送入干燥间,干燥间为狭长的隧道形. 一股长为 12~18 m,宽约 1.8 m,高 1.8~2.0 m,底部设置轨道,需干燥的原料盛放在载车内,沿轨道滑动脱水干燥。隧道干燥按物料与热空气的运行方向,分为逆流式、顺流式和混合式三种。

(1)逆流式干制

物料载车的运行方向与热空气的流动方向相反,即物料由低温高湿的一端进入,由高温低湿的一端出来。原料干燥的起始温度较低(40~50 ℃),往后温度逐渐升高,终了温度达到最高(65~85 ℃)。

（2）顺流式干燥

与前者相反，载车运行方向与热空气流动方向相同。物料从高温（80~85 ℃）低湿的一端进入，水分蒸发很快，往后温度逐渐降低，湿度渐高，水分蒸发减慢，终了温度较低（55~60 ℃）。这种干燥方法适合于肉干这种干燥过程中需要变温的物料的脱水干燥。

（3）混合式干燥

混合式干燥又称对流式干燥。这种干燥设备中安装了两个加热器和两个鼓风机，分别设在隧道的两端，热风由两端吹向中间，通过原料后将湿热空气从隧道中部集中排出一部分，另一部分回流利用。装有物料的载车干燥时，物料首先进入顺流隧道，与高温、快速的热风相遇，水分大量蒸发，载车向前行进，温度渐低，湿度较高，水分蒸发速度渐缓，不致使物料表面结成硬壳，待物料大部分的水分被排除后，进入逆流隧道，以后愈往前行进，温度渐高，湿度渐低，制品干燥愈彻底。当物料进入逆流隧道后，仍须控制好空气温度，以免干燥品焦化变色。

4. 带式干燥

带式干燥是将湿物料放在运动的钢丝网带上，热空气垂直穿流而过带走水分，使物料脱水干燥的一种方法。干燥过程小湿物料放置在最上层钢丝网带上，随着 R 带的移动，物料依次落入下一条网带，热空气从下方引入，由下而上进到网带上方，湿热空气中上部排气口排出，最后干物料从下部卸出。在这种干制方法中物料自上层向下层落下时即自动翻动一次，因而干燥较均匀。

5. 远红外干燥

远红外干燥是指利用安装在干燥室内的辐射元件发出远红外线，被物料吸收转变为热能从而达到脱水干燥的方法。红外线是介于可见光与微波间的电磁波，波长 0.75~1 000 μm，其中 40~1 000 μm 波段称为远红外线，远红外线和可见光一样，照射到物料表面时可被吸收、衍射和反射，被吸收的部分则转化为热能，使物料温度升高。它还有很强的穿透力，可使物料内、外部均受热。因此远红外干燥具有干燥速度快、效率高、品质好、节能等特点。

6. 低温升华干燥

在低温下一定真空度的封闭容器中，物料中的水分直接从冰升华为蒸汽，使物料脱水干燥，称为低温升华干燥。较上述三种方法，此法不仅干燥速度快，而且最能保持原来产品的性质，加水后能迅速恢复原来的状态。保持原有成分，很少发生蛋白质变性。但设备较复杂，投资大，费用高。此外，尚有辐射干燥、介电加热干燥等，在肉类干制品加工中很少使用，故此处不做介绍。上述几种干燥方法除冷冻升华干燥之外，其他如自然传导、对流等加热的干燥方式，热能都是从物料表面传至内部，物料表面温度比内部高，而水分是从内部扩散至表面，在干燥过程中物料表面先变成干燥固体的绝热层，使传热和内部水分的汽化及扩散增加了阻力，故干燥的时间较长。而微波加热干燥则相反，湿物料在高频电场中很快被均匀加热。由于水的介电常数比固体物料要大得多，在干燥过程中物料内部的水分总是比表面高。因此，物料内部所吸收的电能或热能比较多，则物料内部的温度比表面高。由于温度梯度与水分扩散的温度梯度是同一方向的，所以促进了物料内部的水分扩散速度增大，使干燥时间大大缩短,所加工的产品均匀而且清洁。因此在食品工业中广泛应用。

7. 常压干燥

鲜肉在空气中放置时,其表面的水分开始蒸发,造成食品中内外水分密度差,导致内部水分间表面扩散。因此,其干燥速度是由水分在表面蒸发速度和内部扩散的速度决定的。但在升华干燥时,则无水分的内部扩散现象,是由表面逐渐移至内部进行升华干燥。

常压干燥过程包括恒速干燥和降速干燥两个阶段,而降速干燥阶段又包括第一降速干燥阶段、第二降速干燥阶段。在恒速干燥阶段,肉块内部水分扩散的速率要大于或等于表面蒸发速度,此时水分的蒸发是在肉块表面进行,蒸发速度是由蒸汽穿过周围空气膜的扩散速率所控制,其干燥速度取决于周围热空气与肉块之间的温度差,而肉块温度可近似认为与热空气湿球温度相同。在恒速干燥阶段将除去肉中绝大部分的游离水。

当肉块中水分的扩散速率不能再使表面水分保持饱和状态时,水分扩散速率便成为干燥速度的控制因素。此时,肉块温度上升,表面开始硬化,干燥进入降速干燥阶段。该阶段包括两个阶段:水分移动开始稍感困难阶段为第一降速干燥阶段,以后大部分成为胶状水的移动则进入第二降速干燥阶段。

肉品进行常压干燥时,温度对内部水分扩散的影响很大。干燥温度过高,恒速干燥阶段缩短,很快进入降速干燥阶段,但干燥速度反而下降。因为在恒速干燥阶段,水分蒸发速度快。肉块的温度较低,不会超过其湿球温度,加热对肉的品质影响较小。但进入降速干燥阶段,表面蒸发速度大于内部水分扩散速率,致使肉块温度升高,极大地影响肉的品质,且表面形成硬膜,使内部水分扩散困难,降低了干燥速率,导致肉块中内部水分含量过高,使肉制品在贮减期间腐烂变质。故确定干燥工艺参数时要加以注意。在干燥初期,水分含量高,可适当提高干燥温度,随着水分减少应及时降低干燥温度。现在有人报道在完成恒速干燥阶段后,采用回潮后再行干燥的工艺效果良好。据报道,用煮熟肌肉在回转式烘干机中干燥过程中出现了多个恒速干燥阶段。干燥和回潮交替进行的新工艺有效地克服了肉块表面下硬和内部水分过高这一缺陷(S.F·Chang,1991)。除了干燥温度外,湿度、通风量、肉块的大小、摊铺厚度等都影响干燥速度。常压干燥时温度较高。且内部水分移动,易与组织酶作用,常导致成品品质变劣、挥发性芳香成分逸失等缺点,但干燥肉制品特有的风味也在此过程中形成。

8. 微波干燥

用蒸汽、电热、红外线烘干肉制品时,耗能大。时间长,易造成外焦内湿现象。利用新型微波能技术则可有效地解决以上问题。微波是电磁波的一个频段,频率范围为300~3 000 MHz。微波发生器产生电磁波,形成带有正负极的电场。食品中有大量的带正负电荷的分子(水、盐、糖)。在微波形成的电场作用下。带负电荷的分子向电场的正极运动,而带正电荷的分子向电场负极运动。由于微波形成的电场变化很大(一般为300~3000 MHz),且呈波浪形变化,使分子随着电场的方向变化而产生不同方向的运行。分子间的运动经常产生阻碍、摩擦而产生热量,使肉块得以干燥。而且这种效应在微波一旦接触到肉块时就会在肉块内外同时产生。而无须热传导、辐射、对流,在短时内即可达到干燥的目的,且使肉块内外受热均匀,表面不易焦煳。但微波干燥设备有投资费用较高、干肉制品的特征性风味和色泽不明显等缺点。

9. 减压干燥

食品置于真空中，随真空度的不同，在适当温度下，其所含水分则蒸发或升华。也就是说，只要对真空度做适当调节，即使是在常温以下的低温，也可进行干燥。理论上水在真空度为 613.18 Pa 以下的真空中，液体的水则成为固体的水。同时由冰直接变成水蒸气而蒸发，即所谓升华。就物理现象而言，采用减压干燥，随着真空度的不同，无论是水的蒸发还是冰的升华，都可以制得干制品。因此肉品的减压干燥有真空干燥（vaccum dehydration）和冻结干燥（freezedfy，freezed dehydration）两种。

真空干燥是指肉块在未达结冰温度的真空状态（减压）下加速水分的蒸发而进行干燥。真空干燥时，在干燥初期，与常压干燥时相同。存在着水分的内部扩散和表面蒸发。但在整个干燥过程中，则主要为内部扩散与内部蒸发共同进行干燥。因此，与常压干燥相比较干燥时间缩短。表面硬化现象减小。真空干燥虽使水分在较低温度下蒸发干燥，但因蒸发而芳香成分的逸失及轻微的热变性在所难免。

冻结干燥类似于前述的低温升华干燥，是指将肉块冻结后，在真空状态下，使肉块中的冰升华而进行干燥。这种干燥方法对色、味、香、形几乎无任何不良影响，是现代最理想的干燥方法。我国冻结干燥法在干肉制品加工中的应用才起步，相信会得到迅速发展。冻结干燥是将肉块急速冷冻超至 -40~30 ℃，将其置于可保持真空度 13~133 Pa 的干燥室中，因冰的升华而进行干燥。冰的升华速度，因干燥室的真空度及升华所需要而给予的热量所决定。另外，肉块的大小、薄厚均有影响。冻结干燥法虽需加热，但并不需要高温，只供给升华潜热并缩短其干燥时间即可。冻结干燥后的肉块组织为多孔质，未形成水不浸透性层，且其含水量少，故能迅速吸水复原，是方便面等速食品的理想辅料。同理，贮藏过程中也非常容易吸水，且其多孔质与空气接触面积增大，在贮藏期间易被氧化变质，特别是脂肪含量高时更是如此。

四、制品的包装

包装前的干制肉品，常需进行筛选去杂，剔除块片和颗粒大小不合标准的产品以提高产品质量标准，去杂多为人工挑选。为使肉松进一步蓬松，用擦松机和跳松机可使其更加整齐一致。

用烘房干燥或自然干制方法制得的干制品各自所含的水分并不是均匀一致，而且在其内部也不是均匀分布，常需均湿处理，即在密封室内进行短暂贮藏，以便使水分在干制品内部及干制品相互间进行扩散和重新分布，最后达到均匀一致的要求。

干制品的外包装一般采用塑料薄膜。

第二节　干制品加工

肉类干制品主要有肉干、肉松、肉脯三大类。

一、肉干加工

肉干是用牛、猪等瘦肉经预煮后，加入配料复煮，最后经烘烤而成的一种肉制品。由于原料肉、辅料、产地、外形等不同,其品种较多,如根据原料肉不同有牛肉干、猪肉干、羊肉干等;根据形状分为片状、条状、粒状等肉干;按辅料不同有五香肉干、麻辣肉干、咖喱肉干等。但各种肉干的加工工艺基本相同。

(一)上海咖喱猪肉干

上海咖喱猪肉干是上海著名的风味特产。肉干中含有的咖喱粉是一种混合香料,颜色为黄色,味香辣,很受人们的喜爱。

1. 工艺流程

原料选择与整理→预煮、切丁→复煮、翻炒→烘烤→成品。

2. 原料辅料

猪瘦肉 50 kg,精盐 1.5 kg,白糖 6 kg,酱油 1.5 kg,高粱酒 1 kg,味精 250 g,咖喱粉 250 g。

3. 加工工艺

(1)原料选择与整理

选用新鲜的猪后腿或大排骨的精瘦肉,剔除皮、骨、筋、膘等,切成 0.5~1 kg 大小的肉块。

(2)预煮、切丁

坯料倒入锅内,并就放满水,用旺火煮制,煮到肉无血水时便可出锅。将煮好的肉块切成长 1.5 cm、宽 1.3 cm 的肉丁。

(3)复煮、翻炒

肉丁与辅料同时下锅,加入白汤 3.5~4 kg,用中火边煮边翻炒,开始时炒慢些,到卤汁快烧干时稍快一些,不能焦粘锅底,一直炒至汁干后才出锅。

(4)烘烤

出锅后,将肉丁摊在铁筛子上,要求均匀,然后送入 60~70 ℃烤炉或烘房内烘烤 6~7 h,为了均匀干燥,防止烤焦,在烘烤时应经常翻动,当产品表里均干燥时即为成品。

4. 质量标准

成品外表黄色,里面深褐色,呈整粒丁状,柔韧甘美,肉香浓郁,咸甜适中,味鲜可口。出品率一般为 42%~48%。

(二)哈尔滨五香牛肉干

哈尔滨牛肉干是哈尔滨的名产。产品历史悠久,风味佳,是国内比较畅销的干制品。

1. 工艺流程

料选择与整理→浸泡、清煮→冷却、切块→复煮→烘烤→成品。

2. 原料辅料

牛肉 50 kg,食盐 1.8 kg,白糖 280 g,酱油 3.5 kg,黄酒 750 g,味精 100 g,姜粉 50 g,八角 75 g,桂皮 75 g,辣椒面 100 g,苯甲酸钠 25 g。

3. 加工工艺

(1)原料选择与整理

选择无粗大筋腱并经过卫生检验合格的新鲜牛肉,切成重 0.5 kg 左右的肉块。

（2）浸泡、清煮

切好的肉块放入冷水浸泡 1 h 左右，让其脱出血水后，捞出沥干水分。然后把肉块投入锅内，加入食盐 1.5 kg、八角 75 g、桂皮 75 g、清水 15 kg，一起煮制，温度需保持在 90 ℃ 以上，不断翻动肉块，使其上下煮制均匀，并随时清除肉汤面上的浮油沫，约煮 1.5 h，肉内部切面呈粉红色即可出锅。

（3）冷却、切块

出锅后的肉放在竹筐中晾透，然后除去肉块上较大的筋腱，切成 1 cm³ 左右肉丁。

（4）复煮

除酒和味精外，将其他剩余的辅料与清煮时的肉汤拌和，再把切好的小肉丁倒入其内，放入锅中复煮，煮制过程不断翻动，待肉汤快要熬干时，倒入酒、味精等，翻动数次，汤干出锅，出锅后盛在烤筛内摊开，摆在架子上晾凉。

（5）烘烤

将摊有肉丁的筛子放进烘房或烘炉的格架上进行烘烤，烘房或烘炉的温度保持在 50~60 ℃，每隔 1 h 应把烤筛上下换一次位置，同时翻动肉干，约烘 7 h，肉干变硬即可取出，放在通风处晾透即为成品。

4. 质量标准

产品呈褐色，肉丁大小均匀，质地干爽而不柴，软硬适度，无膻味，香甜鲜美，略带辣味。

（三）麻辣猪肉干

麻辣猪肉干，其味特殊且佳，为佐酒助餐食品。

1. 工艺流程

原料选择与整理→煮制→油炸→成品。

2. 原料辅料

猪瘦肉 50 kg，食盐 750 g，白酒 250 g，白糖 0.75~1 kg，酱油 2 kg，味精 50 g，花椒面 150 g，辣椒面 1~1.25 kg，五香粉 50 g，大葱 500 g，鲜姜 250 g，芝麻面 150 g，芝麻油 500 g，植物油适量。

3. 加工工艺

（1）原料选择与整理

选用经过卫生检验合格的新鲜猪前、后腿的瘦肉，去除皮、骨、脂肪和筋膜等，冲洗干净后切成 0.5 kg 左右的肉块。

（2）煮制

将大葱挽成结，姜拍碎，把肉块与葱、姜一起放入清水锅中煮制 1 h 左右出锅摊凉，顺肉块的肌纤维切成长约 5 cm、宽高均 1 cm 的肉条，然后加入食盐、白酒、五香粉、酱油 1.5 kg，拌和均匀，放置 30~60 min 使之入味。

（3）油炸

将植物油倒入锅内，使用量以能淹浸肉条为原则，将油加热到 140 ℃ 左右，把已入味的肉条倒入锅内油炸，不停翻动，等水响声过后，发出油炸干响声时，即用漏勺把肉条捞出锅，待热气散发后,将白糖、味精和余下的酱油搅拌均匀后倒入肉条中拌和均匀,晾凉。取炸肉条后的熟植物油 2 kg,加入辣椒面拌成辣椒油,再依次把熟辣椒油、花椒面、芝麻油、芝麻面等放入凉后的肉条中,拌和均匀即为成品。

4.质量标准

产品呈红褐色,为条状,味麻辣,干且香。

二、肉松加工

肉松是将肉煮烂,再经过炒制、揉搓而成的一种入口即化、易于贮藏的脱水制品。由于所用的原料不同,有猪肉松、牛肉松、鸡肉松及鱼肉松等。按其成品形态不同,可分为肉绒和油松两类,肉绒成品金黄或淡黄,细软蓬松如棉絮;油松成品呈团粒状,色泽红润,它们的加工区方法有异同。我国有名的传统产品是太仓肉松和福建肉松等。

(一)太仓肉松

太仓肉松是江苏省的著名产品,创始于江苏省太仓市。历史悠久,闻名中外,曾于 1935 年在巴拿马国际展览会上获奖。

1.工艺流程

原料选择与整理→煮制→炒制→成品。

2.原料辅料

猪瘦肉 50 kg,食盐 1.5 kg,黄酒 1 kg,酱油 17.5 kg,白糖 1 kg,味精 100~200 g,鲜姜 500 g,八角 250 g。

3.加工工艺

(1)原料选择与整理

选用新鲜猪后腿瘦肉为原料。剔去骨、皮、脂肪、筋膜及各种结缔组织等,切成拳头大的肉块。

(2)煮制

将瘦肉块放入清水(水浸过肉面)锅内预煮,不断翻动,使肉受热均匀,并撇去上浮的油沫。约煮 4 h 时,稍加压力,肉纤维可自行分离,便加入全部辅料再继续煮制,直到汤煮干为止。

(3)炒制

取出生姜和香辛料,采用小火,用锅铲一边压散肉块,一边翻炒,勤炒勤翻,操作要轻并且均匀,当肉块全部炒松散和炒干时,颜色由灰棕色变为金黄色的纤维疏松状即为成品。

4.质量标准

成品色泽金黄,有光泽,呈丝绒状,纤维洁纯疏松,鲜香可口,无杂质、无焦现象。水分含量≤20%,油分 8%~9%。

(二)福建肉松

福建肉松为福建著名传统产品,创始者是福州市人,据传在清代已有生产,历史悠久。福建肉松的加工方法与太仓肉松的加工方法基本相同,只是在配料上有区别,另外加工方法上增加油炒工序,制成颗粒状,产品因含油量高而不耐贮藏。

1. 工艺流程

原料选择与整理→煮肉炒松→油酥→成品。

2. 原料辅料

猪瘦肉 50 kg,白糖 5 kg,白酱油 3 kg,黄酒 1 kg,味精 75 g,猪油 7.5 kg,面粉 4 kg,桂皮 100 g,鲜姜 500 g,大葱 500 g,红曲适量。

3. 加工工艺

(1)原料选择与整理

选用新鲜猪后腿精瘦肉,剔除肉中的筋腱、脂肪及骨等,顺肌纤维切成 0.1 kg 左右的肉块,用清水洗净并沥干水。

(2)煮肉炒松

将洗净的肉块投入锅内,并放入桂皮、鲜姜、大葱等香料,加入清水进行煮制,不断翻动,舀出浮油。当煮至用铁铲稍压即可使肉块纤维散开时,再加入红曲、白糖、白酱油等。根据肉质情况决定煮制时间,一般需煮 4~6 h,待锅内肉汤收干后出锅,放入容器晾透。然后把肉块放在另一锅内进行炒制,用小火慢炒,让水分慢慢蒸发,炒到肉纤维不成团时,再改用小火烘烤,即成肉松坯。

(3)油酥

在炒好的肉松坯中加入黄酒、味精、面粉等,等搅拌均匀后,再放到小锅中用小火烘焙,随时翻动,待大部分松坯都成为酥脆的粒状时,用筛子把小颗粒筛出,剩下的大颗粒松坯倒入加热到 200 ℃左右的猪油中,不断搅拌,使松坯与猪油均匀结成球形圆粒,即为成品。熟猪油加入量一般为肉坯重的 40%~60%,夏季少些,冬季可多些。

4. 质量标准

成品呈红褐色,颗粒状,大小均匀,油润酥软,味美香甜,香气浓郁,不含硬粒,无异味。

(三)鸡肉松

鸡肉松是用鸡肉为原料加工制成的肉松制品,其营养丰富,味清香,是群众较喜欢的一种干制品。

1. 工艺流程

原料选择与整理→烧煮→炒松→擦松→成品。

2. 原料辅料

带骨鸡肉 50 kg,食盐 1.25 kg,白糖 2.2 kg,黄酒 250 g,鲜姜 250 g。

3. 加工工艺

(1)原料选择与整理

选择健康肥嫩活鸡作为加工原料。将鸡宰杀、去毛、去头、脚和内脏,洗净鸡体。

(2)烧煮

把鸡体放入锅内,加入适量的水和生姜,先用大火煮沸,撇去水面浮物,后改用小火煮 3 h

左右,煮制过程需不断上下翻动。然后捞出拆骨、去皮,取出鸡肉块并压散,再放入经过滤的原汤中,加入其他辅料,继续煮 3 h,边煮边撇净油质,否则制成的鸡松不能久存。当煮至快干锅时,端锅离火。

（3）炒松

将煮好的鸡肉放入洁净的锅内用微火炒 1~2 h,不停地用铲子翻炒,并将肉块压散,干度适宜时便可取出。

（4）擦松

炒好的肉料放在盘内用擦松板揉搓,搓时用力要适度,当肉丝擦成蓬松的纤维状即为成品。

4. 质量标准

成品色白微黄,纤维细长柔软,有弹性,甜咸适度。要符合肉松的国家标准（GB/T 23968—2009）

（1）感官指标

肉松的感官指标应符合表 11-1 的规定。

表 11-1　肉松的感官指标

项目	指标	
	肉松	油酥肉松
形态	绒絮状,纤维柔软蓬松,允许有少量结头,无焦头	呈疏松颗粒状或短纤维状,无焦头
色泽	呈浅黄色或金黄色,色泽基本均匀	呈棕褐色或黄褐色,色泽基本均匀,稍有光泽
滋味与气味	味鲜美,咸甜适中,具有肉松固有的香味,无其他不良气味	具酥香特色,味鲜美,甜咸适中,油而不腻,具有油酥肉松固有的香味,无其他不良气味
杂质	无肉眼可见杂质	

（2）理化指标

肉松的理化指标应符合表 11-2 的规定。

表 11-2　肉松的理化指标

项目	指标	
	太仓肉松	福建肉松
水分(%) ≤	20	8
食品添加剂	按 GB 2760—2014 规定执行	

（3）微生物指标

肉松的微生物指标应符合表 11-3 的规定。

表 11-3　肉松的微生物指标

项目	指标
细菌总数(个/g)≤	30 000
大肠菌群(个/100 g)≤	40
致病菌	不得检出

注:致病菌系指肠道致病菌及致病性球菌。

三、肉脯加工

肉脯是烘干的肌肉薄片,与肉干的加工不同之处在于不经过煮制。我国已有 50 多年制作肉脯的历史,全国各地均有生产,加工方法稍有差异,但成品一般均为长方形薄片,厚薄均匀,为酱红色,干爽香脆。

(一)靖江猪肉脯

靖江猪肉脯是江苏省靖江著名的风味特产,该制品在国内外颇具盛名,曾获国家金质奖。

1. 工艺流程

原料选择与整理→冷冻→切片、拌料→烘干→烤熟→成品。

2. 原料辅料

猪瘦肉 50 kg,白糖 6.75 kg,酱油 4.25 kg,味精 250 g,胡椒粉 50 g,鲜鸡蛋 1.5 kg。

3. 加工工艺

(1)原料选择与整理

选用新鲜猪后腿瘦肉作为原料。剔除骨头,修净肥膘、筋膜及碎肉,顺肌肉纤维方向分割成大块肉,用温水洗去油腻杂质,沥干水分。

(2)冷冻

将沥干水的肉块送入冷库速冻至肉中心温度达到 -2 ℃即可出库。冷冻目的是便于切片。

(3)切片、拌料

把经过冷冻后的肉块装入切肉片机内切成 2 mm 厚的薄片。将辅料混合溶解后,加入肉片中,充分拌匀。

(4)烘干

把入味的肉片平摊于特制的筛筐上或其他容器内(不要上下堆叠),然后送入 65 ℃的烘房内烘烤 5~6 h,经自然冷却后出筛即为半成品。

(5)烤熟

将半成品放入 200~250 ℃的烤炉内烤至出油,呈棕红色即可。烤熟后用压平机压平,再切成 12 cm×8 cm 规格的片形即为成品。

4. 标准

成品颜色棕红透亮,呈薄片状,片形完整,厚薄均匀,规格一致,香脆适口,味道鲜美,咸甜适中。

（二）牛肉脯

牛肉脯以牛肉作为原料，其制作考究，质量上乘，全国各地均有制作，但辅料和加工方法略有不同。

1. 工艺流程

原料选择与整理→冷冻→切片、解冻→调味→铺盘→烘干→切形→焙烤→成品。

2. 原料辅料

牛肉 20 kg，食盐 100 g，酱油 400 g，白糖 1.2 kg，味精 200 g，八角 20 g，姜末 10 g，辣椒粉 80 g，山梨酸 10 g，抗坏血酸的钠盐 10 g。

3. 加工工艺

（1）原料选择与整理

挑选不带脂肪、筋膜的合格牛肉，以后腿肌肉为好。把牛肉切成约 25 cm 见方的肉块。

（2）冷冻

将整理后的腿肉放入冷冻室或冷冻柜中冷冻，冷冻温度在 -10 ℃左右，冷冻时间 24 h，肉的中心温度达到 -5 ℃时为最佳。

（3）切片、解冻

将冷冻的牛肉放入切片机或进行人工切片，厚度一般控制在 1~1.5 mm，切片时必须顺着牛肉的纤维切。然后把冻肉片放入解冻间解冻，注意不能用水冲洗肉片。

（4）调味

将辅料与解冻后的肉片混合并搅拌均匀，使肉片中盐溶蛋白溶出。

（5）铺盘

一般为手工操作。先用食用油将竹盘刷一遍，然后将调味后的肉片铺平在竹盘上，肉片与肉片之间由溶出的蛋白胶相互粘住，但肉片之间不要重叠。

（6）烘干

将铺平在竹盘上的已连成一大张的肉片放入 55~60 ℃的烘房内烘干，时间需 2~3 h 左右。烘干至含水量为 25% 为佳。

（7）切形

烘干后的牛肉片是一大张，把大张牛肉片从竹盘上揭起，切成 6~8 cm 的正方形或其他形状。

（8）焙烤

把切形后的牛肉片送入 200~250 ℃的烤炉中烤制 6~8 min，烤熟即为成品，不得烤焦。

4. 质量标准

成品为红褐色，有光泽，呈片状，形状整齐，厚薄均匀；甜咸适中，无异味，肉质松脆，味道清香。

（三）美味禽肉脯

美味禽肉脯是以禽类的胸部和腿部肌肉作为加工的主要原料而制作的风味独特的肉脯

制品,全国各地均有加工。

1. 工艺流程

选料与整理→斩拌→摊盘→烤制→压平、切块→成品。

2. 原料辅料

禽瘦肉 50 kg,白糖 6.5~7.5 kg,鱼露 4 kg,白酒 250 g,味精 250 g,鸡蛋 1.5 kg,白胡椒粉 100 g,红曲米适量。

3. 加工工艺

(1)选料与整理

选用健康家禽的胸部和腿部肌肉。将选好的原料拆骨,去除皮、皮下脂肪和筋膜等,洗净后切成小肉块。

(2)斩拌

将小肉块倒入斩拌机内进行剁制、斩碎,约 5~8 min,边斩拌边加入各种辅料,并加入适量的冷水调和。斩拌结束后,静置 20 min,让调味料充分渗入肉中。

(3)摊盘

将烤制用的筛盘先刷一遍油,然后将斩拌后的肉泥摊在筛盘上,厚度为 2 mm 左右,厚薄均匀一致。

(4)烤制

把肉料连同筛盘放进 65~70 ℃的烘房中烘 4~5 h,取出自然冷却。再放进 200~250 ℃的烤炉中烤制 1~2 min,至肉片收缩出油即可。

(5)压平、切块

用压平机将烤制表好的肉片压平,切成 8 cm×12 cm 的长方块,即为成品。

4. 质量标准

成品色泽棕红,肉质松脆,美味可口,香味浓郁,必须符合肉干、肉脯的国家标准(GB/T 23969—2009 肉干、GB/T 31406—2015 肉脯)的要求

(1)感官指标

肉干、肉脯的感官指标是具有特有的色、香、味、形,无焦臭、哈喇等异味,无杂质。

(2)理化指标

肉干、肉脯的理化指标应符合表 11-4 的规定。

表 11-4　肉干、肉脯理化指标

项目	指标	
	肉干	肉脯
水(%) ≤	20	22
食品添加剂	按 GB 2760—2014 执行	

（3）微生物指标

肉干、肉脯的微生物指标应符合表 11-5 的规定。

表 11-5　肉干、肉脯微生物指标

项目	指标
细菌总数（个 /g） ≤	10 000
大肠菌群（个 /100 g）≤	30
致病菌	不得检出

注：致病菌指肠道致病菌及致病性球菌。

第十二章　肉类罐头加工

　　罐头食品就是将食品密封在容器中,经高温处理,使绝大部分微生物消灭掉,同时在防止外界微生物再次侵入的条件下,借以获得在室温下长期贮藏的保藏方法。凡用密封容器包装并经高温杀菌的食品称为罐头食品。1795年,法国人古拉斯·阿培尔经过10年的研究,发明了一种热加工保藏食品的方法,当时称为阿培尔法。方法是将食品放入用粗麻布包裹的玻璃瓶中,瓶口敞开着,以便装满食物的玻璃瓶在沸水浴中加热时瓶里的空气可以跑出来。加热一段时间之后,阿培尔用涂了蜡的软木塞将瓶口堵住,并密封以后,在室温下放置了2个月。后来,英国人杜兰德也进行了类似的实验,不过他采用的是顶上开有小孔的马口铁罐。他将食物加热之后使用锡将小孔焊合,并将之放置起来,看它是否稳定。他于1810年获得了使用马口铁罐的专利。1820年至1880年期间,有人发现往煮罐头的沸水中加一些食盐,可以使水的沸点由100 ℃提高到115 ℃,这就减少了杀菌时间,于是就设计出高压锅,可以达到同样的目的。今天罐头工业使用的高压锅可以将食品的加热温度提高到110~138 ℃。

　　罐头工业从手工业生产发展成为现代化工业,经历了近200年历史,从1811年生产玻璃罐头开始,到1823年开始马口铁罐头食品的手工业生产,每人每日最多生产100罐。1852年制成了高压灭菌锅及测量和调节用仪表, 1880年制成封罐机,日产量达1 500罐,1885年罐头容器工业(马口铁罐)和罐头食品工业分开,1930年制自动封罐机,每分钟产量为300罐。19世纪末期和20世纪初期,罐头食品生产的机器设备又有了新的发展,从容器消毒、原料处理以及食品的装罐、排气、密封和杀菌等一系列生产过程,由机器代替了繁重的人工操作。以后随着物理学和化学的发展,特别是传热学和生物学的发展,使食品的风味和营养不至于受到过大损失。而近代物理学、机械学、电工学的发展,又促进了罐头食品生产技术的改革,提供了许多新工艺、新技术和新设备,使生产方式从机械化进入自动化,大大丰富了本学科的内容。

第一节　肉类罐头的种类和加工工艺

一、罐头的种类

根据加工及调味方法不同,肉类罐头可分为以下几类。

(一)清蒸类罐头

原料经初步加工后,不经烹调而直接装罐制成的罐头。它的特点是最大限度地保持各种肉类的特有风味,如原汁猪肉、清蒸牛肉、白切鸡等罐头。

（二）调味类罐头

原料肉经过整理、预煮或油炸、烹调后装罐，加入调味汁液而制成的罐头。这类罐头按烹调方法及加入汁液的不同，可分为红烧、五香、豉汁、浓汁、咖喱、茄汁等类别。它的特点是具有原料和配料特有的风味和香味，色泽较一致，块形整齐，如红烧扣肉、咖喱牛肉、茄汁兔肉罐头等。调味类罐头是肉类罐头品种中数量最多的一种。

（三）腌制类罐头

将原料肉整理，用食盐、硝酸盐、白糖等辅料配制而成的混合盐进行腌制后，再经过加工制成的罐头。这类产品具有鲜艳的红色和较高的保水性，如午餐肉、咸牛肉、猪肉火腿等。

（四）烟熏类罐头

处理后的原料经腌制、烟熏后制成的罐头，有鲜明的烟熏味，如西式火腿、烟熏肋条等。

（五）香肠类罐头

肉腌制后再加入各种辅料，经斩拌制成肉糜，然后装入肠衣，经烟熏、预煮再装罐制成的罐头。

（六）内脏类罐头

将猪、牛、羊的内脏及副产品，经处理调味或腌制加工后制成的罐头即为内脏类罐头。如猪舌、牛舌、猪肝酱、牛尾汤、卤猪杂等罐头。

二、罐头容器的选用和处理

（一）听装罐头

听装罐头是采用金属罐为容器进行装罐和包装的罐头。金属罐中目前最常用的材料是镀锡薄钢板以及涂料铁等，其次是铝材以及镀铬薄钢板等。

1. 镀锡薄钢板

镀锡薄钢板是一种具有一定金属延伸性、表面经过镀锡处理的低碳薄钢板。镀锡板是它的简称，俗称马口铁。现在用于制罐的镀锡板都是电镀锡板，即由电镀工艺镀以锡层的镀锡板。它与过去用热浸工艺镀锡的热浸镀锡板相比，具有镀锡均匀、耗锡量低、质量稳定、生产率高等优点。镀锡板由钢基、锡铁合金层、锡层、氧化膜和油膜等构成。

2. 涂料铁

用镀锡板罐做食品罐头时，有些食品容易与镀锡板发生作用，引起镀锡板腐蚀，这种腐蚀主要是电化学腐蚀。其次是化学性腐蚀，在这种情况下，单凭镀锡板的镀锡层显然不能保护钢基，这就需在镀锡板表面设法覆盖一层安全可靠的保护膜，使罐头内容物与罐壁的镀锡层隔绝开。还可采取罐头内壁涂料的方法，即在镀锡板用于内壁的一面涂印防腐耐蚀涂料，并加以干燥成膜。对于铝制罐和镀铬板罐，为了提高耐蚀性，内壁均需要涂料。

随着国际市场上锡资源的短缺，锡价猛涨，镀锡板的生产转向低镀锡量，但是镀锡量低往往不能有效地抵制腐蚀，这就要求助于罐内涂料的办法来提高耐蚀性。此外，目前有的国家对食品内重金属含量制定了法规，为了商品贸易的需要，罐头内壁加以涂料势在必行。

3. 镀铬薄钢板

镀铬薄钢板是表面镀铬和铬的氧化物的低碳薄钢板。镀铬板是 20 世纪 60 年代初为减少用锡而发展的一种镀锡板代用材料。镀铬板耐腐蚀性较差,焊接困难,现主要用于腐蚀性较小的啤酒罐、饮料罐以及食品罐的底、盖等,接缝采用熔接法和黏合法接合,它不能使用焊锡法。镀铬板需经内外涂料使用,涂料后的镀铬板,其涂膜附着力特别优良,宜用于制造底盖和冲拔罐,但它封口时封口线边缝容易生锈。

4. 铝合金薄板

它为铝镁、铝锰等合金经铸造、热轧、冷轧、退火等工序制成的薄板。其优点为轻便、美观、不生锈。用于鱼类和肉类罐头,无硫化铁和硫化斑,用于啤酒罐头无发浑和风味变化等现象。缺点为焊接困难,对酸和盐耐蚀性较差,所以需涂料后使用。

5. 焊料及助焊剂

目前使用的金属罐容器中,使用量最大的是镀锡板的三片接缝罐。三片罐身接缝必须经过焊接(或黏接),才能保证容器的密封。焊接工艺中现在基本上采用电阻焊。

6. 罐头密封胶

罐头密封胶固化成膜作为罐藏容器的密封填料,填充于罐底盖和罐身卷边接缝中间,当经过卷边封口作业后,由于其胶膜和二重卷边的压紧作用将罐底盖和罐身紧密结合起来。它对于保证罐藏容器的密封性能,防止外界微生物和空气的侵入,使罐藏食品得以长期贮藏而不变质是很重要的。

罐头密封胶除了能起密封作用外,必须适合罐头生产上一系列机械的、化学的和物理的工艺处理要求,同时还必须具备其他一系列特殊条件。具体要求有如下四点。

①要求无毒无害,胶膜不能含有对人体有害的物质;

②要求不含有杂质,并应具有良好的可塑性,便于填满罐底盖与罐身卷边接缝间的孔隙,从而保证罐头的密封性能;

③与板材结合应具有良好的附着力及耐磨性能;

④胶膜应有良好的抗热、抗水、抗油及抗氧化等耐腐蚀性能。

作为罐藏容器的密封填料,除了某些玻璃罐的金属盖上使用塑料溶胶制品外,基本上均使用橡胶制品。目前就我国来说,密封胶几乎全部采用天然橡胶,而不用合成橡胶,因为我国在合成橡胶的制造上和选用上还有困难。但在国际上则以采用合成橡胶为主,因其性能易于控制,使用方便。

(二)玻璃瓶罐头

玻璃瓶罐头是采用玻璃瓶罐为容器进行装罐和包装的罐头。玻璃罐(瓶)是以玻璃作为材料制成,玻璃为石英砂(硅酸)和碱即中性硅酸盐熔化后在缓慢冷却中形成的非晶态固化无机物质。玻璃的特点是透明、质硬而脆、极易破碎。使用玻璃罐用于包装食品既有优点,也有许多缺点。其优点:①玻璃的化学稳定性较好,和一般食品不发生反应,能保持食品原有风味,而且清洁卫生;②玻璃透明,便于消费者观察内装食品,以供选择;③玻璃罐可多次重复使用,甚为经济。

玻璃罐存在的缺点：①机械性能很差，易破碎，耐冷、热变化的性能也差，温差超过 60℃时容易发生破裂，加热或冷却时温度变化必须缓慢、均匀地上升或下降，在冷却中比加热时更易出现破裂问题；②导热性差，玻璃的热导率为铁的 1/60，铜的 1/1 000，它的比热容较大，0~100 ℃时为 0.722 kJ/(kg·℃)，为铁皮的 1.5 倍，因此杀菌冷却后玻璃罐所装食品的质量比铁罐差；③玻璃罐比同样体积的铁罐重 4~4.5 倍，因而它所需的运输费用较大，故玻璃罐在罐头食品中的应用受到一定的限制。

（三）软罐头

软罐头是指高压杀菌复合塑料薄膜袋装罐头，是用复合塑料薄膜袋装置食品，并经杀菌后能长期贮藏的袋装食品叫作软罐头。它质量轻，体积小，开启方便，耐贮藏，可供旅游、航行、登山等需要。国外目前已大量投入生产，代替了一部分镀锡薄板或涂料铁容器，以后还将有更大的发展。

1. 复合薄膜的构成

这种复合塑料薄膜通常采用三种基材黏合在一起。外层是 12 μm 左右的聚酯，起到加固及耐高温的作用。中层为 9 μm 左右的铝箔，具有良好的避光、阻气、防水性能。内层为 70 μm 左右的聚烯烃（改性聚乙烯或聚丙烯），符合食品卫生要求，并能热封。

由于软罐头采用的复合薄膜较薄，因此杀菌时达到食品要求的温度时间短，可使食品保持原有的色、香、味；携带食用方便；由于使用铝箔，外观具有金属光泽，印刷后可增加美观。但目前缺乏高速灌装热封的机械设备，生产效率低，一般为 30~60 袋 /min。

2. 软罐头的特点

（1）可采用高温杀菌，且时间短，内容物营养素很少受到破坏

包装软罐头的复合薄膜可以耐受 120 ℃以上高温，且传热快，杀菌后的冷却时间也短，整个杀菌时间比刚性罐头缩短 1/2，大大减少了对内容物色、香、味、形的影响，尤其是营养成分损失程度也大大减少，因此保持了内容物原有的特色。

（2）可在常温下长久贮藏或流通

可在常温下长久贮藏或流通，且保存性稳定的软罐头是密封包装的调温杀菌制品，故无须冷藏等特殊的保存条件，在常温条件下，普通仓库、货架即可安全地保存。软罐头包装材料化学性质稳定，其表面无金属离子，不会与内容物发生化学反应，金属罐头则易产生溶锡、腐蚀和生锈等现象，在同等贮藏条件下，软罐头食品保存期比刚性罐头长。

（3）携带方便，开启简单，安全省时

软罐头食品体积小、柔软，便于携带，食用时只要从切口处撕开，不需要特制的开罐工具，不像马口铁或碎玻璃那样锋利，容易伤人。

（4）节约能源，降低成本

软源头食品加热食用，只要放在开水中烫煮 3~15 min，可节约大量能源。

（5）软罐头容易受损、泄气，使内容物腐败变质

因软罐头包装窗口柔软，易受外压破损，使真空度降低，导致内容物腐败变质。

目前，复合塑料薄膜已大量投入食品生产，代替了一部分镀锡薄板或涂料铁容器，以后还将有更大的发展。

三、肉类罐头的加工工艺

(一)原料选择与预处理

1. 原料选择

原料应选用符合卫生标准的鲜肉或冷冻肉。牛肉、羊肉、猪肉和家禽肉以及屠宰副产品等都可用于制造肉类罐头,此外,如灌肠、腌肉、火腿等肉制品也可作为罐头食品的原料。肉类罐头对原料肉的好坏要求比较严格,且要求原料肉的质量较高,因为这直接影响着罐头质量的好坏,所以必须选择新鲜或冷冻肉,经兽医卫生检验合格方可作为罐头制品的原料。

2. 原料预处理

进入罐头厂的原料肉有两种,一种是鲜肉,另一种是冻肉。鲜肉要经过成熟处理方能加工使用,冷库运来的冻肉要经过解冻方能加工使用。解冻过程中除卫生条件保证良好外,其他条件也一定要严格控制。控制不当,肉汁大量流失,养分大量耗损,降低肉的持水性,影响产品质量。

畜肉的预处理包括洗涤、剔骨、去皮(或不去骨皮)、去淋巴及切除不宜加工的部分。原料剔骨前应用清水洗涤,除尽表面污物,然后分段。猪半胴体分为前、后腿及肋条三段;牛半胴体沿第 13 根肋骨处横截成前腿和后腿两段;羊肉一般不分段,通常为整片或整只剔骨。分段后的肉分别剔除脊椎骨、肋骨、腿骨及全部硬骨和软骨,剔骨时应注意肉的完整,避免碎肉及碎骨渣。若要留料,如排骨、圆蹄、扣肉等原料,则在剔骨前或以后按部位选取切下留存。去皮时刀面贴皮进刀,要求皮上不带肥肉,肉上不带皮,然后按原料规格及要求割除全部淋巴、筋腱、大血管和病灶等,并除净表面油污、毛及其他杂质。

禽则先逐只将毛拔干净,然后切去头,颈可留 7~9 cm 长,割除翅尖、两爪,除去内脏及肛门等。去骨家禽拆骨时,将整只家禽用小刀割断颈皮,然后将胸肉划开,拆开胸骨,割断腿骨筋,再将整块肉从颈沿背部往后拆下,注意不要把肉拆碎和防止骨头拆断,最后拆去腿骨。

(二)原料的预煮和油炸

肉罐头的原料经预处理后,按各产品加工要求,有的要腌制,有的要预煮和油炸。预煮和油炸是调味类罐头加工的主要环节。

1. 预煮

预煮前按制品的要求,切成大小不等的块形。预煮时一般将原料投入沸水中煮制20~60 min,要求达到原料中心无血水为止。加水量以淹没肉块为准,一般为肉重的 1.5 倍。经预煮的原料,其蛋白质受热后逐渐凝固,肌浆中蛋白质发生不可逆的变化成为不溶性物质。随着蛋白质的凝固,亲水的胶体体系遭到破坏则失去持水能力而发生脱水作用。由于蛋白质的凝固,肌肉组织紧密变硬,便于切块。同时,肌肉脱水后对成品的固形物量提供了保证。此外,预煮处理能杀灭肌肉上的部分微生物,有助于提高杀菌效果。

2. 油炸

原料肉预煮后,即可油炸。经过油炸产品脱水上色,增加产品风味,油炸后肉类失重

28%~38%，损失含氮物质约2%，无机盐约3%，吸收油脂3%~5%。油炸方法一般采用开口锅放入植物油加热，然后根据锅的容量将原料分批放入锅内进行油炸，油炸温度为160~180℃。油炸时间根据原料的组织密度、形状、肉块的大小、油温和成品质量要求等而有所不同，一般为3~10 min。大部分产品在油炸前都要求涂上稀糖色液，经油炸后，其表面呈金黄色或酱红色。

（三）装罐

原料肉经预煮和油炸后，要迅速装罐密封。原汁、清蒸类以及生装产品，主要是控制好肥瘦、部位搭配、汤汁或猪皮粒的加量，以保证固形物的含量达到要求。装罐时，要保证规定的重量和块数。装罐前食品须经过定量后再装罐，定量必须准确，同时还必须留有适当的顶隙，顶隙的大小直接影响着罐头食品的容量、真空度的高低和杀菌后罐头的变形。顶隙一般的标准在6.4~9.6 mm之间。还要保持内容物和罐口的清洁，严防混入异物，并注意排列上的整齐美观。

目前，装罐多用自动或半自动式装罐机，速度快，称量准确，节省人力，但小规模生产和某些特殊品种仍需用人工装罐。

（四）排气与封罐

1. 排气

排气是指罐头在密封前或密封同时，将罐内部分空气排除掉，使罐内产生部分真空状态的措施。

（1）排气的作用

排气的作用是防止杀菌时及贮藏期间内容物氧化，避免香味及营养的损失；减少罐内压力，加热杀菌时不致发生大压力使罐头膨胀或影响罐缝的严密度，便于长期贮存。

（2）排气的方法

排气方法有加热排气和机械排气两种。加热排气是把装好食品的罐头，借助蒸汽排气，罐头厂广泛采用链带式或齿盘式排气箱。链带式排气箱由机架、箱体、箱盖、方框输罐链、蒸汽喷管、四级变速箱所组成。装罐后，从一端进入排气箱，箱底两侧的蒸汽喷射管，由阀门调节喷出蒸汽，达到预定的温度时开始排气，然后由链带输送到一端封口。排气温度和时间，可由阀门和变速箱调节。链带式排气箱结构简单，造价低廉，适用于多种罐型。机械排气在大规模生产罐头时都使用真空封罐机，抽真空与封罐同时在密闭状态下进行。抽真空采用水杯式真空泵，封罐后真空度为46.65~59.99 kPa。

2. 封罐

封罐就是排气后的罐头用封口机将罐头密封住，使其形成真空状态，以达到长期贮板之间，脚踏固定，板动手柄密封。一般用于500 mL玻璃罐的密封，生产能力20~30罐/min，只用于小型生产。半自动封罐机，人工加盖，把罐头放在机体托底板上密封。封罐所用的机械称为封罐机。根据各种产品的要求，选择不同的封罐机，按构造和性能可分为手板封罐机、半自动封罐机、自动封罐机和真空封罐机。手板封罐机结构简单，由机身、传动装置、旋转压头、封口辊轮、托底板及轴、按压手柄、脚踏板等组成。将罐头置于旋转压头与托封40罐。

自动封罐机,封罐速度快,密封性能好,但结构较复杂,要有较熟练技术方能操作。由于罐藏容器的种类不同,密封的方法也各不相同,现简述如下。

(1)马口铁罐的密封

其密封与空罐的封底原理、方法和技术要求基本相同。目前罐头厂常用的封罐机有半自动封罐机、真空封罐机和蒸汽喷射排气封罐机等。

(2)玻璃罐的密封

玻璃罐的密封是依靠马口铁皮和密封垫圈紧压在玻璃罐口而成。目前的密封方法有卷边密封法、旋转式密封法、掀压式密封法等。

(3)软罐头的密封

软罐头的密封必须使两层复合塑料薄膜边缘内层相互紧密结合或熔合在一起,达到完全密封的要求。一般采用真空包装机进行热熔密封。

(五)杀菌

1. 杀菌的意义

罐头杀菌的目的是杀死食品中所污染的致病菌、产毒菌、腐败菌,并破坏食物中的酶,使食品贮藏一定时间而不变质。在杀菌的同时,又要求较好地保持食品的形态、色泽、风味和营养价值。罐头杀菌与医疗卫生、微生物学研究方面的"灭菌"的概念有一定区别,它并不要求达到"无菌"水平,但要求不允许有致病菌和产毒菌存在,罐内允许残留有微生物或芽孢,只是它们在罐内特殊环境中,在一定贮藏期内,不会引起食品腐败变质。

2. 杀菌的方法

肉类罐头属于低酸性食品,常采用加压蒸汽杀菌法,杀菌温度控制在 112~121 ℃。杀菌过程可划分为升温、恒温、降温三个阶段,其中包括温度、时间、反压三个主要因素;不同罐头制品杀菌工艺条件不同,湿度、时间和反压控制不一样。

杀菌规程用下列杀菌式表示:

$$\frac{t_1 - t_2 - t_3}{t_0} p$$

式中　t_1——使杀菌锅内温度和压力升高到杀菌温度需要的时间(min)。

　　　t_2——杀菌锅内应保持恒定的杀菌温度的时间(min)。

　　　t_3——杀菌完毕使杀菌锅内温度降低和使压力降至常压所需的时间(min)。

　　　t_0——规定的杀菌温度(℃)。

杀菌式的数据是根据罐内可能污染细菌的耐热性和罐头的传热特性值经过计算后,再通过空罐实验确定的。正确的杀菌工艺条件应恰好能将罐内细菌全部杀死和使酶钝化,保证贮藏安全,同时又能保证食品原有的品质不发生大的变化。

目前,我国大部分工厂均采用静置间歇的立式或卧式杀菌锅,罐头在锅内静止不动,始终固定在某一位置,通入一定压力的蒸汽,排除锅内空气及冷凝水后,使杀菌器内的温度升至 112~121 ℃进行杀菌。为提高杀菌效果,现常采用旋转搅拌式灭菌器。这种方法改变了过去罐头在灭菌器内静置的方式,加快罐内中心温度上升,杀菌温度也提高到 121~127 ℃,缩短了杀菌时间。

（六）冷却

罐头杀菌后,罐内食品仍保持很高的温度,所以为了消除多余的加热作用,避免食品过烂和维生素的损失及制品色、香、味的恶化,应该立即进行冷却。杀菌后冷却速度越快,对于食品的质量影响越小,但要保持容器在这种温度变异中不会受到物理破坏。

由于罐头杀菌后罐内食品和气体的膨胀、水分汽化等原因,罐内会产生很大的压力,因而罐头在杀菌过程中,有时会发生罐头变形、突角、瘪罐等现象。特别是一些大而扁的罐形,更易产生这种现象。罐头冷却不当,则会导致食品维生素损失,色、香、味变差,组织结构也会受到影响,同时还会使得嗜热性细菌生长繁殖,加速罐头容器腐蚀。在掌握冷却速度和压力时,必须考虑到食品的性质、容器的大小、形状、浓度等因素,防止在迅速降温时可能发生的爆罐或变形现象。冷却速度不能过决,一般用热水或温水分段冷却（每次温差不超过 25 ℃）,最后用冷水冷却。

冷却的方法,按冷却时的位置,可分为锅内冷却和锅外冷却;按冷媒介质,可分为水冷却和空气冷却。空气冷却速度极其缓慢,除特殊要求很少应用。水冷却法是肉类罐头生产中使用最普遍的方法,其又分为喷水冷却和浸水冷却,喷冷方式较好。对于玻璃罐或扁平面体积大的罐型,宜采用反压冷却,可防止容器变形或跳盖爆破,特别是玻璃罐。冷却速度不能过快,一般用热水或温水分段冷却（每次温差不超过 25 ℃）,最后用冷水冷却。冷却必须充分,如未冷却立即入库,产品色泽变深,影响风味。肉罐头冷却到 39~40 ℃时,即可认为完成冷却工序,这时利用罐体散发的余热将罐外附着的少量水分自然蒸发掉,可防止生锈。

（七）检验与贮藏

罐头在杀菌冷却后,必须经过成品检查以便确定成品的质量和等级。目前我国规定肉类罐头要进行保温检查,其温度为 55 ℃,保温 7 昼夜。如果杀菌不充分或其他原因有细菌残留在罐内时,一遇适当温度,就会繁殖起来,使罐头变质。在保温终了,全部罐头进行一次检查。检查罐头密封结构状况,罐头底盖状态;用打检棒敲击声音判断质量,最后将正常罐与不良罐分开处理。

罐头经检验合格后,在出厂前,一般还要涂擦、粘贴商标和装箱。罐头贮藏的适宜温度为 0~10 ℃,不能高于 30 ℃,也不要低于 0 ℃。贮藏间相对湿度应在 75% 左右,并避免与吸湿的或易腐败的物质放在一起,防止罐头生锈。

第二节　肉类罐头加工

一、原汁猪肉罐头

原汁猪肉罐头最大限度地保持原料肉特有的色泽和风味,产品清淡,食之不腻,深受群众喜爱。

（一）工艺流程

原料肉的处理→切块→制猪皮粒→拌料→装罐→排气和密封→杀菌和冷却→成品。

（二）原料辅料

猪肉 100 kg，食盐 0.85 kg，白胡椒粉 0.05 kg，猪皮粒 4~5 kg。

（三）加工工艺

1. 原料肉的处理

除去毛污、皮，剔去骨，控制肥膘厚度在 1~1.5 cm，保持肋条肉和腿部肉块的完整，除去颈部刀口肉、奶脯肉及粗筋腱等组织。将前腿肉、肋条肉、后腿肉分开放置。

2. 切块

将猪肉切成 3.5~5 cm 小方块，大小要均匀，每块重 50~70 g。

3. 制猪皮粒

取新鲜的猪背部皮，清洗干净后，用刀刮去皮下脂肪及皮面污垢，然后切成 5~7 cm 宽的长条，放在 -2~-5 ℃条件下冻结 2 h，取出用绞肉机绞碎，绞板孔 2~3 mm，绞碎后置冷库中备用。这种猪皮粒装罐后可完全溶化。

4. 拌料

对不同部位的肉分别与辅料拌匀，以便装罐搭配。

5. 装罐

内径 99 mm，外高 62 mm 的铁罐，装肥瘦搭配均匀的猪肉 5~7 块，约 360 g，猪皮粒 37 g。罐内肥肉和溶化油含量不要超过净重30%，装好的罐均需过称，以保证符合规格标准和产品质量的一致。

6. 排气和密封

热力排气：中心温度不低于 65 ℃。抽气密封：真空度 70.65 kPa 左右。

7. 杀菌和冷却

密封后的罐头应尽快杀菌，停放时间一般不超过 40 min。

杀菌式为：$\dfrac{15'-60'-20'}{121℃}$ 或 $\dfrac{15'-70'-反压冷却\left(反压1.5kg/cm^2\right)}{121℃}$

杀菌后立即冷却至40℃左右。

（四）原汁猪肉罐头的国家标准（GB/T 13513—92）

1. 原辅材料

①猪肉：应符合 GB 9959.1 或 GB 9959.2 或 GB 9959.3 的要求。

②猪皮胶：采用新鲜或冷冻良好的猪皮，经熬制后呈半透明、浓度为 4%~6% 的胶体，不得有异味及猪毛等杂质。

③白胡椒粒及白胡椒粉：应符合 GB 7900 的要求。黑胡椒粒：采用干燥、无霉变、香味浓郁的黑胡椒粒。

④食盐：应符合 GB 5461 的要求。

2. 感官要求

感官要求应符合表 12-1 的要求。

表 12-1　原汁猪肉罐头原料肉的感官要求

项目	优级品	一级品	合格品
色泽	肉色正常、在加热状态下,汤汁呈淡黄色至淡褐色,允许稍有沉淀	肉色较正常,在加热状态下,汤汁呈淡黄色至淡褐色,允许有少量沉淀	肉色尚正常,在加热状态下,汤汁呈淡褐色至褐色,允许有沉淀
滋味、气味	具有原汁猪肉罐头应有的滋味及气味,无异味		
组织形态	肉质软硬适度,每罐装 5~7 块,块形大小大致均匀,允许添称小块不超过 2 块	肉质软硬较适度,每罐装 4~7 块,块形大小较均匀,允许添称小块不超过 2 块	肉质软硬尚适度,块形大小尚均匀,允许有添称小块

3. 理化指标

①净重:应符合表 12-2 中有关净重的要求,每批产品平均净重应不低于标明重量。

②固形物:应符合表 12-2 中有关固形物含量的要求,每批产品平均固形物重应不低于规定重。优级品和一级品肥膘肉加溶化油的量平均不超过净重的 30%,合格品不超过 35%。

表 12-2　净重和固形物的要求

罐号	净重		固形物		
	标明重量(g)	允许公差(%)	含量(%)	规定重量(g)	允许公差(%)
962	397	±3.0	65	258	±9.0

③氯化钠含量:0.65%~1.2%。

④卫生指标:应符合 GB 13100 的要求。

4. 微生物指标

微生物指标应符合罐头食品商业无菌要求。

5. 缺陷

样品的感官要求和物理指标如不符合技术要求,应记作缺陷,缺陷按表 12-3 分类。

表 12-3　样品缺陷分类

类别	缺陷
严重缺陷	有明显异味 硫化铁明显污染内容物 有有害杂质,如碎玻璃、头发、外来昆虫、金属屑及长度大于 3 mm 已脱落的锡珠
一般缺陷	有一般杂质,如棉线、合成纤维丝、长度不大于 3 mm 已脱落的锡珠、猪毛 感官要求明显不符合技术要求、有数量限制的超标 固形物公差超过允许公差 净重负公差超过允许公差

二、红烧牛肉罐头

（一）工艺流程

原料选择及修整→预煮→配汤→装罐→排气及密封→杀菌及冷却→成品。

（二）原料辅料

牛肉 150 kg，骨汤 100 kg，食盐 4.23 kg，酱油 9.7 kg，白糖 12 kg，黄酒 12 kg，味精 240 g，琼脂 0.73 kg，桂皮 60 g，姜 120 g，八角 50 g，花椒 22 g，大葱 0.6 kg，植物油适量。

（三）加工工艺

1. 原料选择及修整

选去皮剔骨牛肉，除去淋巴结、大的筋腱及过多的脂肪，然后用清水洗净，切成 5 cm 宽的长条。

2. 预煮

将切好的肉条放入沸水中煮沸 15 min 左右，注意撇沫和翻锅，煮到肉中心稍带血色即可，捞出后，把肉条切成厚 1 cm、宽 3~4 cm 小的肉块。

3. 配汤

先将辅料中的香辛料与清水入锅同煮，煮沸约 30 min，然后舀出过滤即成香料水。把琼脂与骨汤一起加热，待琼脂全部溶化，再加入其他辅料和香料水，一起煮沸，临出锅时加入黄酒及味精，舀出过滤后即成装罐用汤汁。

4. 装罐

净重 312 g/ 罐，内装牛肉 190 g，汤汁 112 g，植物油 10 g。

5. 排气及密封

抽气密封，真空度 53.33 kPa 以上。

6. 杀菌及冷却

$$杀菌式为：\frac{15' - 90' - 反压冷却(反压1 - 1.2\ kg / cm^2)}{121\ ℃}$$

冷却至 40~45 ℃即可。

（四）质量标准

色泽：肉色呈酱红色或棕红色。

滋味和气味：具有红烧牛肉罐头应有的滋味和气味，无异味。

组织状态：肉质柔软，块形大小均匀，块厚 0.8~1.2 cm，长 3~5 cm，净重 312 g。

固形物：肉和油不低于净重的 60%。

食盐含量：1.5%~2.5%。

三、烧鹅罐头

（一）工艺流程

原料选择及整理→预煮→上色、油炸→烧煮→装罐→真空密封→杀菌及冷却→成品。

(二)原料辅料

鹅坯肉 50 kg,食盐 0.6 kg,酱油 4 kg,黄酒 1 kg,白糖 2 kg,味精 50 g,焦糖 100 g,桂皮 30 g,生姜 125 g,葱 500 g,汤汁 20~25 kg。

(三)加工工艺

1. 原料选择及整理

选用健康的活鹅做原料。宰杀后放净血,烫毛、退净毛,然后在腹下部开口除尽内脏,斩头留颈 5~10 cm。

2. 预煮

水沸后放鹅坯下锅煮沸 10 min 左右,至无血水为准,汤汁留下备烧煮时使用。

3. 上色、油炸

先调好上色液,调制方法:将酒精 50 g、焦糖 100 g、转化糖 200 g 混合均匀即可。转化糖制法:白糖 80 g,柠檬酸 0.9 g,清水 200 g,加热至 70 ℃,保持 20 min,冷却至常温。上色两遍,将预先制好的上色液均匀地擦抹在鹅坯上,第一遍稍干后再上第二遍。然后油炸,油温在 160~180 ℃,时间 5~7 min,炸至鹅坯表面呈酱红色即可捞出。

4. 烧煮

将辅料中的葱、姜、桂皮先熬煮成香料液。然后把鹅坯从腹中线劈成两半,与除黄酒、味精之外的其他辅料同时放入锅中煮沸,约煮 15 min,出锅前倒入黄酒、味精搅拌均匀,出锅后的汤汁过滤后备装罐用。

5. 装罐

把鹅坯切成 6~7 cm 的小块。净重 397 g 装,放小块鹅肉 4~6 块,肉重 330~340 g,允许颈、翅各一块,加浮油 15~20 g,汤汁 60 g。

6. 真空密封

抽气密封,真空度 61.32~66.65 kPa。

7. 杀菌及冷却

杀菌式为: $\dfrac{15'-80'-反压冷却(压力为1.5kg/cm^2)}{118\ ℃}$

冷却至 40 ℃ 左右即可。

(四)质量标准

色泽:肉色正常,为酱红色或褐色。

滋味和气味:具有烧鹅罐头应有的滋味及气味,无异味。

组织形态:肉质软硬适度,允许稍有脱骨及破皮现象,块形整齐,每罐 4~6 块,搭配均匀,允许加颈和翅各一块。

固形物:汤汁不超过 60 g。

食盐含量:1.5%~2.5%。

四、红烧排骨罐头

(一)工艺流程

原料处理→配料及调味→装罐→排气及密封→杀菌及冷却→成品。

(二)原料辅料

猪肋排 100 kg,食盐 3 kg,酱油 17.5 kg,白糖 6.25 kg,味精 315 g,黄酒 1.5 kg,酱色 0.5 kg,桂皮 125 g,花椒 125 g,八角 25 g,生姜 375 g,骨汤 100 kg。

(三)加工工艺

1. 原料处理

将洗净的肋排每隔两根排骨斩成条,然后斩成 4~5 cm 长的小块。放入 180~220 ℃的油锅中炸 3~5 min,炸至表面金黄色时捞出。

2. 配料及调味

将香辛料加水熬煮 4 h 以上,得香料水 2 kg,过滤备用。把除黄酒外的全部辅料与过滤后的香料水混合并加热煮沸,临出锅时加入黄酒,每锅汤汁约得 125 kg,趁热装罐。

3. 装罐

内径 99 mm、外高 62 mm 的圆罐,净重 397 g/ 罐,内装排骨 285~295 g,汤汁 112~102 g。

4. 排气及密封

抽气密封,真空度 53.33~66.65 kPa,排气密封中心温度 80 ℃以上。

5. 杀菌及冷却

$$杀菌式为: \frac{15'-90'-反压冷却(反压1.5\sim1.7\,kg/cm^2)}{118\,℃}$$

冷却至 40~45 ℃即可。

(四)质量标准

色泽:酱红至黄褐色。

滋味气味:具有红烧排骨罐头应有的滋味及气味,无异味。

组织形态:肉质软嫩,块形大小均匀,排骨肉层厚度 0.5 cm 以上。

净重:397 g/ 罐。

固形物:排骨加油不低于净重 70%。

食盐含量:1.2%~2.2%。

五、红烧鸡罐头

(一)工艺流程

原料选择→配料及调料→切块→装罐→排气及密封→杀菌及冷却→成品。

(二)原料辅料

光鸡 100 kg,食盐 850 g,酱油 7 kg,黄酒 2 kg,白糖 2.1 kg,味精 120 g,胡椒粉 40 g,生姜 400 g,葱 400 g,香料水 2 kg,清水 15~20 kg。

（三）加工工艺

1. 原料处理

经宰杀后的光鸡，剥除腹腔油和取下皮及皮下脂肪，斩去头、脚和翅尖，用水清洗干净。腹腔油及其他油熬成溶化油备用。

2. 配料及调味

先配香料水，配制方法：桂皮 1.2 kg，八角 0.2 kg，加水适量熬煮 2 h 以上，过滤制成 20 kg 香料水。把鸡坯放入夹层锅中，加入辅料及香料水，一起焖煮调味，嫩鸡煮 12~18 min，老鸡煮 30~40 min，调味所得汤汁供装罐用。

3. 切块

经调味的鸡切成 5 cm 左右的方块，颈切成 4 cm 长的段，翅膀、腿肉和颈分别放置，以备搭配装罐。

4. 装罐

内径 83.5 mm，外高 54 mm 的圆罐，净重 227 g/罐，内装鸡肉 160 g，汤汁 57 g，鸡油 10 g。内径 74 mm，外高 103 mm 的圆罐，净重 397 g/罐，内装鸡肉 270 g，汤汁 112 g，鸡油 15 g。装罐时鸡各部位的肉应进行搭配。

5. 排气及密封

排气密封，中心温度不低于 65 ℃；抽气密封，真空度 53.33~66.65 kPa。

6. 杀菌及冷却

净重227 g罐头杀菌式为：$\dfrac{15'-70'-反压冷却\left(反压1.2\sim1.4\ kg/cm^2\right)}{118℃}$

净重397 g罐头杀菌式为：$\dfrac{15'-80'-反压冷却\left(反压1.2\sim1.4\ kg/cm^2\right)}{118℃}$

冷却至 40~45 ℃即可。

（四）质量标准

色泽：呈酱红色。

滋味和气味：具有红烧鸡罐头应有的滋味和气味，无异味。

组织形态：肉质软硬适度，块形为 5 cm 的方块，搭配大致均匀，允许稍有脱骨现象，每罐允许搭配颈、翅各一块。

净重：227 g/罐、397 g/罐。

固形物：鸡肉（带骨）加油不低于净重的 65%。

食盐含量：1.2%~2.2%。

六、午餐肉罐头

午餐肉罐头为一种肉糜制品，如猪肉、羊肉、牛肉、午餐、火腿午餐肉、咸肉午餐肉等。现以猪肉为例介绍午餐肉罐头的加工技术。

（一）工艺流程

原料处理→腌制→绞肉斩拌→搅拌→装罐→排气及密封→杀菌及冷却→成品。

(二)原料辅料

猪肥瘦肉 30 kg,净瘦肉 70 kg,淀粉 11.5 kg,玉果粉 58 g,白胡椒粉 190 g,冰屑 19 kg,混合盐 2.5 kg(混合盐配料为:食盐 98%、白糖 1.7%、亚硝酸钠 0.3%)。

(三)加工工艺

1. 原料处理

选用去皮剔骨猪肉,去净前后腿肥膘,只留瘦肉,肋条肉去除部分肥膘,膘厚不超过 2 cm,成为肥瘦肉,经处理后净瘦肉含肥膘为 8%~10%,肥瘦肉含膘不超过 60%,在夏季生产午餐肉,整个处理过程要求室内温度在 25 ℃以下,如肉温超过 15 ℃需先行降温。

2. 腌制

净瘦肉和肥瘦肉应分开腌制,各切成 3~5 cm 小块,分别加入 2.5% 的混合盐拌匀后,放入缸内,在 0~4℃温度下腌制 2~4 h,至肉块中心腌透呈红色,肉质有柔滑和坚实的感觉为止。

3. 绞肉斩拌

净瘦肉使用双刀双绞板进行细绞(里面一块绞板孔,径为 9~12 mm,外面一块绞板孔径为 3 mm),肥瘦肉使用孔径 7~9 mm 绞板的绞肉机进行粗绞。

将全部绞碎肉倒入斩拌机中,并加入冰屑、淀粉、白胡椒粉及玉果粉进行斩拌 3 min,取出肉糜。

4. 搅拌

将上述斩拌肉一起倒入搅拌机中,先搅拌 20 s 左右,加盖抽真空,在真空度 66.65~80.00 kpa 情况下搅拌 1 min 左右。若使用真空斩拌机则效果更好,无须真空搅拌处理。

5. 装罐

内径 99 mm,外高 62 mm 的圆罐,装 397 g,不留顶隙。

6. 排气及密封

抽气密封,真空度约 40.00 kpa。

7. 杀菌及冷却

杀菌式为:$\dfrac{15'-70'-反压冷却\left(反压1.5\ kg/cm^2\right)}{121\ ℃}$

冷却至 40~45 ℃即可。

(四)质量标准

色泽:呈淡粉红色。

滋味和气味:具有猪肉经腌制的滋味及气味,无异味。

组织及形态:组织紧密细嫩,食之有弹性感,内容物完整地结为一块,表面平整,切面有明显的粗绞肉夹花,允许稍有脂肪折出和小气孔存在,不允许有杂质存在。

净重:397 g,每罐允许误差 ± 3%。

食盐含量:1.5%~2.5%。

亚硝酸残留量:每千克制品中不超过 50 mg。

第十三章　地区特色肉制品及菜肴加工

第一节　地区特色肉制品加工

一、宁夏手抓羊肉软罐头

手抓羊肉是最具宁夏特色的名小吃之一,有 100 多年的历史,最有代表性的是"老毛手抓"。过去因民间多在沿街摊点出售,顾客向以手抓食之,故得名。宁夏的手抓羊肉选料以地方特有的滩羊为主;在宁夏的贺兰山东麓和鄂尔多斯台地,地势平缓,干旱少雨,年积温高,水质偏碱,牧草种类多而富含多种矿物质,是最具滩羊生长条件的天然牧场。据科学考证,宁夏滩羊是由蒙古羊经过长期自然选择和人工选育而成的优良羊种,其肉色白里透红,不腥不膻,含脂率低,在不同品种中滩羊的胆固醇含量最低,每 100 g 滩羊肉中含 28.82 g 胆固醇,对治疗心血管病有良好的作用。用其制作的手抓羊肉具有鲜、香、嫩三特色。在传统工艺的基础上,采用现代高科技技术,真空包装、二次杀菌,不加任何添加剂,制成的手抓羊肉香醇可口,营养保健,是真正的绿色食品。手抓羊肉的生产,成为宁夏民族特色食品品牌一道亮丽的风景线,开辟了宁夏羊肉产品以国际标准走出国门的通道,并为宁夏羊肉出口奠定了基础。

（一）工艺流程

原料→分割→浸泡→预煮→撇沫→煮制→晾凉→切肉→袋装→真空包装→高温杀菌→保温检验→二次包装→成品。

（二）制作方法

1. 原料要求及整理

以八九个月以上、一岁以下、体重在 20 kg 以上冷却排酸的羯羊为原料,把整只羊从腰部先砍成前后两件,再将前件顺脊椎骨中间劈开,把肋骨砸断,把肉分成前腿、后腿、背子、脖子四大部分。

2. 浸泡

把分割好的羊肉放入浸泡槽中,泡出肉中的血水,夏季浸泡 2 小时,冬季浸泡 4 小时,捞出沥干水分。

3. 预煮与撇沫

清水和羊肉同时加入夹层锅中,水要淹过肉 2 cm 左右,烧开后撇去浮沫,这时要熟练掌握火候,撇沫一定要干净,防止杂味煮入肉中。

4. 煮制

在夹层锅中加入预先准备好的调料包,羯羊肉本身不腥不膻,为了突出本身风味切忌加入过多的香辛料,煮制时火力由旺火改成小火,使鲜香味慢慢溢出,煮制时间约为 2 h,七成熟即可。

5. 晾凉切块

晾凉后切块羊肉不碎不散,易成型,手抓羊肉在切肉上非常讲究,前后腿、脖子去骨切成块,肋骨肉顺肋骨切成长条,并带骨备用。做到肥瘦相间,不能过肥过瘦,这样切出的肉才好看。

6. 装袋封口

每袋羊肉 300 g,按前后腿、肋条、脖子肉比例进行装袋,其中肋条肉带骨,为防止骨茬刺袋,在装袋时应放在中间。

7. 杀菌

杀菌公式为: $\dfrac{10'-30'-15'}{121\ ℃}$

冷却要冷透,以防余热对内容物继续作用,尽量排除袋内的空气,防止杀菌时涨袋。严格按操作规程操作,注意压力变化,袋内真空度应达到 0.08~0.1 MPa。

8. 检验

经保温检验后将损坏的拣出处理,其余单层码放在架板上吹风至室温待用。

9. 调料包

与肉装在一起的还有调料包,吃手抓肉有一句格言:"吃肉不吃蒜,味道减一半"。宁夏枸杞醋按配比加入 2% 精盐、10% 红皮蒜瓣入锅烧沸,捞出蒜瓣凉至 80 ℃加入味精搅拌均匀再装袋。

(三)质量标准

1. 感官指标

脂肪呈白色,肌肉呈粉红色。气味芳香浓郁,不膻不腻、清新爽口、回味绵长。组织紧实、有韧性,块形整齐、不散碎。

2. 理化指标

净重(300±2 g),不加汤汁,食盐含量 2.0%~2.5%,制品中 Sn ≤ 200 mg, Cu ≤ 5 mg, Pb ≤ 1 mg, As ≤ 0.5 mg;不加任何添加剂。

3. 微生物指标

成品符合罐头食品的商业无菌要求。

(四)注意问题

装袋时如脂肪过少,产品缺乏应有的香气和口感,但如稍多一些,杀菌后会出现很多的融化油凝结物黏附在袋内,影响产品感官,所以要适当控制产品的含脂率。

肋条肉食用时带骨会让消费者更加满意,但为了防止真空包装时刺破蒸煮袋,每包不应加入太多,并且应夹在肉块之间,其余部位均不带骨。

该产品适合热食,带袋加热后,油脂融化,气味芳香,色泽鲜亮,不存在感官差的问题,但不能将铝箔袋直接置入微波炉内,如进行油煎,多余的脂肪可挤出,这样口感更加醇厚,口有余香,该产品也可冷食,但口味欠佳。

二、软包装西式酱牛肉的制作

酱卤牛肉制品是我国传统的风味肉制品,各地都有生产,风味各异。由于其瘦肉含量高,营养丰富,口味鲜美,一直深受广大消费者的欢迎。但传统的牛肉制品一般都是散售的,保质期太短,流通起来很不方便,为了方便消费,现在很多生产厂家一般都将酱卤牛肉制品进行包装,二次灭菌。这样产品的保质期就大大地延长,保质期可延长至半年甚至一年,方便了流通。

1990 年后,随着盐水注射机和滚揉机的引进,开始在酱牛肉生产中应用。通过盐水注射和滚揉后再按常规工艺流程进行加工,酱牛肉的出品率能从原来的 50%~60% 增加到 80%~90%,甚至更高。这样可以降低成本,为厂家赢得更多的利润空间,因此改良后的酱牛肉加工方法被一些生产企业看好。改良后的酱牛肉的品质与传统酱牛肉相比,口感要嫩,且出品率越高越嫩。传统的酱牛肉肉感强,有较强的咀嚼抵抗力,俗称有嚼头;改良后的酱牛肉会稍微降低咀嚼阻力,口感稍嫩一点,要比传统酱牛肉更适合现代人的喜好。

(一)工艺流程

原料选择与修整→盐水注射→滚揉→煮制→装袋→灭菌→二次包装→成品。

(二)配方(按 100 kg 牛肉计算)

香辛料:老姜 500 g、草果 80 g、八角 50 g、桂皮 40 g、花椒 60 g、山奈 40 g、白芷 30 g、草寇 30 g、砂仁 20 g、食盐 3 kg、磷酸盐 0.3 kg、硝酸盐 50 g、香料水 35 kg、白糖 2 kg、味精 0.2 kg。

(三)加工工艺

1. 原料肉选择与修整

选用鲜、冻牛肉,然后整理修割掉杂质、污物等,将牛肉切成每块 0.5~0.7 kg 的肉块备用。

2. 香料水的熬制

将上述配方里的香辛料用纱布包好,放入 90~95 ℃的热水中熬制 1.5 h 左右,降温至 40 ℃以下,放入 0~4 ℃的冷库备用。

3. 盐水配制、注射、滚揉

特定量的盐、味精、磷酸盐、硝酸盐、糖等按顺序溶于 0~4 ℃香辛料水中,要求注射液状态均匀,无结块沉淀,注射温度为 4~6 ℃。然后将整块牛肉注射,注射率 25%~30%,注射后的牛肉放入滚揉机,以 8~10 r/min 的转速滚揉,滚揉时的温度应控制在 10 ℃以下,滚揉时间为 6~8 h。

4. 煮制

在夹层锅只加入清水,不用老汤,倒入滚揉好的牛肉煮制,要求锅内的水淹没牛肉为适度,先大火煮 10 min 左右,牛肉放入水里煮至肉变色肉质紧致时撇净汤中的浮沫。然后文火焖煮,保持在 80~90 ℃,大约 1.5 h,煮制期间要求不定时搅动,并撇除料汤表面的浮沫。煮制至牛肉块中心无血丝即可。

5. 控水、称量、装袋

将牛肉捞出后,用复合铝箔袋将煮制产品称量包装,用真空封口机封口,要求真空度 0.1

MPa,热合时间 20~30 s。

6. 灭菌

采用高温灭菌锅,保温压力为 0.25~0.3 MPa,温度为 121 ℃,冷却时反压降温,杀菌的时间随产品规格大小确定。出锅温度要求降到 40 ℃以下后方可出杀菌锅。

7. 二次包装、成品

产品出锅后,擦拭掉外包装上的水,量常温下恒温检验 1 周左右,去掉漏气胀袋的产品,然后装入外包装袋,封口,装箱入库。

三、烤羊肉串

烤羊肉串用孜然和辣椒面调味,以无明火烤制,边烤边调味。

(一)配料

羊肉(瘦)2 kg、洋葱(白皮)150 g、盐 40 g、辣椒粉 30 g、孜然 50 g、食用油 60 g。

(二)工艺要点

1. 选料

选用经阿訇监督屠宰、符合卫检要求的鲜嫩盐池羊肉,去掉筋膜、洗净血水、晾干。在做羊肉串时取羊后腿,因其肉精、肥瘦相宜。

2. 腌制

取净羊后腿肉,放入清水中漂洗干净,滤干水分后,切成直径 5 cm、厚约 1 cm 的块,用洋葱、盐腌制 30 min。

3. 穿制

取竹签一根,左手拿肉平放,将竹签从肉的背面穿入、正面穿出,再从正面的中间位置穿入背面,最后从正面穿出,尽可能将肉穿得平整,厚薄均匀。每串肉肥瘦搭配。

4. 烤制

将串好的羊肉串放在铁槽上,用木炭无明火烘烤,烤约 5 min,肉片表面出油,开始萎缩时,撒上精盐、辣椒粉、孜然粉等调料,并刷油、迅速翻转,将另一面也撒上调料,继续烘烤数分钟,即为成品。

(三)关键要点

①原料要肉多或肥瘦相间、剔净筋膜使成品软嫩可口,带筋者烤制后咀嚼不动。羊后腿较好,前腿次之,不宜选肚档、羊脖等部位。

②切块不宜太大,太大不宜成熟,烤制时间长了羊肉发干发柴;切得太小,易焦。

③腌制时不宜加味精、嫩肉粉等致鲜、制嫩物质,因温度过高会使味精、嫩肉粉等变质,影响口味。

④烤时一定要无明火,最好是不冒烟的炭火。除了羊肉之外,其他如羊肚、羊心、羊肝、羊腰、羊肠等也可如法炮制,但在加工处理上稍有区别。

⑤孜然粉是新疆特产调味香料,研成粉后有一股特殊芳香味。

（四）产品特点

烤羊肉串肉色红润，外部焦脆，味香鲜嫩，不膻不腥，孜然味浓，带有微辣，颇具有民族特色。

四、烤全羊

烤全羊原本是新疆少数民族，尤其是维吾尔族人民传统地方风味肉制品，是最富有民族特色的肉制品，是该民族千百年来游牧生活中形成的传统佳肴，其风味可以和北京的烤鸭媲美，也是当下中原人非常喜食的肉制品。烤全羊是目前肉制品饮食中最健康、最环保、最绿色的肉制品；烤全羊外表金黄油亮，外部肉焦黄发脆，内部肉绵软鲜嫩，羊肉味清香扑鼻，颇为适口，别具一格。

（一）工艺流程

选料→屠宰→清洗→浸泡→穿铁棒→挂糊→烘烤（金黄色）→成品。

（二）工艺要点

1. 选料、屠宰、清洗

选用新疆阿勒泰羯羊，以胴体重量达 10~15 kg 为宜。屠宰放血，剥皮，去蹄和内脏。除内脏时，腹部宜开口小一些，小心掏尽内脏，洗净血污及内脏肠道等污物并控干羊体多余水分，用尖刀将后腿肉顺大骨切开，将肉改刀成条状（容易入味成熟）。

2. 穿铁棒

取出浸泡的羊，用一根直径 4 cm，长约 1.5 m（根据馕坑的高低决定长短）的铁棒，从头至尾由羊的胸腔穿过，经胸腔、骨盆，由其肛门露出，使铁棒一端的铁钩刚好卡在颈部胸腔进口处，倒立 20 min 吹干表面水分。

3. 事先的准备工作

事先将搭好的烤羊馕坑（新疆特产的一种，高 1~2 m 的无锥尖中空圆锥形土坑，内可烧明火，维吾尔、哈萨克等民族习惯在坑内壁烤制一种被称为馕的洋葱芝麻面饼作主食日常食用），上面可安装抽烟机以便排烟，馕坑内用果木炭或无烟煤烧至炙热（内温度约 300 ℃）后待用。

4. 挂糊、烘烤

控干水分的羊迅速地挂均糊，头部朝下入馕坑离火近的地方烤约 2 min（给羊表面的糊定型定色）取出，将燃烧的火着净烟用一块铁板盖住不要见明火（防止烤羊过程中羊油溢出将羊烧焦），也不能让火熄灭，第二次将羊放入，铁棒要紧靠馕坑边的铁钩（防止滑落），再将盆内的盐水撒入馕坑并迅速盖上盖子（盖子用铁板做成，速度要快而且熟练以防烫伤），并用温棉布密封坑盖，焖烤 1.5 h 左右（这时馕坑的温度会下降到 100 ℃ 之内），揭开坑盖观察，当羊肉呈现白色，羊身红亮时即已烤熟，羊头可另外烤制。

（三）产品特点

羊外表金黄油亮，外部肉焦黄发脆，内部肉绵软鲜嫩，羊肉味清香扑鼻，颇为适口，别具一格。

（四）技术关键

①选羊不能太大，要选用羯羊（这种羊没别的羊膻味浓）；

②调制糊时辣椒粉、孜然粉不能太多，多了成品会发黑；

③料水是将土芹、胡萝卜、青椒、香菜、皮牙子（新疆人对洋葱的叫法，这种洋葱不辣带有甜味）各 200 g 切碎入桶内加水，孜然粒中火煮 1 h 过滤即可；

④调制的糊以提起成流水线即可，太稀或太稠自接影响成品的色泽、口感；

⑤在烤制时撒入盐水的作用是水分受热可转变成水蒸气，增加馕坑的温度，加速全羊的全身成型、熟化；

⑥馕坑地方性很强，也可用大型烤箱代替。

（五）工艺改进

近年来，随着烘烤技术的提高和调味料配方的改进，一些酒店或地方特色肉制品生产企业对烤全羊的传统工艺进行改进，如采用电热远红外热源或明熔炉、暗烤炉烧烤。烧烤时可免人工，让全羊能定时自动转动，使其受热均匀，成品肉的光泽、着色度更好。

五、宁夏羊肉臊子软罐头的制作

宁夏羊肉臊子的制作以滩羊肉为主料，为使产品更富有营养价值，加入稀有的美味山珍贺兰山蘑菇，其气味醇香，内含丰富的蛋白质、多种氨基酸、菌糖、脂肪、维生素和人体所需的钾、铁、钙、磷、镁等多种微量元素；在原料炒制时，利用被称为"西北油盆"宁夏生产的胡麻油（此油为油中上品），并配以多种名贵香料，使产品独具特色；经软包装后，方便、快捷。此产品投放市场后，受到区内外回、汉族群众的一致好评，并为宁夏羊肉开拓国内外市场开启了新的篇章。

（一）制作方法

1. 工艺流程

（1）浓缩羊骨汤制备的工艺流程

羊骨→清洗→斩断→清洗→入蒸煮锅加水→大火蒸煮→撇去浮沫→加配料→文火蒸煮浓缩→过滤→浓缩羊骨汤。

（2）羊油的制备工艺流程

羊油脂→清洗→切分→大火加热翻炒→加配料→文火炼制→过滤→羊油。

（3）羊肉臊子汤料制备工艺流程

羊肉→解冻→分割选肉→切丁→大火炒制→加配料→加羊骨汤→文火炖制→包装→杀菌→冷却。

2. 工艺操作要点

（1）原料选择与整理、切块

选用新鲜的摊羊肉，以前后腿的瘦肉为佳，将原料肉脂肪剔去备用、剔除筋膜，然后洗净沥干，切成 0.5 cm³ 肉丁。

（2）加胡麻油

胡麻油下铁锅烧至八成热,倒入肉丁炒至断生,并继续炒干肉中的水气,直到炒出香味为止。

（3）加蘑菇

蘑菇切成口 3 cm³ 的丁,并尽量留用蘑菇柄,挤干水分倒入肉中混匀。

（4）油泼辣椒

剔肉剩下的脂肪入铁钳中炼油,炼制完毕置盆中,冷却至六成热时加入辣椒粉制成羊油辣椒;为了增加香气和口感,隔夜再用。

（5）熬汤

剔肉剩下的羊骨放入夹层锅,部分香辛料用纱布包好一同放入熬制汤料,小火熬制 2 h 以上,制成浓缩汤料。

（6）装袋

用漏斗将混匀称好的羊肉臊子倒入袋中,净含量可是 150 g 或 200 g 装袋时尽量不污染袋口,以防密封不严。

（7）密封

用真空包装机密封,热封温度 165 ℃,热封时间 3~4 s,真空度 0.08~0.1 MPa。

（8）高温杀菌

杀菌式为:$\dfrac{55'-25'-3'}{121\ ℃}$

（9）保温实验

杀菌后置 37 ℃环境中保温 7 d,观察其变化,经多次实验得出结论,真空包装及高温杀菌是保证产品质量的两个关键所在。首先,经真空包装后的袋子的封口边一定要平整,没有皱褶,不能被污染,否则极易漏气,即使杀菌再彻底,也无济于事;其次,包装时真空度一定要达到要求,如袋内残留空气太多,杀菌过程中气体受热膨胀,就会造成胀袋或爆装;最后,杀菌一定要彻底,杀菌锅内的产品一定不能装得过满,不能影响蒸汽流通,使传热均匀,且水要淹没产品,采用水浴加压方式杀菌,杀菌完毕后的降压和降温过程中,采用空气反压降温冷却,以避免胀袋或爆袋。

（二）注意事项

1. 煮制要求

用"高压杀菌"缩短了羊肉煮制时间,羊肉在加热时发生蛋白质热变性,胶原熟软、热解、脂肪熔化以及浸出物和维生素损失等一系列变化,这时产品产生相应的滋味、香味、颜色和熟化等变化,煮制时尽量加浓缩汤料,使制品味香浓,口感软硬适中。

2. 货架期

常温贮藏时货架期为 6 个月,在低温如 -18 ℃时为 12 个月,如在贮藏中发生涨袋现象,应立即停止食用。

3. 综合利用

在制作羊肉臊子时,所加汤料全用羊骨熬制,不仅使香味浓郁,而且使剔肉剩下的骨头也得到充分利用,降低成本,提高产品质量。剔肉剩下的羊油制成油泼辣椒,使产品独具特色。

六、宁夏全羊杂碎软罐头

羊杂碎是一道著名传统小吃,宁夏区内各地均有制作,以吴忠市的制作独特、历史悠久而素负盛名,其特点是红润油亮,肉烂汤辣;红绿白三色相间,色彩绚丽,飘香诱人。故又称吴忠风味羊杂碎。在宁夏回族自治区,羊杂碎既是风味小吃,又是宴席上人们喜爱的传统名肴。

(一)工艺流程

1. 全羊杂碎的生产工艺流程

原料整理→浸泡→停水→配料煮制→切分→称量→(浓缩汤汁)装袋→真空包装→高温反压杀菌→二次包装→成品。

2. 香油包的生产工艺流程

羊油→高温炼制→倒入辣椒粉→灌装→辣椒包。

3. 香菜包的制作

香菜、香葱、蒜末→清洗→切分→晾干→真空冷冻干燥或常温干燥→装袋→成品。

(二)操作要点

1. 原料加工

(1)羊肺的处理

将羊肺用清水灌洗数十次,直到把粉红色的羊肺洗得发白,然后把羊的小肚套在肺的气管上,共用线缝合上,往里灌面糊枒。面糊灌之前要洗出面筋,然后灌入清油、盐、孜然粉调成汁,然后去掉小肚(小肚起漏斗的作用),扎紧气管,放入水中煮 2 h 左右。另外洗出的面筋也不浪费,卷成羊肠子的形状,用细线捆扎,放入锅中同面肺一起煮。

(2)羊头、羊蹄的处理

把羊头、羊蹄用火把毛烧焦。然后用刀把烧焦的毛刮掉。把羊蹄的壳用刀撬下来。再把羊头、羊蹄放进火炉里烧一遍,成为黑焦壳,再用开水烫一遍。然后用铁丝球把残毛、黑焦壳刷一遍,露出没有毛的羊头、羊蹄。用斧头把羊下巴切成两半,用刀割下烧焦的肉。

(3)羊肚的处理

先用凉水洗净肚子内的脏物,再用开水烫肚子,剥下来扔掉。接着把羊肚洗干净。

(4)煮制

把肥肠用筷子里外翻一个个儿,洗净备用。用凉水把羊肝、羊心泡一遍,再加入羊头、羊蹄、羊肠,用开水煮 1 h。

2. 切条

将煮制成七成熟的羊头、羊蹄去骨切分,羊肚、羊心、羊肝、羊肺均切成厚薄粗细均匀的线条备用。

3. 浓缩汤汁

把煮制内脏、羊头、蹄的汤汁用小火慢慢熬制,直到汤浓稠、色白时加入一定量的卡拉胶,冷却备用。

4. 称量装袋

按照羊心、肝 20%,羊头、羊蹄 20%,面肺 30%,羊肚、肠 10%,浓缩汤汁 20% 的配比装袋。

5.真空包装

用复合铝箔袋将煮制产品称量包装,用真空封口机封口,要求真空度 0.1 MPa,热合时间 20~30 s。

6.高温反压杀菌

采用高温灭菌锅,保温压力为 0.25~0.3 MPa,温度为 121 ℃的时间随产品规格大小确定。出锅温度要求降到 40 ℃以下后方可出锅。

7.二次包装

产品出锅后,擦拭掉外包装上的水、灰垢等,置常温下恒温检验 1 周左右,去掉漏气涨袋的产品,然后连同辣椒包、香菜包装入外包装袋,封口,装箱入库。

(三)质量控制

①本产品按照正宗全羊杂碎的做法,用主料即心、肝、肺,副料即肠、肚、头蹄肉制作。其中羊肠用来生油,羊肚用来生味,头、蹄肉用来架碗充数。

②本产品加入 20% 的浓缩汤汁,使其风味更加浓郁丰厚,但加入过多会造成封口时汁液的流出,封口困难。在抽真空时不能达到要求的真空度。

③羊杂碎的制作选料要精良、配方要独特、工艺要科学、即用的烹饪方法,又利用现代的生产工艺。使其色泽怡人、口味纯正、味香清而醇厚,汤汁肥而不腻,营养丰富,食用便捷,易于消化吸收,食用后回味无穷。经加工后使传统的小吃走出了作坊巷铺,步入商超豪门及连锁大户。

第二节　地区特色肉品菜肴

一、清炖盐池滩羊肉

主料:盐池滩羊(脖排、肋排、腿肉等均可)。

配料:宁夏枸杞、宁夏同心红葱、干辣椒、鲜姜、蒜瓣、精盐、花椒、青萝卜、冬瓜、粉条。

制作方法:

①精选的盐池滩羊肉用清水冲洗 2~3 遍,捞出。

②羊肉放入锅中加冷水（水要漫过肉块）烧开,打去浮沫,然后加入枸杞、花椒、葱段、鲜姜、蒜瓣、置小火炖 30~50 min。加入精盐,再小火炖 10 min。

③加入提前泡软的粉条、青萝卜、冬瓜块至熟后适当调味,盛盆食用,如图 13-1 所示。

特点:汤清、肉烂、鲜香味醇、营养丰富。

功效:补气养血,养容养颜。

二、滋补滩羊脖

主料:滩羊颈排。

配料:黄芪、党参、鲜姜、宁夏同心红葱、精盐、花椒。

制作方法:

①将滩羊颈排,放入适量冷水中煮沸（切记不可盖锅盖）。

②撇去血沫,将黄芪、党参、放入锅内,鲜姜、葱段、花椒、用慢火同煮 1 h 左右,待肉熟加盐,盛盆食用,如图 13-2 所示。

功效:本菜有很好的保健食养作用,有明显的补气、健脾开胃、补肾增精、扶赢愈疮功效,是病后气虚食补的佳品。

图 13-1　清炖盐池滩羊肉

图 13-2　滋补滩羊脖

三、宁夏碗蒸羔羊肉

主料:滩羊羔羊。

配料:大葱、鲜姜、香菜、盐、花椒粉、八角粉、料酒。

制作方法:

①羊羔肉带骨剁成小块,放入水中浸泡去掉血水。

②倒入料酒,加精盐,撒花椒粉、大料粉拌匀后放入碗里。

③蒜切片,鲜姜切片或切丝,大葱切碎,和羊肉充分拌匀,腌制 2 h。

④然后上笼蒸,蒸前上面放入葱段,先大火 20 min,中火 20 min 即可。

⑤吃时可撒上香菜,宁夏当地人一般配米饭或干粮馍食用,如图 13-3 所示。

四、宁夏手抓滩羊肉

主料:滩羊肋条肉。

配料:宁夏同心红葱、宁夏枸杞、花椒、姜、精盐、胡椒、蒜泥、食醋、香叶。

制作方法:

①将羊肋条切成条放入冷水中冲洗,去掉血水。

②葱切段,姜切片备用。

③将锅中加水放入冲洗过的羊肋条,大火烧开,撇去浮沫。

④加枸杞、葱段、姜片,花椒,香叶,改用小火煮 1.5 h。

⑤待肉质软烂,捞出装盘,撒入食盐,放置晾凉。

⑥取一个小碗加蒜泥、食醋、油泼辣椒调匀,食用时蘸取蘸料即可,如图 13-4 所示。

图 13-3　宁夏碗蒸羔羊肉

图 13-4　宁夏手抓滩羊肉

五、烤羊腿

主料：羊后腿。

配料：盐、胡椒粉少许、黑胡椒、胡萝卜适量、芹菜适量、羊肉汤、油少许。

制作方法：

①将羊后腿洗干净，整块撒上盐、胡椒粉、黑胡椒粉末，然后用刀尖把羊肉扎几刀，依次放入大蒜瓣，放入烤盘。

②把胡萝卜、芹菜切片，一起放入油锅里炒出香味，撒在羊腿上，然后放入烤箱。

③烤至七成熟取出羊腿，把原汁用刷子过滤，加少许羊汤调好口味。

④上桌时，羊腿切片装入盘中，浇上原汁即可，如图 13-5 所示。

六、烩牛羊肉

主料：牛羊肉、土豆粉条。

辅料：花椒、姜片、盐、大葱、香菜、干红辣椒。

制作方法：

①煮牛羊肉时切大块，冷水下锅，锅开后改小火，撇净浮沫。

②放入花椒，生姜，干红辣椒、葱等小火炖至九成熟。

③煮好的牛羊肉晾凉切大薄片备用。

④炒锅上火，加入牛羊肉原汤，再加入备用切好的牛羊肉，放入头天晚上泡好的土豆粉条，大火烧开，加入适量葱花，香菜，蒜末，关火。

⑤出锅后，爱吃辣椒的可加入油泼辣椒调味，即可食用，如图 13-6 所示。

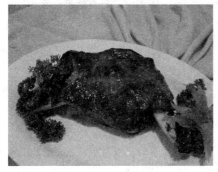

图 13-5　烤羊腿

图 13-6　烩牛羊肉

七、宁夏辣爆羊羔肉

主料：宁夏盐池羊羔肉。

配料：青红圆椒、羊角椒、粉条、大葱、鲜姜、八角、草果、干红椒、辣椒面、花椒粉、酱油、盐、料酒。

制作方法：

①羊羔肉洗净切小块，青红圆椒、羊角椒去蒂切片，粉条泡水、葱切段、姜切片备用。

②炒锅中放入适量胡麻油，羊羔肉下入锅内煸炒至断生，依次放入花椒粉、辣椒面、干辣椒、葱姜、盐、酱油、料酒，翻炒。

D 加青红圆椒、羊角椒，粉条继续煸炒 2~3 min，即可出锅，如图 13-7 所示。

八、宁夏烩羊杂碎

主料：新鲜羊杂碎 1 副，包括羊头、羊肚、羊肠、羊蹄、羊心、羊肝、羊肺。

辅料：香菜、葱、姜、蒜苗、精盐、味精、辣椒油、羊肉汤。

制作方法：

①羊头、羊蹄用火烧尽残毛，羊肠、羊肚翻去残渣，洗干净。

②羊头、羊蹄洗净后连同羊心羊肝一起下锅煮熟，拆去骨头，分别切成条或段。

③羊肺用洗去面筋的稀面糊灌好后，也下锅煮熟，切成长条。

④将切好的各种熟料放在羊肉汤里略煮片刻，撒上蒜苗、香菜，滴上辣椒油盛碗即成，如图 13-8 所示。

图 13-7　宁夏辣爆羊羔肉

图 13-8　宁夏烩羊杂碎

第十四章　肉品生产中质量控制体系

第一节　肉品质量安全控制体系概述

一、GMP 与肉品质量安全

肉品是人类营养膳食的重要组成之一。随着口蹄疫、疯牛病、禽流感等动物疾病以及肉品中兽药、农药、瘦肉精、微生物、重金属元素含量超标等一系列食品安全问题的出现,肉品的质量安全已引起人们的高度重视。为了保证肉品的质量与安全,必须要制定出控制肉品生产整个过程的一套科学的管理操作规范,即良好生产规范(Good Manufacturing Practice,GMP)。

(一)GMP 的产生和发展

GMP 是为保证食品安全、食品质量而制定的贯彻食品生产全过程的一系列方法、监控措施和技术要求。GMP 来源于药品生产。第二次世界大战以后,人们在经历了数次较大的药物灾难之后,逐步认识到以成品抽样分析检验结果为依据的质量控制方法有一定的缺陷,不能保证生产的药品都做到安全并符合质量要求,美国于 1962 年修改了《联邦食品、药品、化妆品法》,将药品质量安全管理和质量保证的概念制定成法定的要求。1963 年,美国食品药品管理局(Food and Drug Administration,FDA)颁布了世界上第一部药品的"良好作业规范"(GMP),实现了药品从原料开始直到成品出厂全过程的质量控制。1969 年 FDA 制定了《食品良好生产工艺基本法》,开创了食品 GMP 的新纪元。世界卫生组织(World Health Organization, WHO)建议各成员国的药品生产采用 GMP 制度,以确保药品质量,同时美国(FAD)又将 GMP 的观点引用到食品的生产法规中,制定了《食品制造、加工包装及贮存的良好工艺规范》(CGMP)。随后 FDA 以陆续制定了低酸度罐头食品、瓶装饮用水、辐照食品和冻虾等几类食品的 GMP。同年,由 FAO(Food and Agriculture Organization,联合国粮食及农业组织)和 WHO 共同建立的 CAC(Codex Alimentarius Commission,国际食品法典委员会)也开始采纳 GMP,并着手研究和收集各类食品的 GMP,并将其作为国际规范推荐给各成员。继美国之后,日本、加拿大、新加坡、德国、澳大利亚以及中国台湾等都在积极推行食品 GMP,目前,CAC 一共有 41 个 GMP,为解决国际贸易争端提供重要参考依据。1988 年,我国开始正式推广 GMP 标准,目前,经过 GMP 认证的食品种类有近 30 多种,如糖果、饮料、茶叶、食用油、面粉、罐装食品、水产品、肉品等。目前,世界上许多国家都在逐步制定和完善 GMP 的管理制度,并将 GMP 应用于各种食品的质量控制与管理,GMP 在中国是强制性的。我国于 1998 年由卫生部发布了《膨化食品良好生产规范》和《保健食品良好生产规范》,这是我国首次颁布的 GMP 管理制度。

(二)GMP 与食品安全和质量控制

根据食品良好生产规范(GMP)管理方式制定和实施的食品制造标准,突出体现了各种污染的防止,主要着眼于使用的各种原材料和食品生产每一工序中产品安全性的保证。为了避免食品中附着和混入杂物、重金属、残留农药、可引起食品中毒的病原菌或有损于食品质量的微生物,必须采取有效措施,切实防止来自工厂设施、操作环境、机械器具、空中沉降细菌和操作人员等方面的污染,加强工艺技术方面的管理、实行双重检查、建立各工艺的检验制度和质量管理制度、误差的防除措施、商标管理、管理记录的保存。

1. 人员的要求

质量管理对生产企业至关重要,不仅要有经验丰富、素质过硬的管理队伍,而且要有一定数量有专长、技术超强的高、中级专业技术人员。食品企业生产和质量管理部门的负责人应能按规范中的要求组织生产或进行质量管理,能对食品生产和质量管理中出现的实际问题做出正确的判断和处理。从业人员上岗前必须进行卫生法规教育和技术培训,技术和管理人员应接受高层次的专业培训,并取得相关合格证书。

2. 企业的设计与设施要求

(1)厂房环境

工厂不得建造在易遭受污染的区域,不宜建设在污染源的下游河段,要选择地势干燥、交通方便、水源充足的地区。厂区周围、厂房之间、厂房与外缘公路之间应设绿化带,厂房道路应采用混凝土、沥青等硬质材料铺设,防止积水及尘土飞扬。

(2)厂房及设施

要求工厂布局合理,地面平整,屋顶或天花板表面光洁、耐腐蚀,便于洗刷、消毒,车间内的墙壁应采用无毒、非吸收性、易清洗的浅色材料粉刷,以利于清洗消毒;制造、包装及储存场所要有良好的通风装置,配置足够的卫生设施,排水设施畅通;有充足的照明设施等。

(3)设备、工具

凡接触食品物料的设备、工具、管道,必须选用无毒、无味、抗腐蚀、不变形、易洗涤消毒的材料制作;设备和工具设计要合理,以减少食品碎屑、污垢及有机物的囤积;生产设备应排列有序,使生产顺利进行,并避免交叉污染;用测定、控制或记录的仪器,要定期维修。

3. 质量管理

食品企业必须建立相应的质量管理机构,专门负责生产全过程的质量监督管理,要求食品企业,贯彻预防为主的原则,实行全过程的质量管理,消除生产不合格产品的种种隐患,做到"防患于未然",逐步形成一个包括市场调研、产品研制和生产、质量检验等过程的质量保证体系,确保食品安全。

(1)制定和执行"品质管理标准",建立完善的登记和内部核查制度

"品质管理标准"由管理部门制定,经生产部门认可后实施。按照内部检查制度,定期校正生产中使用的计量设备(如温度计、压力计、称量器等)。对获得的品质管理记录资料要进行必要的统计处理,以便及时发现管理中存在的问题和漏洞。

（2）严把原材料质量关，防止劣质原材料进入生产

按照品质管理标准的要求制定详细的原材料质量指标、检验项目、抽样及检验方法等并严格执行，同时要做好原始记录。每批原料及包装须经检验合格后，方可进厂使用。准许使用的原材料，应遵循先进先出的原则。食品添加剂应设专柜贮放，由专人负责管理，注意领取材料程序正确，对使用的种类、批准文号、进货量及使用量建立专册记录。生产用水必须符合一定的卫生要求，并定期进行质量检测等。

（3）重视生产过程的质量管理

根据生产企业的特点，制定生产过程中的检验指标和检验标准、抽样及检验方法，并保证在各生产环节严格执行。各种计量设备要校正无误。配制原料要有良好的外观性状，无异味，并严格按照配方准确量用。生产用水要进行必要的卫生处理。对半成品的各项指标也要进行准确检验，以便及时发现存在的问题。生产过程要严格控制时间、温度、压力、酸碱度、流速等理化指标，防止食品受微生物污染而腐败变质。

（4）成品的质量管理

在品质管理标准手册中，应明确规定成品的质量标准、检验项目及检验方法。每批成品应预留一定数量样品进行保存，必要时做成品稳定性试验。每批成品均须进行质量检验，不得含有毒或有害人体健康的物质，并应符合现行法规产品卫生标准，不合格者，要妥善处理。

4.成品的贮存与运输

成品贮存方式和环境应避免阳光直射、雨淋、撞击，以防止食品的成分、质量及纯度等受到影响。仓库应有防鼠、防虫等设施，定期整理、清扫、消毒，仓库出货应遵循先进先出的原则。检验不合格的成品不得出库。

运输工具应符合卫生要求，要根据产品特点配备相应的保护设备，以及防雨、防尘、冷藏、保温等设备。

装运作业应轻拿轻放，防止强烈振荡、撞击，防止损伤成品外形；并不得与有毒有害物品混装、混运。并做好仓储和运输记录，包括成品存量及出货批号、时间、地点、对象、数量等。

5.其他要求

食品标识应符合《食品标签通用标准》的规定。做好成品售后质量跟踪检查工作，发现有质量问题者，应及时回收，并对顾客反馈意见进行妥善处理。

（三）认证程序

1.GMP的认证程序包括

申请受理→资料审查→现场勘验评审→产品抽验→认证公示→颁发证书→跟踪考核。

2.认证标志及编号

（1）标志

食品GMP认证标志出"OK"手势和笑脸组成（见图14-1）。"OK"手势代表安心，表示消费者对认证产品的安全和卫生非常安心；笑脸代表满意，表示消费者对认证产品的品质非常满意。

图 14-1 食品 GMP 认证标志

（2）编号

食品 GMP 认证的编号中 9 个数字组成。其中,编号 1、2 两个码代表认证产品的类别;3~5 码为工厂编号,表示认证产品的制造工厂取得该产品类别认证的先后序号;6~9 码为认证产品的编号,表示取得该类产品认证的序号。食品 GMP 认证编号采取生产线认证和产品认证法,每一项认证产品都有其专门的食品 GMP 认证编号。

（四）GMP 在肉类食品生产中的应用

世界各国的 GMP 内容基本相似,主要包括食品企业的厂房、设备、卫生设施等方面的技术要求,以及可靠的生产工艺、规范的生产行为、完善的管理组织和严格的管理制度等。肉类食品生产中的 GMP 主要体现在环境卫生的控制,厂房设计、设施的要求,原料及生产加工过程的要求,厂房设备的清洗、消毒,产品的贮存、运输、销售,人员的要求及相关文件等方面。

二、SSOP 与食品质量安全

（一）SSOP 的产生与发展

SSOP 是卫生标准操作程序（Santantion Standard Operation Procedures）的简称,是食品企业为了满足食品安全的要求,在卫生环境和加工过程等方面所需实施的具体程序,是实施 HACCP 的前提条件。

20 世纪 90 年代美国的食源性疾病频繁爆发,造成每年大约 700 万人次感染,7 000 人死亡。调查数据显示,其中有大半感染或死亡的原因和肉禽产品有关。这一结果促使美国农业部（USDA）不得不重视肉、禽生产的状况,决心建立一套包括生产、加工、运输、销售所有环节在内的肉禽产品生产安全措施,从而保障公众的健康。1995 年 2 月颁布的《美国肉、禽类产品 HACCP 法规》（9CFR Part 304）中第一次提出了要求建立一种书面的常规可行的程序——卫生标准操作程序（SSOP）,确保生产出安全、无掺杂的食品。但在这一法规中并未对 SSOP 的内容做出具体规定。同年 12 月,美国 FDA 颁布的《美国水产品 HACCP 法规》（21CFR Part 123，1240）中进一步明确了 SSOP 必须包括的八个方面及验证等相关程序,从而建立了 SSOP 的完整体系。从此,SSOP 一直作为 GMP 和 HACCP 的基础程序加以实施,成为完成 HACCP 体系的重要前提条件。此后,SSOP 一直作为 GMP 或 HACCP 的基础程序加以实施,成为完成 HACCP 体系的重要前提条件。

（二）食品卫生标准操作程序（SSOP）

食品企业 SSOP 的制定主要是为了达到 GMP 中所规定的关于食品环境、卫生方面的要求,指导食品厂生产过程中如何实施清洗、消毒以及对卫生的保持。SSOP 没有 GMP 的强制性,它是企业内部的管理性文件。但 SSOP 的规定有具体性,主要是指导卫生操作以及卫生管理的具体实施。制订 SSOP 计划的依据是 GMP,GMP 是 SSOP 的法律基础。制定和执行 SSOP 的最终目的是使企业达到 GMP 的要求,生产出安全卫生的食品。

1. 水和冰的安全

生产用水（冰）的卫生质量是影响食品卫生的关键因素。食品加工企业一个完整的 SSOP 计划,首先要考虑与食品接触或与食品接触物表面接触的水（冰）的来源与处理应符合有关规定,并要考虑非生产用水及污水处理的交叉污染问题。

①食品加工厂必须采用符合国家饮用水标准的水源。对于自备水源,要考虑水井周围环境、井深度、污水等因素的影响。对两种供水系统并存的企业采用不同颜色管道,防止生产用水与非生产用水混淆。对贮水设备（水塔、储水池、蓄水罐等）要定期进行清洗和消毒。无论是城市供水还是自备水源都必须有效地加以控制,有合格的证明后方可使用。

②对于公共供水系统必须提供供水网络图,并清楚标明出水口编号和管道区分标记。合理地设计供水、废水和污水管道,防止饮用水与污水的交叉污染及虹吸倒流造成的交叉污染。检查时,水和下水道应追踪至交叉污染区和管道死水区域。

③水管龙头要有真空排气阀、水管离水面 2 倍于水管直径或有其他阻止回流装置保护以避免产生负压脏水被回吸入饮用水中。

④要定期对大肠菌群和其他影响水质的成分进行分析。企业至少每月 1 次进行微生物监测,每天对水的 pH 值和余氯进行监测,当地主管部门对水的全项目的监测报告每年 2 次。水的监测取样,每次必须包括总的出水口,一年内做完所有的出水口。

⑤对于废水排放,要求地面有一定坡度易于排水,加工用水、台案或清洗消毒池的水不能直接流到地面,地沟（明沟、暗沟）要加篦子（易于清洗、不生锈）,水流向要从清洁区到非清洁区,与外界接口要防异味、防蚊蝇。

⑥当冰与食品或食品表面相接触时,制冰用水必须符合饮用水标准,制冰设备卫生、无毒、不生锈,储存、运输和存放的容器卫生、无毒、不生锈。制冰机内部应检验以确保清洁并不存在交叉污染。

若发现加工用水存在问题,应终止使用,直到问题得到解决。水的监控、维护及其他问题处理都要记录保持。

2. 食品接触表面的清洁和卫生

保持食品接触表面在清洁是为了防止污染食品。

①设备的设计和安装应无粗糙焊缝、破裂和凹陷,在不同表面接触处应具有平滑地过渡。设备必须用适于食品表面接触的材料制作。要耐腐蚀、光滑、易清洗、不生锈。多孔和难于清洁的木头等材料,不应被用作食品接触表面。

②食品接触表面在加工前和加工后都应彻底清洁,并在必要时消毒。加工设备和器具首先必须进行彻底清洗,再进行冲洗,然后进行消毒。加工设备和器具的清洗消毒的频率:大型设备在每班加工结束之后,工器具每2~4 h,加工设备、器具(包括手)被污染之后应立即进行。

工器具清洗消毒几点注意事项:固定的场所或区域;推荐使用热水,但要注意蒸汽排放和冷凝水;用流动的水要注意排水问题;注意科学程序,防止清洗剂、消毒剂的残留。

③手套和工作服也是食品接触表面,每一个食品加工厂应提供适当的清洁和消毒的程序。不得使用线手套。工作服应集中清洗和消毒,应有专用的洗衣房,洗衣设备、能力要与实际相适应,不同区域的工作服要分开,并每天清洗消毒,不使用时它们必须贮藏于不被污染的地方。

④判断是否达到了适度的清洁,需要检查和监测难清洗的区域和产品残渣可能出现的地方,如加工台面下或钻在桌子表面的排水孔内等是产品残渣聚集、微生物繁殖的理想场所。

在检查发现问题时应采取适当的方法及时纠正。记录包括检查食品接触面状况;消毒剂浓度;表面微生物检验结果等。记录的目的是提供证据,证实工厂消毒计划充分,并已执行。发现问题能及时纠正。

3. 防止交叉污染

交叉污染是通过生的食品、食品加工者或食品加工环境把生物或化学的污染物转移到食品的过程。此方面涉及预防污染的人员要求、原材料和熟食产品的隔离和工厂预防污染的设计。

(1)人员要求

皮肤污染也是一个相关点。未经消毒的裸露皮肤表面不应与食品或食品接触表面相接触。适宜的对手进行清洗和消毒能防止污染。个人物品也能从加工厂外引入污物和细菌导致污染,需要远离生产区存放。在加工区内不允许有吃、喝或抽烟等行为发生。

(2)隔离

防止交叉污染的一种方式是工厂的合理选址和车间的合理设计布局。工厂的选址、建筑设计应符合食品加工厂要求,厂区周围环境无污染,锅炉房设在厂区下风处,垃圾箱远离车间,根据产品特点和产品的流程设计。

食品原材料和成品必须在生产和储藏中分离以防止交叉污染。可能发生交叉污染的例子是生、熟制品相接触,或用于储藏原料的冷库同样储存了即食食品。原料和成品必须分开,原料冷库和熟食品冷库分开是解决这种交叉污染的最好办法。产品贮存区域应每日检查。另外注意人流、物流、水流和气流的走向,要从高清洁区到低清洁区,要求人走门、物走传递口。

(3)人员操作

当人员处理非食品的表面,然后又未清洗和消毒手就处理食物产品时易发生污染。

食品加工的表面必须维持清洁和卫生。接触过地面的货箱或原材料包装袋放置到干净的台面上,或因来自地面或其他加工区域的水、油溅到食品加工的表面而污染。

若发生交叉污染要及时采取措施防止再发生;必要时停产直到改进;如有必要,要评估产品的安全性;记录采取的纠正措施。记录一般包括:每日卫生监控记录,消毒控制记录、纠正措施记录。

4. 操作人员洗手、手消毒和卫生间设备的维护

手的清洗和消毒的目的是防止交叉污染。一般的清洗方法和步骤为：清水洗手、皂液洗手、用水冲净、用消毒液消毒、用清水冲洗、干手。

手的清洗和消毒台要有足够的数量并设在方便之处，也可采用流动消毒车。但它们与产品不能离得太近，以免构成产品污染的风险。需要配备冷热混合水，皂液和干手设施。手的清洗台的建造需要防止再污染，水龙头为非手动式。检查时应该包括测试一部分的手清洗台是否能良好工作。清洗和消毒频率一般为：每次进入车间时；加工期间每 30 min 至 1 h 进行 1 次；当手接触了污染物、废弃物后等。

卫生间的设施要求：进入方便、卫生和良好维护，能自动关闭，位置要与车间相连接，门不能直接朝向车间，通风良好，地面干燥，整体清洁；数量要与加工人员相适应；使用蹲坑厕所或不易被污染的坐便器；清洁的手纸和纸篓；洗手及防蚊蝇设施；进入厕所前要脱下工作服和换鞋；一般情况下要达到三星酒店的水平。检查应包括每个工厂的每个厕所的冲洗。

5. **防止外部污染**

可能产生外部污染的原因如下。

（1）有毒化合物的污染

非食品级润滑油、燃料污染、杀虫剂和灭鼠剂可能导致产品污染；不恰当的使用化学品、清洗剂和消毒剂可能会导致食品外部污染，如直接的喷洒或间接的烟雾作用。当食品、食品接触面、包装材料暴露于上述污染物时，应被移开、盖住或彻底的清洗；员工们应该警惕来自非食品区域或邻近的加工区域的有毒烟雾。

（2）因不卫生的冷凝物和死水产生的污染

缺少适当的通风会导致冷凝物或水滴滴落到产品、食品接触面和包装材料上；地面积水或池中的水可能溅到产品、产品接触面上，使得产品被污染。脚或交通工具通过积水时会产生喷溅。

水滴和冷凝水较常见，且难以控制，易形成霉变。一般采取的控制措施有：顶棚呈圆弧形；良好通风；合理用水；及时清扫；控制车间温度稳定等。包装材料的控制方法常用的有：通风、干燥、防霉、防鼠；必要时进行消毒；内外包装分别存放。食品贮存时物品不能混放，且要防霉、防鼠等。化学品的正确使用和妥善保管。

工厂的员工必须经过培训，达到防止和认清这些可能造成污染的间接途径。任何可能污染食品或食品接触面的掺杂物，建议在开始生产时及工作时间每 4 h 检查 1 次，并记录每日卫生控制情况。

6. **有毒化合物的正确标记、贮存和使用**

食品加工中有害有毒化合物主要包括洗涤剂、消毒剂、杀虫剂、润滑剂、试验室用药品、食品添加剂等。所有这些物品需要适宜的标记并远离加工区域，应有主管部门批准生产、销售、使用的证明；主要成分、毒性、使用剂量和注意事项；要有清楚的标识、有效期；严格的使用登记记录；单独的贮藏区域，如果可能，清洗剂和其他毒素及腐蚀性成分应贮藏于密贮存

区内;要有经过培训的人员进行管理。

7. 员工健康状况的控制

食品加工者(包括检验人员)是直接接触食品的人,其身体健康及卫生状况直接影响食品卫生质量。管理好患病或有外伤或其他身体不适的员工,他们可能成为食品的微生物污染源。对员工的健康要求一般包括:

不得患有碍食品卫生的传染病(如肝炎、结核等);不能有外伤、化妆、佩戴首饰和带入个人物品;必须具备工作服、帽、口罩、鞋等,并及时洗手消毒。

应持有效的健康证,制订体检计划并设有体验档案,包括所有和加工有关的人员及管理人员,应具备良好的个人卫生习惯和卫生操作习惯。

涉及有疾病、伤口或其他可能成为污染源的人员要及时隔离。

食品生产企业应制订卫生培训计划,定期对加工人员进行培训,并记录存档。

8. 预防和清除鼠害、虫害

通过害虫传播的食源性疾病的数量巨大,因此虫害的防治对食品加工厂是至关重要的。害虫的灭除和控制包括加工厂(主要是生活区)全范围,甚至包括加工厂周围,重点是厕所、下脚料出口、垃圾箱周围、食堂、贮藏室等。

去除任何产生昆虫、害虫的滋生地,如废物、垃圾堆积场地、不用的设备、产品废物和未除尽的植物等是减少吸引害虫的因素。安全有效的害虫控制必须由厂外开始。厂房的窗、门和其他开口,如开的天窗、排污洞和水泵管道周围的裂缝等能进入加工设施区。采取的主要措施包括:清除滋生地和预防进入的风幕、纱窗、门帘,适宜的挡鼠板、翻水弯等;还包括产区用的杀虫剂、车间入口用的灭蝇灯、粘鼠胶、捕鼠笼等,但不能用灭鼠药。

家养的动物,如用于防鼠的猫和用于护卫的狗或宠物不允许在食品生产和贮存区域。由这些动物引起的食品污染构成了同动物害虫引起的类似风险。

三、HACCP 与食品质量安全

(一)HACCP 的产生与发展

HACCP 是危害分析关键控制点(Hazard analysis critical control point)的简称,是一种食品安全保证体系,由食品的危害分析(Hazard Analysis,HA)和关键控制点(Critical Control Point,CCP)两部分组成。HACCP 于 20 世纪 70 年代初产生于美国,当时美国皮尔斯柏利(Pillsbury)公司应美国航空和航天局(NASA)的要求生产一种 100% 不含致病性微生物和病毒的宇航食品。为了保证每件食品的绝对安全,他们拟逐一对每件食品进行采样分析,能够有效评价食品安全质量的体系。后来 Pillsbury 公司在美国陆军 NA-TICH 实验室"故障模型"的启示下,由对终产品的卫生质量的检验转向对整个食品生产过程的卫生质量控制,提出了 HACCP 的概念。他们假定食品生产过程中可能因为某些损伤方法或条件发生"故障"或"疏忽"而造成食品的污染。他们首先对这些"故障"或"疏忽"进行危害分析,然后确定有效控制的环节,这些环节被称为关键控制点。经过 Pillsbury 公司的反复实验和实际应用,HACCP 成功地保证了宇航食品的绝对安全。随后

FDA 将其作为酸性与低酸性罐头食品法规的制定基础。1989 年美国国家食品微生物标准顾问委员会（NACM-CF）起草了《用于食品生产的 HACCP 原理的基本准则》，把它作为工业部门培训和执行 HACCP 原理的法规。该准则经多年的修改和完善，食品现已形成了 HACCP 的 7 个基本准则，而且 HACCP 也从微生物扩展到化学和物理的危害分析，从而形成了微生物、化学和物理三方面食品危害相结合的危害分析与控制准则，对食品的安全性评价和管理提供了一个强有力的工具。近 30 年来，由于 WHO 和 FDA 等国际组织在全球范围内竭力推广 HACCP 安全系统，目前欧共体、加拿大、日本、澳大利亚、新西兰等国家都相继发布其实施 HACCP 原理的法规、法令。迄今为止，HACCP 已成为世界公认的能有效保证食品安全卫生的质量系统。我国从 1990 年开始在食品加工业中进行 HACCP 的应用研究，制定了"在出口食品生产中建立 HACCP 质量管理体系"规则及一些在食品加工方面的 HACCP 体系的具体实施方案。应用 HACCP 对乳制品、熟肉。饮料、水产品和水果等进行质量监督管理，取得了较显著的效果。

HACCP 以科学性和系统性为基础，识别特定危害，确立控制措施，确保食品的安全性。它强调以风险评估和预防为主，通过安全风险评估和危害分析，预测并识别食品生产、加工、流通、食用和消费全过程小最可能出现的风险以及一旦出现问题对人体危害较大的环节，找出关键控制点（CCP），采取必要的有效措施，减少病毒侵入食品生产链条的机会，使食品安全卫生达到预期的要求。

（二）HACCP 的基本内容

HACCP 计划包括以下 7 个原则，用来确认食品生产中的危害，监控关键控制点，防止危害发生。

1. 进行危害分析和危害程度评估

对从食品生产至消费的全过程中潜在的危害进行分析，评估各环节、各阶段中可能发生的危害以及控制这些危害的关键项目。

2. 确定关键控制点（CCP）

确定整个生产过程中能去除危害或降低危害发生率的一个点（操作成程序的步骤）。它可能是生产或制造个的任何一个阶段，如原料、配方、调配、加工、运输、贮存等。

3. 制订关键限值

关键点控制限值的临界范围是区分可接受与不可接受水平的指标．也就是说一个与关键控制点相匹配的预防措施所必须遵循的尺度和标准。如原料的新鲜度、洁净度，加工的温度，添加剂的用量，pH 值的变化以及发酵的程度等。

4. 建立监测体系以监测每个关键控制点的控制情况

建立监测体系来观察、测量和评价每个关键控制点的控制情况。

5. 建立当关键控制点失去控制时应采取的纠正措施

纠正措施主要是指当关键控制点失去控制时所采取的行动。HACCP 体系是一种程序设计，能够识别潜在的食品危害物，并建立战略性的方法来防止危险事故的发生。

6. 建立确认 HACCP 系统有效运行的验证程序

通过检验确认、CCP 的验证、HACCP 整个系统的验证以及执行机构的验证,确认正式组织建立的 HACCP 管理体系是否符合相关要求。确保 HACCP 系统是在有效执行。

7. 建立有效记录档案系统

将所有有关记录进行归档储存,以此来证明 HACCP 体系是在控制条件下进行运作,并且采取有效的纠正措施用于纠正任何超出 CCP 临界范围的偏差。进一步证明产品在加工过程小的安全性以及确认 HACCP 体系在运行小的合效性。

(三)HACCP 对肉安全和质量的控制

1. 组建 HACCP 工作小组

HACCP 工作小组应包括负责产品质量控制、生产管理、卫生管理、检验、产品研制、采购、仓储和设备维修各方面专业人员,并应具备该产品相关专业知识和技能。工作小组的主要职责是制订、修改、确认、监督实施及验证 HACCP 计划,负责对企业员工的地 HACCP 的培训;负责编制 HACCP 管理体系的各种文件等工作。

2. 产品描述

对产品的描述应包括产品名称(说明生产过程类型)、产品的原料和主要成分,产品的理化性质(包括 Aw、pH 等)及杀菌处理(如热加工、冷冻、盐渍、熏制等)、包装方式、销售方式、销售区域,产品的预期用途和消费人群、适宜的消费对象、食用方法、运输、贮藏和销售条件、保质期、标签说明等,必要时有关食品安全的流行病学资料。

3. 绘制和验证产品工艺流程图

HACCP 工作小组应深入生产线,详细了解产品的生产加工过程,在此基础上绘制产品的生产工艺流程图,制作完成后需要现场验证流程图。流程图应充分明确包括产品加工的每一步骤,以便于识别潜在危害。

4. 危害与危害分析(HA)

危害是指在食品加工过程中存在的一些有害于人类健康的生物、化学或物理因素。对食品原料的生产、原料成分、食品的加工过程、食品贮运、食品市场和食品消费等各阶段进行危害分析,确定食品可能发生的危害及危害的程度,并提出控制这些危害的防护措施。危害分析是 HACCP 系统方法的基本内容和关键步骤。

进行危害分析时应采用分析以往资料、现场实地观测、实验室采样检测等方法,了解食品生产的全过程,包括:食物原料和辅料的来源;生产过程及其生产环境可能存在的污染源;食品配方或组成成分;食品生产设备、工艺流程、工艺参数和卫生状况;食品销售或贮藏情况等。然后对各种危害进行综合分析、评估,提出安全防护措施。危害分析时要将安全问题与一般质量问题区分开。应考虑的涉及安全问题的危害包括以下几点。

(1)生物性危害

食品中生物性危害主要是指生物(包括细菌、病毒、真菌及其毒素、寄生虫、昆虫和有害生物因子)本身及其代谢产物对食品原料、生产过程和成品造成的污染,损害食用者的健康。

（2）化学危害

食品中化学性危害是指化学物质污染食品而引起的危害。可分为三类：天然的化学物质（组胺等）、有意加入的化学品（食物添加剂、防腐剂、营养素添加剂、色素添加剂）、无意或偶然加入的化学品（农业上的化学药品、禁用物质、有毒物质和化合物、工厂润滑剂、清洗剂、消毒剂等、生产过程中所产生的有害化学物质）。

（3）物理性危害

物理性危害在食品生产过程中的任一环节都有可能发生，主要是一些外来物如玻璃、金属屑、小石子和放射线等因素。

5.CCP 的确定

CCP 是指能对一个或多个危害因素实施控制措施的环节，它们可能是食品生产加工过程中的某一些操作方法或工艺流程可能是食品生产加工的某一场所或设备。在危害分析的基础上应用判断树或其他有效的方法确定关键控制点（如图 14-2），原则上关键控制点所确定的危害是在后面的步骤不能消除或控制的危害。关键控制点应根据不同产品的特点、配方、加工工艺、设备、GMP 和 SSOP 等条件具体确定。一个 HACCP 体系的关键控制点数量一般应控制在 6 个以内。

6. 建立关键限值(CL)

每个关键控制点会有一项或多项控制措施确保预防、消除已确定的显著危害或将其减至可接受的水平。每一项控制措施要有一或多个相应的关键限值。关键限值的确定应以科学为依据，可来源于科学刊物、法规性指南、专家、试验研究等。用来确定关键限值的依据和参考资料应作为 HACCP 方案支持文件的一部分。

通常关键限量所使用的指标包括：温度、时间、湿度、pH、水分活性、含盐量、含糖量、物理参数、可滴定酸度、有效氯、添加剂含量，以及感官指标，如外观和气味等。

7. 建立监控程序

要确定控制措施是否符合控制标准，达到设定的预期控制效果，就必须对控制措施的实施过程进行监测，建立从监测结果来判定控制效果的技术程序。一个监控系统的设计。必须确定以下几点。

（1）监控内容

通过观察和测量来评估一个 CCP 的操作是否在关键限值内。

（2）监控方法

设计的监控措施必须能够快速提供结果。物理和化学检测能够比微生物检测很快地进行，是很好的监控方法。常用的物理、化学监测指标包括时间和温度组合、水分活度（Aw）。

（3）监控设备

温湿度计、钟表、天平、pH 计、水分活度计、化学分析设备等。

（4）监控频率

监控可以是连续的或非连续的，如有可能，应采取连续监控。连续监控对许多物理或化学参数都是可行的。如果监测不是连续进行的,那么监测的数量或频率应确保关键控制点是在控制之下。

(5)监控人员

可以进行 CCP 监控的人员包括流水线上的人员、设备操作者、监督员、维修人员、质量保证人员等。负责监控 CCP 的人员必须接受有关 CCP 监控技术的培训,完全理解 CCP 监控的重要性,能及时进行监控活动,准确报告每次监控工作,随时报告违反关键限值的情况以便及时采取纠偏活动。

监测结果需详细记录,作为进一步评价的基础。

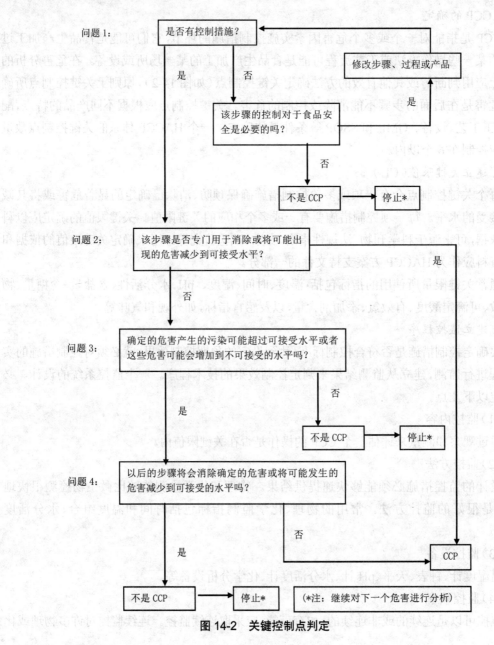

图 14-2 关键控制点判定

8.建立修正措施

如果监测结果表明生产加工失控或控制措施未达到标准时,则必须立即采取措施进行校正,这是 CCP 系统的特性之一,也是 HACCP 的重要步骤。校正措施依 CCP 的不同而不同。纠偏措施应包括:①确定并纠正引起偏离的原因;②确定偏离期所涉及产品的处理方法例如进行隔离和保存并做安全评估、退回原料、重新加工、销毁产品等;③记录纠偏行动,包括产品确认(如产品处理,留置产品的数量)、偏离的描述、采取的纠偏行动包括对受影响产品的最终处理、采取纠偏行动人员的姓名、必要的评估结果。

9.建立验证程序

验证的目的是要确认 HACCP 系统是否正常运行的。验证工作可由质检人员、卫生或管理机构的人员共同进行,验证程序包括对 CCP 的验证和对 HACCP 体系的验证。

(1)CCP 的验证活动

CCP 验证活动包括监控设备的校准,以确保采取的测量方法的准确度,再复查设备的校准记录设计检查日期和校准方法,以及实验结果;然后有针对性地采样检测;最后对 CCP 记录进行复查。

(2)HACCP 体系的验证

验证的频率应足以确认 HACCP 体系在有效运行,每年至少进行一次或在系统发生故障时、产品原材料或加工过程发生显著改变时或发现了新的危害时进行。检查产品说明和生产流程图的准确性;检查 CCP 是否按 HACCP 的要求被监控;监控活动是否在 HACCP 计划中规定的场所执行;监控活动是否按照 HACCP 计划中规定的频率执行;当监控表明发生了偏离关键限制的情况时,是否执行了纠偏行动;设备是否按照 HACCP 计划中规定的频率进行了校准;工艺过程是否在既定的关键限值内操作;检查记录是否准确和是否按照要求的时间来完成等。

10.建立 HACCP 记录管理系统

一般来讲,HACCP 体系须保存的记录应包括以下内容。

①危害分析小结包括书面的危害分析工作单和用于进行危害分析和建立关键限值的任何信息的记录。支持文件也可以包括:制定抑制细菌性病原体生长的方法时所使用的充足的资料,建立产品安全货架寿命所使用的资料,以及在确定杀死细菌性病原体加热强度时所使用的资料。除了数据以外,支持文件也可以包含向有关顾问和专家进行咨询的信件。

② HACCP 计划包括 HACCP 工作小组名单及相关的责任、产品描述、经确认的生产工艺流程和 HACCP 小结。HACCP 小结应包括产品名称、CCP 所处的步骤和危害的名称、关键限值、监控措施、纠正措施、验证程序和保持记录的程序。

③ HACCP 计划实施过程中发生的所有记录。

④其他支持性文件如验证记录,包括 HACCP 计划的修订等。

四、ISO 9000 系列简介

(一)ISO 系列简介

ISO（International Organization for Standardization）即国际标准化组织。"ISO"来源于希腊语"ISOS"，即"EQUAL"，译为"平等"。它成立于 1947 年 2 月 23 日，是一个全球性的非政府组织，在国际标准化领域中发挥着十分重要的作用。中国于 1978 年加入 ISO，由国务院授权履行行政管理职能的组织为中国国家标准化管理委员会。2008 年 10 月，在第 31 届国际化标准组织大会上，中国正式成为 ISO 的常任理事国。

ISO 9000 质量管理体系起源于美国军工质量保证体系和英国 B55750 标准，是由 ISO ／ TCl76 技术委员会（Technical Committee，TC）制定的所有国际标准，第 1 版于 1987 年正式颁布。ISO 9000 体系是国际通用的质量管理、保证体系，它规定了质量体系中的各个环节、各个要素的杯准化实施规程以及合格评定实施规程，实行产品质量认证或质量体系认证。推行和贯彻 ISO 9000 质量管理体系，对于提高产品质量保证能力，建立企业自我完善机制，减少采购和销售成本，降低经营风险和消除贸易壁垒等具有十分积极的作用。

(二)ISO 9000 系列基础内容

ISO 9000 系列基础文件包括以下几个。

ISO 9000：《质量管理和质量保证标准——选择和应用的标准》。

ISO 9001：《质量系统——在设计、开发、生产、设备和服务体系中质量保证的典范》。

ISO 9002：《质量系统——在生产和设备中质量保证的典范》。

ISO 9003：《质量系统——在最终检查和测定中质量保证的典范》。

ISO 9004：《质量管理和质量管理的要素——准则》。

食品工业一般采用 ISO 9002。ISO 9000 规定了质量体系中各个环节（各个要素）的标准化实施规程和合格评定实施规程，实行产品质量认证或质量体系认证。而取得认证资格必须具备的一个重要条件是企业要按照国际通行的质量管理和质量保证系列标准，即 ISO 9000（或 GB/T1900），建立适合本企业具体情况的质量体系，并有效执行。

第二节　GMP、SSOP、HACCP、ISO 9000 间的关系

一、GMP 与 SSOP 和 HACCP 关系

GMP 构成了 SSOP 的立法基础，GMP 规定了食品生产的卫生要求，食品生产企业必须根据 GMP 要求制订并执行相关控制计划，这些计划构成了 HACCP 体系建立和执行的前提。计划包括：SSOP、人员培训计划、工厂维修保养计划、产品回收计划、产品的识别、加工过程及环境卫生和为达到 GMP 要求所采取的行动。HACCP 体系建立在以 GMP 为基础的

SSOP 上，SSOP 可以减少 HACCP 计划中的关键控制点（CCP）数量。事实上危害是通过 SSOP 和 HACCP 共同予以控制的。

二、GMP 与 ISO 9000 的关系

①GMP 是食品、药品生产质量管理的通用准则 ISO 9000 系列标准更多地涉及公司的行政管理。

SSOP 实际上是落实 GMP 卫生法规的具体程序。SSOP 规定了生产车间、设施设备、生产用水（冰）、食品接触的表面的卫生保持、雇员的健康与卫生控制以及虫害的防治等的要求和措施。SSOP 的制定和有效执行是企业实施 GMP 法规具体体现，使 HACCP 计划在企业得以顺利实施。

GMP 卫生法规是政府颁发的强制性法规，而企业的 SSOP 文本是由企业自己编写的卫生标准操作程序。企业通过实施自己的 SSOP 达到 GMP 的要求。

SSOP 具体列出了卫生控制的各项指标，包括国际标准化组织（ISO）颁布的关于质量管理和质量保证的标准体系。

②GMP 具有区域性，多数由各国结合本国国情制定本国的 GMP，仅适用于食品、药品生产行业。ISO 质量体系是国际性的质量体系，不仅适用于生产行业，也适用于服务、经营、金融等行业，因而更具广泛性。

③GMP 是专用性、强制性标准，绝大多数国家或地区的 GMP 具有法律效力，它的实施具有强制性，其所规定内容不得增删。ISO 9000 的推进、贯彻、实施是建立在企业自愿的基础上的，可进行选择、增删或补充某些要素。

三、HACCP 与 ISO 9000 的关系

虽然 HACCP 与 ISO 9000 都属于质量控制体系，但不能简单等同或取代，ISO 9000 有助于产品质量的稳定，但不能替代危害分析和 HACCP 计划。目前多数认证机构认为建立 HACCP—ISO 9000 体系比较科学合理，从而达到确保食品的安全性和食品预定的品质要求。

第三节　HACCP 在出口猪肉香肠生产中的应用

一、猪肉香肠生产的工艺流程

原辅料选择→原料肉处理→腌制→斩拌→灌肠→熏制→蒸煮→冷却→分离肠衣→挑选 →装罐→封口→杀菌→保温→检验→包装。

二、危害分析工作单

危害分析工作单见表 14-1

表 14-1　猪肉肠生产危害分析工作单

工厂名称:×× 食品厂　　　　　产品名称:出品猪肉香肠

工厂地址:×× 省 × 市 × 区　　　储存和销售方法:常温保质期 18 个月

预期用途:启罐后经高温蒸煮食用

(1) 配料 / 加工步骤	(2) 确定在这步中引入的、控制的或增加的潜在危害	(3) 潜在的食品安全危害是显著的吗?(是 / 否)	(4) 对第(3)列的判断提出依据	(5) 应用什么预防措施来防止显著危害?	(6) 这步是关键控制点吗? (是 / 否)
原辅料选择	生物危害:病原菌肉毒杆菌、沙门菌、李斯特菌	是	原料肉由于接触地面、水污染造成	要求供应商提供检疫合格证明	是
	化学危害:药物残留(兽药等)	是	由于各种饲料添加剂广泛应用造成	保证原料肉来源	是
	物理危害:金属异物	是	原料肉因各种原因沾上异物	金属探测器探测	是
原料肉处理	生物危害:病原菌如肉毒杆菌、沙门菌、李斯特菌生长	是	如果温度适宜会使病原菌大量繁殖	严格操作规程	否
	化学危害:无		放置时间过长也易造成	后序杀菌可防止	
	物理危害:无				
腌制	生物危害:病原菌肉毒杆菌、沙门菌、李斯特菌	是	病原菌在一定温度、时间下会大量繁殖	严格控制腌制时间、温度,后序杀菌可消除	否
	化学危害:配料中色素、药物污染	是	配料中色素过多、配料药物残留	控制配料供应商,要求其为检验合格单位,严格配料操作步骤	否
	物理危害:无				
斩拌	生物危害:病原菌肉毒杆菌、沙门菌、李斯特菌	是	病原菌在适当温度、时间下会大量繁殖	严格控制时间、温度,后序杀菌可消除	否
	化学危害:清洁剂残留	是	清洗斩拌用的清洁剂未过清	清洗后按程序过清	否
	物理危害:无				
灌肠	生物危害:病原菌肉毒杆菌、沙门菌、李斯特菌	是	病原菌在适当温度、时间下会大量繁殖	严格控制时间、温度,后序杀菌可消除	否
	化学危害:清洁剂残留	是	清洗斩拌用的清洁剂未过清	清洗后按程序过清	否
	物理危害:无				

配料 / 加工步骤	确定在这步中引入的、控制的或增加的潜在危害	潜在的食品安全危害是显著的吗？（是 / 否）	对第（3）列的判断提出依据	应用什么预防措施来防止显著危害？	这步是关键控制点吗？（是 / 否）
熏制	生物危害:病原菌肉毒杆菌、沙门菌、李斯特菌	是	烟熏时间、温度不均匀,病原菌会大量繁殖	执行操作规程,后序杀菌步骤可消除	否
	化学危害:无				
	物理危害:无				
蒸煮	生物危害:病原菌肉毒杆菌、沙门菌、李斯特菌	是	蒸煮时间短、温度不够	严格执行操作规程,后序杀菌步骤可消除	否
	化学危害:无				
	物理危害:无				
冷却	生物危害:病原菌肉毒杆菌、沙门菌、李斯特菌、金黄色葡萄球菌	是	冷却间温度高,操作人员个人卫生有问题	严格执行冷却操作规程,注意员工个人SSOP,防止金黄色葡萄球菌	否
	化学危害:无				
	物理危害:无				
分离肠衣、挑选	生物危害:病原菌肉毒杆菌、沙门菌、李斯特菌	是	易造成细菌繁殖	严格执行操作规程,后序杀菌步骤可消除	否
	化学危害:无				
	物理危害:无				
装罐、封口	生物危害:病原菌肉毒杆菌、沙门菌、李斯特菌	是	封口不密闭易造成污染,细菌繁殖	严格操作规程,检查封口气密性	是
	化学危害:无				
	物理危害:金属异物	是	金属罐内异物	金属探测	是
杀菌	生物危害:病原菌残留	是	灭菌温度、时间不够,病原菌残留数超标	严格控制杀菌温度、时间	是
	化学危害:无				
	物理危害:无				
保温、检验、包装	生物危害:病原菌残留	是	残留病原菌数量过多	抽检,了解产品病原菌是否超标	否
	化学危害:无				
	物理危害:无				

三、HACCP 计划表

HACCP 计划表见表 14-2。

表 14-2　猪肉香肠生产 HACCP 计划表

（1）	（2）	（3）	（4）	（5）	（6）	（7）	（8）	（9）	（10）
关键控制点 CCP	显著危害	对于每个预防措施的关键限值	监控				纠偏行动	记录	验证
			对象	方法	频率	人员			
原辅料选择	病原菌、药物残留	必须有原辅料产品合格证、到合格供应商处购买	病原菌、农药、兽药残留	眼看	每批进货	原辅料验收员	拒收	验收记录纠正措施记录	每天抽查一次及纠偏后
	金属异物	金属探测器	异物	金属探测器	全检	操作工	剔除		
装罐、封口	金属异物	金属探测器	装成品罐后	金属探测器	全检	操作工	剔除	测试记录金属探测仪校准记录	每批产品抽查一定数量
	气密性	罐头密封性	已装罐罐头	眼看手摸	全检	操作验收工	重新密封	操作验收工记录纠正措施记录	
杀菌	病原菌残留	121 ℃ 75 min	杀菌锅	眼看	每批	监控操作工	重新灭菌	杀菌锅参数记录纠正措施记录温度计校准记录	每天审核压力容器、每年对压力表校正

签字：　　　　　日期：

参考文献

[1]　周光宏 . 畜产品加工学（第二版）[M]. 北京 : 中国农业出版社, 2011.

[2]　乔晓玲 . 肉类制品精深加工实用技术与质量管理 [M]. 北京 : 中国纺织出版社, 2009.

[3]　孔保华, 韩建春 . 肉类科学与技术（2 版）[M]. 北京 : 中国轻工业出版社, 2011.

[4]　王林兰, 吴志红 . 畜产品加工技术（民族风味）[M]. 银川 : 宁夏人民出版社, 2014.

[5]　闫训友, 刘继昌, 等 . 特色畜产品加工 [M]. 北京 : 中国农业出版社, 2010.

[6]　林春艳, 李威娜 . 肉制品加工技术 [M]. 武汉 : 武汉理工大学出版社, 2011.

[7]　于新, 李小华 . 肉制品加工技术与配方 [M]. 北京 : 中国纺织出版社, 2011.

[8]　王卫 . 肉制品加工卓越工程师培养实践教程 [M]. 成都 : 四川科学技术出版社, 2015.

[9]　周光宏 . 肉品加工学 [M]. 北京 : 中国农业出版社, 2009.

[10]　袁玉超, 胡二坤 . 肉制品加工技术 [M]. 北京 : 中国轻工业出版社, 2015.

[11]　韩青荣 . 肉制品加工机械设备 [M]. 北京 : 中国农业出版社, 2013.

[12]　刘登勇 . 肉品加工机械与设备 [M]. 北京 : 中国农业出版社, 2014.

[13]　杨富民 . 肉类初加工及保鲜技术 [M]. 北京 : 金盾出版社, 2003.

[14]　葛长荣, 马美湖, 马长伟 . 肉与肉制品工艺学 [M] 北京 : 中国轻工业出版社, 2013.

[15]　孟祥萍 . 食品原料学 [M]. 北京 : 北京师范大学出版社, 2010.

[16]　翟怀凤 . 精选肉制品配方 338 例 [M]. 北京 : 中国纺织出版社, 2015

[17]　许瑞, 杜连启 . 新型肉制品加工技术 [M]. 北京 : 化学工业出版社, 2016.

[18]　彭增起 . 肉制品绿色制造技术——理论与应用 [M]. 北京 : 化学工业出版社, 2018

[19]　李满林 . 肉类加工机械 [M]. 北京 : 化学工业出版社, 2010.

[20]　王兰 . 烹饪原料学（第 2 版）[M]. 南京 : 东南大学出版社, 2015.

[21]　商务部流通产业促进中心 . SB/T10637—2011 牛肉分级 [S]. 北京 : 中国标准出版社, 2011.

[22]　南京农业大学 . GB/T 29392—2012 普通肉牛上脑、眼肉、外脊、里脊等级划分 [S]. 北京 : 中国标准出版社, 2012.

[23]　中华人民共和国农业部 . NY/T 676—2010 牛肉等级规格 [S]. 北京 : 中国标准出版社, 2010.

[24]　国家质量监督检验总局, 中国国家标准化管理委员会 . GB/T 27643—2011 牛胴体及鲜肉分割 [S]. 北京 : 中国标准出版社, 2011.

[25]　中华人民共和国商务部 . SB/T 10656—2012 猪肉分级 [S]. 北京 : 中国标准出版社, 2012.

[26]　国家质量监督检验总局, 中国国家标准化管理委员会 . GB/T23493—2009 中式香肠 [S]. 北京 : 中国标准出版社, 2009.

[27] 国家质量监督检验总局,中国国家标准化管理委员会.GB/T 23969—2009 肉干 [S]. 北京:中国标准出版社,2009.

[28] 国家质量监督检验总局,中国国家标准化管理委员会.GB/T 31406—2015 肉脯 [S]. 北京:中国标准出版社,2015.

[29] 国家卫生和计划生育委员会.GB 2730—2015 食品安全国家标准 腌腊肉制品 [S]. 北京:中国标准出版社,2015.

[30] 国家质量监督检验总局,中国国家标准化管理委员会.GB/T 23968—2009 肉松 [S]. 北京:中国标准出版社,2009.

[31] 张宏博,靳烨.国内外肉羊胴体分级标准体系的现状与发展趋势 [J]. 肉类研究,2011,04(25):41—45.

[32] 王丽红,叶金鹏,王子戡,陈建平,王洪燕.畜禽胴体分级技术 [J]. 肉类工业,2014(10):38—40.

[33] 陈丽,张德权,王培培,等.羊胴体产量分级模型初探 [J]. 第八届中国羊业发展大会,2011:197—203.

[34] 马志胜.宁夏滩羊不同部位肉中挥发性风味物质分析 [J]. 畜牧兽医科学(电子版),2017(12):24.

[35] 刘占发,马月辉.中卫山羊保护与利用方略 [J]. 中国畜牧业,2017(16):66—68.

[36] 韩瑞,玲杨冲,尹长安,等.宁夏灵武乌骨型黑山羊种质特性研究 [J]. 黑龙江畜牧兽医,2014(23):79—81.

[37] 沈忠其.宁南山区肉牛种群改良及养殖推广效益分析 [D]. 杨凌:西北农林科技大学,2013.

[38] 张娟,顾亚玲,等.固原鸡不同群体肌肉氨基酸组成分析与营养价值评定 [J]. 畜牧与兽医,2016,48(8):62—65.

[39] 刘森轩,崔昱清,等.我国常见家畜胴体分割及分级技术发展 [J]. 肉类研究,2018,3(28):18—24.

[40] 周菲菲,肖更生,等.四种肉类保鲜新技术的研究现状与展望 [J]. 食品安全质量检测学报,2014,2(5):586—589.

[41] 固原黄牛获国家地理标志保护产品[EB/OL]. http://www.nxgy.gov.cn/xwzx/bmdt/201711/t20171102_550142.html.

[42] 深度解析肉制品防腐与保鲜技术[EB/OL]. http://www.360doc.com/content/17/0603/00/40241193_压 659433691.shtml.